本书得到国家自然科学基金青年项目（项目号：71703073）、南京审计大学江苏省工商管理优势学科、国家一流本科专业工商管理建设和江苏省一流本科专业工商管理建设项目的资助

环境分权下环境规制的碳排放效应评估与减排政策研究

张华 ○ 著

Huanjing Fenquan xia Huanjing Guizhi de

TANPAIFANG

Xiaoying Pinggu yu Jianpai

Zhengce Yanjiu

中国财经出版传媒集团

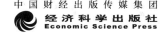

经济科学出版社

Economic Science Press

图书在版编目（CIP）数据

环境分权下环境规制的碳排放效应评估与减排政策研
究/张华著 . -- 北京：经济科学出版社，2022.10
ISBN 978 - 7 - 5218 - 4108 - 4

Ⅰ . ①环… Ⅱ . ①张… Ⅲ . ①二氧化碳 - 排气 - 研究
- 中国 Ⅳ . ①X511

中国版本图书馆 CIP 数据核字（2022）第 189902 号

责任编辑：李 雪 高 波
责任校对：齐 杰
责任印制：邱 天

环境分权下环境规制的碳排放效应评估与减排政策研究

张 华 著

经济科学出版社出版、发行 新华书店经销
社址：北京市海淀区阜成路甲 28 号 邮编：100142
总编部电话：010 - 88191217 发行部电话：010 - 88191522
网址：www. esp. com. cn
电子邮箱：esp@ esp. com. cn
天猫网店：经济科学出版社旗舰店
网址：http：//jjkxcbs. tmall. com
固安华明印业有限公司印装
710 × 1000 16 开 22 印张 257000 字
2022 年 11 月第 1 版 2022 年 11 月第 1 次印刷
ISBN 978 - 7 - 5218 - 4108 - 4 定价：99.00 元
（图书出现印装问题，本社负责调换。电话：010 - 88191510）
（版权所有 侵权必究 打击盗版 举报热线：010 - 88191661
QQ：2242791300 营销中心电话：010 - 88191537
电子邮箱：dbts@ esp. com. cn）

前　言

作为全球最大的碳排放国家，中国根据国情有序推进碳减排不仅是经济发展方式绿色低碳转型的内在要求，更是兑现国家自主减排承诺目标的重要支撑，充分彰显中国在应对气候变化问题上负责任的大国担当。在第七十五届联合国大会上，中国政府承诺提高国家自主贡献力度，力争 2030 年前实现碳达峰和 2060 年前实现碳中和。党的二十大报告进一步明确了稳妥推进碳达峰碳中和与积极参与应对气候变化全球治理的碳减排目标。

为了实现碳减排目标，以及推进低碳经济转型和生态文明建设，很大程度上取决于政府一系列合理的环境规制。然而长期以来，中国环境规制的管理模式一直采取的是"条块结合、以块为主、分级管理"的属地化管理。在这种环境分权体制下，政策执行不到位，导致环境规制执行偏差和失灵现象。因此，亟须客观评估环境规制的碳排放效应，这对于国家完善碳减排长效机制的环境政策具有重要的理论和实践意义。

本书立足中国环境分权的制度背景，系统阐述和评估了环境规制对碳排放的影响。本书研究工作主要体现在以下几个方面[①]：在

[①]　本书部分章节的实证数据来源自官方统计年鉴（如《中国城市统计年鉴》《中国区域经济统计年鉴》《中国城市建设统计年鉴》《中国统计年鉴》《中国环境年鉴》），年鉴中有些数据已经停止更新（如 SO_2 去除量）。因此，本书实证内容的研究期限主要集中在 2003 ~ 2016 年。

分权背景下，分析了地区间环境规制竞争行为及其影响因素；立足环境联邦主义理论，检验了环境分权对碳排放的影响；依托"绿色福利"与"绿色悖论"两种理论，检验了环境规制对碳排放影响的双重效应；基于地方政府竞争的视角，分析了"绿色悖论"发生的条件；从"质"的维度出发，检验了环境规制对碳排放绩效的影响；从"自上而下"的正式环境规制出发，估计了低碳城市试点政策对碳排放的影响，以及创新型城市试点政策对碳排放绩效的影响；从"自下而上"的非正式环境规制出发，识别了环境信息公开对碳排放的影响。最后为本书的结论和政策建议。

本书得到了国家自然科学基金青年项目（项目号：71703073）、南京审计大学江苏省工商管理优势学科、国家一流本科专业工商管理建设和江苏省一流本科专业工商管理建设项目的资助，在此表示特别感谢！本书在写作和出版过程中得到复旦大学经济学院理论经济学博士后流动站相关老师的帮助，并感谢重庆大学丰超老师和中国社会科学院冯烽老师，以及经济科学出版社李雪老师和高波老师的特别帮助。

由于笔者水平有限，疏漏之处请指正。

张 华

2022 年 10 月

目　　录

第1章

绪　　论

1.1　研究背景与意义

1.1.1　研究背景

联合国政府间气候变化专门委员会（IPCC）第五次报告确认了气候变暖的客观事实，并将这一事实的罪魁祸首归因于温室气体的排放与其他人为的驱动因子。为此，《巴黎协定》首次确立了全球温升控制目标为2℃，并努力限制在1.5℃内。毋庸置疑，二氧化碳成为众矢之的。《BP世界能源统计年鉴2016》统计资料显示，碳排放总量从1965年的116亿吨增加到2015年的335亿吨，增幅高达189%。具体到中国的实际情况（见图1-1），2000年之后，碳排放量进入快速上升通道并一直呈快速增长趋势，在2006年超越美国之后，成为世界上碳排放总量最多的国家，甚至多于欧洲所有国家的碳排放量总和。

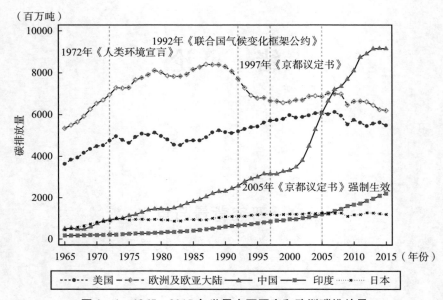

图 1-1　1965~2015 年世界主要国家和欧洲碳排放量

资料来源：笔者整理。

虽然《联合国气候变化框架公约》秉承"共同但有区别的责任"原则，中国作为发展中国家暂时还没有强制减排的义务，但是根据国情有序推进碳减排不仅是经济向绿色发展方式转型的内在要求，更是兑现国家自主减排承诺目标的重要支撑，充分彰显了中国在应对气候变化问题上负责任的大国担当。为此，中国政府在 2015 年巴黎气候变化大会上承诺，对碳排放实施"总量"和"强度"两类指标：总量上，中国承诺碳排放 2030 年左右达到峰值，并争取尽早达峰；强度上，2030 年单位 GDP 碳排放比 2005 年下降 60%~

65%。为了完成 2030 年的长期目标，国务院于 2016 年 11 月印发的《"十三五"控制温室气体排放工作方案》进一步明确当前"双控"指标，2020 年单位 GDP 碳排放比 2015 年下降 18%，碳排放总量得到有效控制。2020 年，在第七十五届联合国大会上，中国政府承诺努力争取 2060 年前实现碳中和（以下称"30·60"双碳目标）。为了实现"30·60"双碳目标，推进低碳经济转型和生态文明建设，很大程度上取决于政府一系列合理的环境规制政策。

环境规制形成节能减排的倒逼机制，从而在碳减排任务中扮演举足轻重的角色。事实上，中国政府已经利用一系列环境规制政策工具以提高环境质量，如命令与控制、对地方官员的激励、减少能源补贴和污染治理的直接投资（Zheng & Kahn，2017）。因此，一般意义上，政府制定环境规制政策的目的在于保护环境，预期中环境规制将有效遏制碳排放量，发挥"倒逼减排"效应，从而带来"绿色福利"（green welfare）。

然而，"绿色悖论"（green paradox）理论却提醒我们，环境规制对碳排放的影响存在另外一种作用，这为我们理解环境规制与碳排放的关系打开一扇新的大门。德国慕尼黑大学教授辛恩（Sinn）于 2008 年发表的《对抗全球暖化的公共政策》一文中首次提出"绿色悖论"的概念，其核心思想是，旨在限制气候变化的环境规制政策的实施却导致了大气中碳排放存量的增加，进一步恶化气候变暖问题。简言之，环境规制促进了碳排放量，不仅意味着环境规制的"失灵"，而且还起到了相反效果，从而陷入"绿色悖论"陷阱的囹圄中。

无独有偶，早期学者甚至主张环境政策是多余的（Schou，2002），因为随着自然资源的不断消耗，污染排放会自动趋于减少。正因如此，"绿色悖论"的思想在本质上挑战了环境经济学中"政府干预"的思想。理论上，环境是一种典型的公共物品，环境治理的正外部性和环境污染的负外部性都容易造成"搭便车"问题，从而导致"市场失灵"。所以，包括遏制碳排放在内的环境保护问题需要政府实行积极的环境规制，以干预市场主体的生产经营活动和弥补"市场失灵"的漏洞。可以说，"绿色悖论"思想与"政府干预"逻辑的偏倚使其一经面世，就备受学术界关注。与此同时，国外学界关于探讨"绿色悖论"的存在性以及可能导致"绿色悖论"现象因素的研究方兴未艾，而形成鲜明对照的是，国内的相关研究尚处于"真空"地带。

"绿色悖论"观点的横空出世，将环境规制的碳减排效应推上风口浪尖，学界对环境规制限制碳排放有效性的质疑声更是不绝于耳，这给环境规制与碳排放之间的关系蒙上层层雾纱。如此，便引发一个充满争议且有趣的议题，即环境规制对碳排放的影响是正向的绿色福利效应还是负向的绿色悖论效应。

在中国语境中分析环境规制的碳排放效应，还需要考虑中国特定的制度背景。究其原因，如果某种因素影响了环境规制，那么环境规制的碳排放效应则可能发生改变，由此会联想到环境规制的本源。事实上，已有文献提供了环境政策执行偏差的证据（Liang & Langbein，2015），这是困扰中国环境治理的一个核心问题。

《孟子·离娄上》中写道："徒法不足以自行。"意思是指有法令并不能够使之自己发挥效力。环境规制广泛存在"上有政策，下有对策"的现象，正体现为环境规制"徒法不足以自行"的普遍性。究其根源，分权框架下的环境规制具备"逐底竞争"的事实，即环境规制被地方政府视为争夺流动性资源的工具，从而导致环境规制执行偏差的普遍现象。这种作用将进一步传导到环境规制的碳排放效应上。

碳减排事务的环境管理体制则涉及环境联邦主义（environmental federalism）理论，其兴起于 20 世纪 70 年代，旨在寻求政府层级之间环境管理权力的最优配置（Millimet，2013），主要研究议题为如何最优分配不同级次政府（中央政府和地方政府）之间的环境保护职能（Oates，2001）。具体到中国语境下探讨碳减排的环境管理体制，势必不能脱离中国特定的制度背景。正如张克中等（2011）所指出的，国外的环境联邦主义理论的基础不完全符合中国的国情，地方政府目标是公共服务的最优化这一假设在中国因失去政治基础而不存在，而且激励机制基础也完全不同。那么，在环境分权的制度背景下，中国地区间环境规制是否会存在竞争行为？环境管理体制是否有利于碳排放治理？环境规制影响碳排放两种效应（绿色悖论效应与绿色福利效应）如何演变？"自上而下"的正式环境规制和"自下而上"的非正式环境规制是否有效抑制了碳排放？厘清上述问题，有利于正确认识当前地方政府环境规制执行偏差现象和环境规制影响碳排放的作用机理，也有利于准确评估当前环境管理体制和环境规制的有效性，对完成 2030 年碳达峰和 2060 年碳中和的目标具有重要的理论和现实意义。

1.1.2　研究意义

从理论上看，"绿色悖论"观点自 2008 年问世以来，迅速吸引国外学者关注，出现了较为丰富的理论研究。然而，中国的具体国情和特殊背景对其他国家的模式和经验构成了明显约束。同时，国内学界并未眷注绿色悖论议题，相关研究成果也是寥若晨星，也难以处理环境规制指标的内生性问题。在此背景下，本书从正式环境规制与非正式环境规制出发，以环境规制的碳排放效应为研究对象，重点评估环境规制的有效性以及甄别环境规制的竞次效应。因此，本书不仅使竞次效应从一种经验上的模糊判断变成确定性认识，也为国内学界关于环境规制有效性的评估提供较大的边际理论贡献，丰富和拓展了环境规制和碳排放的理论和实证研究。

从实践上看，本书立足中国环境规制执行困境的现状，结合环境分权的制度背景，紧紧围绕如何构建碳减排长效机制的环境政策体系这一中心命题展开，提出了环境规制执行的保障机制、碳减排的环境规制集权的完善机制、低碳城市试点政策的推广机制以及多元主体共同减排的合力机制，从而实现双碳目标下中国碳排放的长效治理的目的。因此，本书对于完善"多层次、可持续"的低碳发展政策体系、实现"30·60"双碳目标，以及推进生态文明建设具有重要的参考价值。

1.2　研究目标与内容

首先，本书立足中国环境规制竞争的现状，运用空间统计方法分析环境分权下环境规制执行偏差的现状与影响因素。其次，结合绿色悖论理论、环境规制竞争理论和环境分权理论，构建环境规制碳排放效应的理论框架，重点分析碳排放治理中的绿色悖论效应和竞次效应。随后，针对这两种效应，运用计量经济学模型甄别绿色悖论效应和绿色福利效应的临界条件，并捕捉环境规制竞争对碳排放的影响效应。再次，运用准自然实验的方法评估了正式环境规制（低碳城市试点政策、创新城市试点政策）与非正式环境规制（ENGO 披露的污染源监管信息公开政策）对碳排放的影响，克服环境规制指标的内生性问题。最后，立足我国碳减排已取得的成果和不足之处，借鉴国内外的成功经验，设计碳减排的政策执行保障机制、绿色福利效应的优化机制和竞次效应的规避机制，从而构建中国碳减排长效机制的环境政策体系，为实现双碳目标下碳排放的有效治理提供政策参考。

根据上述研究目标，本书一共由 11 个章节构成，具体内容如下。

第 1 章是绪论。本章首先介绍了本书的研究背景和研究意义，并提出了本书聚焦的主要问题，以及阐述了相应的理论意义和实践意义。在此基础上，进一步刻画了本书的研究目标和系统概括了主要研究内容。最后，针对研究议题，描绘了本书的技术路线图。

第2章是文献综述。本章主要从环境规制的碳排放效应、环境政策的有效性评估、环境分权理论和环境规制竞争四个方面总结了与本书紧密相关的研究，最后进行了总结性评述。

第3章是分权视角下地区间环境规制竞争研究。在分权背景下，分析了地区间环境规制竞争行为及其影响因素。本章利用2003～2016年中国260个城市的面板数据，设定地理位置、地理距离和经济距离等空间权重矩阵，利用空间计量模型检验了地区间环境规制的竞争行为，并进一步挖掘了影响地区间环境规制竞争的因素。

第4章是环境分权对碳排放的影响研究。立足环境联邦主义理论，检验了环境分权对碳排放的影响。为了回答环境保护事务的集权与分权之争，本章在考虑分权指标潜在内生性问题的基础上，构建静态、动态和动态空间面板数据模型实证检验了环境分权的碳排放效应。

第5章是环境规制对碳排放影响的双重效应研究。依托绿色福利与绿色悖论两种理论，检验了环境规制对碳排放影响的双重效应。本章认为环境规制不仅会对碳排放产生直接影响，而且会通过能源消费结构、产业结构、技术创新和外商直接投资（FDI）四条传导渠道间接影响碳排放。在此基础上，利用中国省级面板数据，采用两步GMM法实证分析了环境规制对碳排放影响的双重效应。

第6章是环境规制与碳排放：基于地方政府竞争的视角解读"绿色悖论"之谜。基于地方政府竞争的视角，分析了"绿色悖论"发生的条件。利用中国省级面板数据，构造了地理邻接、地理距离和经济距离三种空间权重矩阵设定下的动态空间面板模型，尝试揭开"绿色悖论"之谜。

第 7 章是环境规制对碳排放绩效的影响研究。从"质"的维度出发，检验了环境规制对碳排放绩效的影响。本章利用中国省级面板数据，基于地理相邻、地理距离和经济距离三种空间权重矩阵，构建静态与动态空间面板模型检验了环境规制与碳排放绩效之间的关系。

第 8 章是正式环境规制对碳排放的影响——来自低碳城市试点政策的准自然实验。从"自上而下"的正式环境规制出发，估计了低碳城市试点政策对碳排放的影响。为应对气候变化和推进绿色低碳发展，中国政府自 2010 年开始实施低碳城市试点政策，并不断扩大试点范围。本章将低碳试点政策在不同城市、不同时间的实施视为一次准自然实验，采用 2003~2016 年中国 285 个城市的面板数据，使用渐进性的双重差分方法估计了低碳城市建设对碳排放的影响及其作用机制。

第 9 章是正式环境规制对碳排放绩效的影响——来自创新城市试点政策的准自然实验。从"自上而下"的正式环境规制出发，估计了创新型城市试点政策对碳排放绩效的影响。中国政府自 2008 年开始实施创新型城市试点政策，并将绿色低碳作为创新型城市建设的原则和目标。本章利用中国城市的面板数据，借助于创新型城市试点政策在不同城市、不同试点时间上的变异，使用双重差分法估计了创新型城市建设对碳排放绩效的影响。

第 10 章是非正式环境规制对碳排放的影响——来自环境信息公开的准自然实验。从"自下而上"的非正式环境规制出发，识别了环境信息公开对碳排放的影响。基于 2003～2016 年中国 285 个城市的面板数据，本章以"公众环境研究中心"对部分城市进行污染源监管信息公开为一次准自然实验，依托于温室气体和大气污染物的协同控制理论，使用渐进性的双重差分法估计了环境信息公开对碳排放的影响，以考察非正式环境规制的碳排放效应。

第 11 章是研究结论与政策建议。本章总结了本书研究的主要结论，并进一步提出弱化地区间环境规制模仿型竞争行为、完善碳减排的环境管理集权、规避环境规制的绿色悖论效应、强化环境规制碳排放绩效效应、保持低碳城市试点政策减排效应、推进创新城市试点政策对碳排放绩效的提升效应以及塑造多元主体共同减排的建议。

1.3 研究方法与思路

本书利用空间计量模型和双重差分方法等研究方法，评估了环境分权背景下环境规制的碳排放效应，从而构建碳减排长效机制的环境政策体系，为实现双碳目标下碳排放的有效治理提供政策参考。本书的技术路线图如图 1－2 所示。

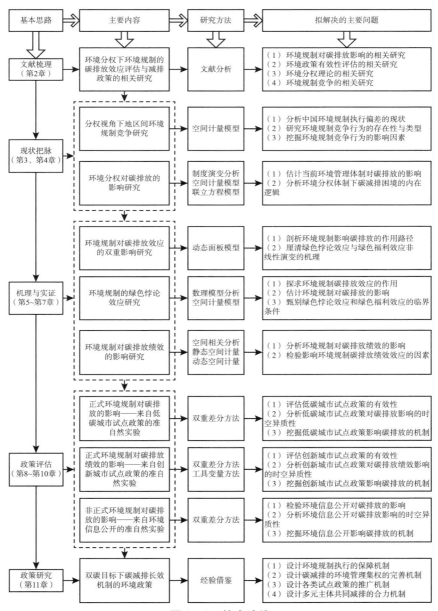

图 1-2 技术路线

资料来源：笔者整理。

第 2 章

文 献 综 述

2.1　环境规制对碳排放影响的相关研究

　　针对环境规制的碳排放效应，学者们主要聚焦于"绿色悖论"议题的讨论。辛恩（Sinn，2008）创造了"绿色悖论"的概念，将其定义为：旨在限制气候变化的政策措施的执行却导致化石能源加速开采的现象，进而加速累积大气中的温室气体，酿成环境恶化的后果，意味着"好的意图不总是引起好的行为"。辛恩（2008）进一步总结导致"绿色悖论"的三种可能机制：①不正确地设置碳税；②减少化石能源需求的政策手段；③政策宣告和执行之间存在时滞。绿色悖论的理论基础在于化石能源供给侧的动态反应（Gronwald & Zimmer，2010）。换言之，相比于没有环境规制的情形，自相矛盾的环境政策的共同特征在于它们改变了化石能源的价格路径。因此，对于化石能源所有者而言，现在或短期内开采更多的化石能源是有利可图的，从而加速全球气候变暖。随着气候变暖加速，涌现出一批关于不完美碳排放治理政策对全球碳排放影响的理论文献。其中主要关注的议题包括："绿色悖论"的形成机制；"绿色悖论"是否存在。

一方面，关于"绿色悖论"形成机制的文献，辛恩（2008）总结的三条机制的共同特征在于潜在地改变能源所有者预期的价格路径。根据可耗竭资源理论，在无限时间水平线上，化石能源所有者通过选择最优的开采路径实现最大化利润。在这种既定的假设条件下，环境规制的实施和任何需求减少型政策将会发挥两种相左的效应。具体来说，当化石能源的价格降低，削弱了当前的开采，而化石能源所有者预期未来能源价格下降将导致"能源资产"的价值下降，从而增加当前开采以规避"能源资产"的潜在损失。在这两种相反的作用力下，只有前者的效应大于后者，环境规制才能预期遏制温室气体的排放和减缓全球气温升高的趋势，发挥绿色福利效应。

另一方面，关于"绿色悖论"存在性的讨论至今尚未达成共识，涌现了一批快速增长的理论文献，主要探讨的视角包括：①内生碳税下的绿色悖论；②后备技术（backstop technology）替代下的绿色悖论；③碳泄漏下的绿色悖论；④不确定气候政策下的绿色悖论（Hoel，2010；Van der Ploeg & Withagen，2012；Eichner & Pethig，2011；Grafton et al.，2012）。由于学者们采用不同的研究视角以及不同的假设条件，导致理论推导的结论莫衷一是。实际上，辛恩（2008）关于"绿色悖论"的开山之作同样设置不同的情景进行讨论。具体来说，辛恩（2008）将环境规制细化到"税收"手段，在霍特林模型（Hotelling model）下分别讨论了现金流税（cash flow tax）和销售税（sales tax）两种税收形式对能源所有者的最优开采路径的影响。辛恩（2008）得出四种结论：①恒定不变的现金流税不会影响能源的最优开采路径，因此不会带来绿色悖论效应，从而恒定不变的现金流税是中性的；②递增的现金流税使得能源所有者的价格路径更加陡峭，所以能源所有者提前开采能源资产则更加有利可图，从而加速能源开采导致温室气体被快速累积，引发绿色悖论效应；③恒定不变的销售税使得能源所有者的价格路径更加平坦，能源所有者倾向于推迟开采，因此恒定不变的销售税是有效的政策工具；④递增的销售税对能源所有者的价格路径和最优开采路径的影响不确定。

自辛恩（2008）以后，一些学者在相似的理论框架下，证明了绿色悖论的存在性。但是，辛恩（2008）的"绿色悖论"效应建立在两种假定的基础之上：一是化石能源存量外生给定；二是后备技术不可得。这两种严格假定约束了绿色悖论的适用范围。以此为突破点，学者们通过放松假设和修正模型，在理论上证明可以避免环境规制的绿色悖论效应。

同时，一些学者致力于从实证上寻求"绿色悖论"存在性的证据。既有少数文献（徐盈之等，2015；Zhang et al.，2017）采用环境规制的替代指标捕捉规制的碳排放效应，但难以处理环境规制的内生性难题。然而迪玛丽亚等（Di Maria et al.，2014）采用准自然实验的方法克服上述难题，并提供了绿色悖论存在的证据。

迪玛丽亚等（2014）从环境政策的执行时滞出发，提供了绿色悖论存在的实证证据。他们敏锐地注意到"酸雨计划"（ARP）这次"自然实验"可能影响火电厂含硫煤的消费量，即在签订 ARP 法律之后，火电厂含硫煤的消费量是否增加。由于美国在 1990 年签订清洁空气法案，但是实施 ARP 却在 1995 年，因此 1990～1994 年是一个政策从宣布到执行的滞后期，作为实验组。相应地，1986～1990 年则是参照组，从而可以借助于倍差法进行估计。所以，迪玛丽亚等（2014）选取了 1986～1994 年美国燃煤发电厂的相关数据，并提出了有关绿色悖论的三个假说：①ARP 宣布之后，煤炭价格下降；②响应下降的煤炭价格，煤炭使用量增加；③考虑到预期的含硫煤费用增加，暂时消费更高含硫煤将是有利的。这三个假说体现了绿色悖论的内在逻辑机理。通过倍差法的实证发现：①证据强烈支持第一个假说，表现为在 ARP 宣布之后，现货市场平均月度煤价下降 9%，并且硫的费用增加了大约 40%；②微弱的证据支持第二个假说；③第三个假说并不成立，没有证据支持高硫煤消费量在增加。概括而言，这些结论提供了绿色悖论存在性的间接证据。

总之，关于绿色悖论的研究尚处于萌芽阶段，已有文献的结论也存在较大争议。正如既有文献（Van der Werf & Di Maria，2012）指出的，根据当前绿色悖论的文献很难得出环境规制影响能源所有者行为、温室气体和气候损坏的任何结论。因此未来研究环境规制影响碳排放的文献应使用更具现实特征的理论模型。

2.2 环境政策有效性评估的相关研究

在某种意义上，一项政策的颁布就像一次自然试验，其与生俱来的较强"外生"属性受到学者的青睐。特别是，随着微观计量技术的发展，包括工具变量法（IV）、倍差法（DID）、断点回归法（RD）、合成控制法（SCM）等政策评估方法大展身手，逐渐涌现了一批评估政策有效性的文献，环境政策亦不例外，这类文献的最大优点在于有效处理了环境规制的内生性难题。理论上，环境政策是政府当局对污染负外部性导致"市场失灵"的干预措施，旨在将污染外部性内部化为污染者的成本，一般包括行政管制、庇古税费和排污权交易等工具（梁若冰、席鹏辉，2016）。

根据环境政策类型，环境政策有效性评估的文献主要涉及以下几类：水污染治理政策（Greenstone & Hanna，2014；李静等，2015；Kahn et al.，2015；Cai et al.，2016）、空气污染治理政策（Chen et al.，2013；Greenstone & Hanna，2014；Chen et al.，2015；He et al.，2016）、节能政策（Levinson，2016）、太阳能发电政策（Crago & Chernyakhovskiy，2017）。其中，空气污染治理政策又分为行政管制的限行政策（曹静等，2014；Viard & Fu，2015）、庇古税费的征收道路费（Fu & Gu，2017）和燃油税（Auffhammer & Kellogg，2011）、SO_2 排污权交易（涂正革、谌仁俊，2015；李永友、文云飞，2016）。上述文献的结论，既有环境政策的"有效论"，也有"无效论"，甚至有文献提供了环境政策逆反作用的证据，意味着各种环境政策还存在较大的改进空间。

与本书紧密关联的碳减排政策中，有 5 篇文献评估了《联合国气候变化框架公约京都议定书》（UNFCCC，以下简称《京都议定书》）的有效性。此类文献的实证挑战在于，《京都议定书》政策变量的内生性问题来源于各个国家在批准协议时存在"自选择"问题。具体来说，高碳排放水平的国家可以选择拒绝批准协议，从而使协议失效，而批准协议的国家碳排放水平都较低。例如，美国政府虽然签署了《京都议定书》，但迫于政治压力在 2001 年 3 月拒绝批准协议。因此，评估《京都议定书》碳减排效率的文献必须处理政策变量的内生性。这 5 篇文献如下。

艾切勒和费尔伯马伊尔（Aichele & Felbermayr，2012）使用一次差分 IV 估计的方法发现，相比于那些没有约束力目标的国家，批准协议的国家在 1997～2000 年和 2004～2007 年碳排放量下降 7%。但是，布兰杰和奎里安（Branger & Quirion，2014）认为艾切勒和费尔伯马伊尔（2012）并没有考虑某种发展中国家加入 WTO 的事实，从而高估了"京都议定书"的减排效力。比如，中国加入 WTO 之后，出口贸易剧增，而发达国家碳排放减少可能是因为从中国进口了碳密集型产品。因此，某种意义上，这应被视为一种国际碳泄漏问题。随后，艾切勒和费尔伯马伊尔（Aichele & Felbermayr，2013）利用 1997～2007 年 133 个国家的面板数据估计了京都议定书的碳排放效应。为了解决"京都议定书"政策变量的内生性问题，以国际刑事法院（ICC）成员资格作为"京都议定书"政策变量的工具变量，使用 2SLS 方法发现京都议定书具有显著的碳减排效应，批准协议国家碳排放水平的降幅大约为 10%。

基于既有工作（Aichele & Felbermayr，2012，2013）的思路，文（Wen，2015）使用 1994～2011 年全球 138 个国家的面板数据，在考虑国家间特定的时间趋势和国际碳排放泄漏问题的基础上，利用双重差分（DID）方法评估了《京都议定书》的有效性。研究发现，那些批准协议且具有约束力目标的国家，碳减排降低了 8%，肯定了《京都议定书》具有碳减排效应，一致于现有文献（Mazzanti &

Musolesi，2009；Iwata & Okada，2010）的结论。

同时，格鲁内瓦尔德和马丁·内斯扎尔佐索（Grunewald & Martinez – Zarzoso，2016）利用 1992～2009 年 170 个国家的面板数据，并借助于 PSM – DID 的方法以处理"京都议定书"这一政策变量的内生性问题，从而估计《京都议定书》的碳排放效应。结论发现，相比于无批准协议国家，《京都议定书》显著降低了批准协议国家碳排放水平的 7%。此外，他们还以来自清洁发展机制（CDM）融资项目的数量、世界贸易组织（WTO）成员资格和国际刑事法院（ICC）成员资格作为"京都议定书"政策变量的工具变量（IV），使用 2SLS 方法进行稳健性检验，依然支持《京都议定书》具有碳减排效应的结论。

然而，近来的一篇文献（Almer & Winkler，2017）批评了上述文献的做法，认为传统的 DID 分析方法并不适用。究其原因：①各个国家在批准协议时存在自选择（self-select）问题，而这违反了 DID 方法的"共同趋势"的前提假设。②处理时间不明确。因为《京都议定书》虽然在 1997 年签订，但是很多国家并没有立即采取减排行动，即签订与实际执行之间存在时滞。③非附件 B 国家也受到协议的影响。由于该议定书允许附件 B 国家①通过排污交易（EM）、清洁发展机制（CDM）、联合履行机制（JI）等方式达到减排目标，从而使非附件 B 国家与附件 B 国家存在相互作用。④存在碳泄漏问题。附件 B 国家可能通过将能源密集型企业搬迁将排放转移给非附件 B 国家。总之，上述四点原因使得非附件 B 国家不满足

---

① 《京都议定书》在附件 B 中规定了既定时期发达国家的温室气体减排目标，并设置三大市场化减排机制：联合履行、国际排放贸易和清洁发展机制，帮助发达国家实现减排目标，降低减排成本。

控制组的要求。为此，阿尔默和温克勒（Almer & Winkler，2017）借助于合成控制法（SCM），分别运用非附件 B 国家和美国各州为每一个附件 B 国家合成两组假想的、理想的控制组，从而使两者满足政策实施前的平行趋势假定，进而利用差分方法得到《京都议定书》实施之后的真实效果。研究发现，1998~2011 年附件 B 国家并没有显著减少碳排放，甚至有些国家碳排放呈上升趋势，意味着《京都议定书》并没有带来预期的碳减排效应。

张等（Zhang et al.，2017）以中国北京市、天津市、上海市、重庆市、湖北省、广东省及深圳市的碳排放权交易试点为准自然试验，利用 2000~2013 年省级面板数据和 PSM – DID 方法评估了试点碳排放交易计划对碳排放的影响。研究发现，虽然试点碳排放权交易政策执行时间较短且市场机制尚不完整，但已经凸显出碳减排的作用，证实了碳排放权交易的有效性。但此文献存在一个问题，即以 2011 年作为政策实施年份，而实际上，2011 年只是批准年份，启动年份均在 2013 年之后。具体而言，北京市、天津市、上海市、广东省及深圳市于 2013 年开启碳排放权交易，而重庆市、湖北省则于 2014 年开启碳排放权交易。

2.3　环境分权理论的相关研究

环境分权理论主要涉及环境联邦主义制度，是环境治理体系的核心内容，旨在寻求政府层级之间环境权力的最优配置（Millimet，2013），主要研究议题为如何最优分配不同级次政府（中央政府和地方政府）之间的环境保护职能（Oates & Portney，2001）。分权指的是，中央政府向地方政府下放经济、政治和行政权力，使得地方政府成为独立的公共服务提供者和决策者。

类似于财政分权，环境分权也可以理解为"事实分权"，即从环境保护事权上反映地方政府在环境管理事务中实际拥有的自主权和决策权。本质上，环境联邦主义或者环境分权探讨的是多级政府体系下的政府间环境保护责权关系与环境治理问题。简言之，如何分配中央政府和地方政府之间的环境保护责权。所以，环境联邦主义关注的核心问题是：环境管理应该是集权还是分权。

对于上述问题，经典的财政联邦主义理论认为，分权可以提高公共品的效率。此观点源于蒂伯特（Tiebout，1956）的开创性贡献，假定居民在辖区间可以自由流动，那么"用足投票"机制可以反映居民的真实偏好，为了避免居民迁移到其他辖区，地方政府必须提供合意的公共品以满足居民的需求偏好，所以分权下的公共品供给更加有效。换言之，蒂伯特（1956）强调了分权的积极作用，其根源于地方政府竞争流动性居民的动机。蒂伯特（1956）进一步提出了"分权定理"，意为分权的福利效应并不依赖于居民的流动性，只要居民公共品的需求存在辖区间差异，那么由地方政府而不是中央政府供给就更能满足辖区间居民的异质性偏好。

然而，蒂伯特（1956）模型依赖于七个假设条件：①居民具有完全流动性和异质性偏好；②居民能够辨别地方政府提供公共品和服务的质量；③存在许多辖区，从而构成竞争单元；④就业不影响居民住宅选择；⑤不存在辖区间的外部性；⑥每一个辖区拥有已知的最佳规模，即地方政府能够最小化公共品和服务的平均成本；

⑦如果辖区低于最优规模，那么地方政府努力吸引新居民以增加辖区规模。上述假设的核心在于地方政府是"仁慈的"，这也是以蒂伯特（1956）所代表的传统联邦主义理论的要旨。但是，现实中地方政府是具有自身利益最大化的"理性人"，正如"利维坦假说"所阐述的那样，地方政府追求的是税收收入的最大化，而不是社会福利（Millimet，2013）。沿着这条思路，奥茨和施瓦布（Oates & Schwab，1988）开拓了辖区间竞争模型，认为辖区间为了竞争流动性资源，分权对公共品供给的影响既可能为正，也可能为负。随后的理论文献（Dijkstra & Fredriksson，2010）进一步放松了奥茨和施瓦布（1988）的模型假设条件，发现分权的环境政策制定将会导致环境标准无效，引发"逐底竞争"效应（race to the bottom）。

以上研究表明，理论文献对于"环境管理应该是集权还是分权"这一问题还存在分歧，这促使学者从经验研究中寻找实证证据。现有实证文献主要从财政分权的角度考察分权与环境质量的关系，研究结论分为促进论、抑制论、非线性关系论和无因果关系论。具体如下：①促进论。李根生和韩民春（2015）以雾霾污染反映环境质量，发现财政分权可以激励地方政府加大对雾霾污染的治理力度，对环境质量具有正向的促进作用。②抑制论。弗雷德里克森等（Fredriksson et al.，2006）从辖区竞争理论的角度解释了分权对环境质量的负面影响，利用世界银行 2004 年 90 个发展中国家的数据提供了实证证据。这一负面效应根源于地方政府竞争流动性资源的动机，而分权体制恰恰为地方政府放松环境规制强度打开了机会之窗。既有文献（Farzanegan & Mennel，2012）利用 1970~2000 年 80 个国家的面板数据，证实财政分权增加了污染，但是更好的制度质量可以缓解财政分权对环境的不利效应，从而证实了分权下环境会产生"竞次"现象。③非线性关系论。刘建民等（2015）发现，财政分权对环境污染的影响存在显著的非线性效应，并且这种非线性效应依赖于外商直接投资和产业结构两种因素。相似地，李香菊和刘浩（2016）同样支持非线性论，认为财政分权的环境效应取决于人均收入，即随着人均收入的提高，地方政府治理污染的努力程度存在门槛效应。④无因果关系论。何（He，2015）基于1995～2010年中国省级面板数据，发现财政分权对人均废水、废气和固体废物无显著影响，并指出财政分权通过增加污染治理支出、排污费而有利于提升环境质量。

一些学者将污染物进行分类，发现了多种结论。西格曼（Sigman，2014）运用1979～1999年47个国家的数据检验了分权对水污染的影响，并将水污染物分为两种：生化需氧量（BOD）和粪便大肠菌，前者具有外溢效应，而后者是非外溢性污染物。结果发现，分权对BOD具有促进作用，但对粪便大肠菌并没有显著影响。由此总结出，在溢出情况下，分权可能导致环境政策的无效率。

环境保护事务的集权与分权之争，以及如何确定最优的环境分权度至今悬而未决。环境集权的拥趸者强调环境保护分权会由于地方政府间的竞争导致环境规制的"竞次到底"，最终导致环境恶化。特别重要的是，环境公共品的溢出效应决定了由某一地方政府供给并不会达到社会最优。相比之下，环境分权主义者认为地方政府最接近于居民，更了解居民的环境偏好，并且环境公共品需求的异质性使得由地方政府提供环境服务更符合效率原则。另外，地区性污染的规制责任适宜于由地方政府承担。可见，集权与分权的各自自身优势酿成了这场争论。一些学者（Besley & Coate，2003）认为，分权与集权的相对优势最终取决于公共品的外溢性与地区间的偏好异质性。所以，环境问题的复杂性和多样性鞭策大多数环境经济学者达到一项共识，即环境事务管理应由中央政府和地方政府共同承担责任、联合采取行动，建立多层次的规制结构。

2.4　环境规制竞争的相关研究

环境规制竞争理论最初发轫于税收竞争理论。税收竞争的目的在于争夺流动性资源（Buettner，2001），而环境规制竞争具有同样的功能。参照豪普特迈尔等（Hauptmeier et al.，2012）对税收竞争的界定，环境规制竞争被定义为地方政府之间为发展本地经济、改善公共服务水平，通过环境规制手段相互争夺企业、人力和技术等要素资源的行为。简言之，环境规制竞争意为相邻地区之间的环境规制相互作用和影响，表现为空间上的策略互动，是地方政府竞争流动性资源的一种具体手段。

理论上，环境规制竞争动因主要分为两类：一是，环境公共品"免费搭车"的"支出外溢"效应；二是，争夺流动性资源的"策略性竞争"效应。关于这两种效应，均有文献提供了实证证据，例如，邓等（Deng et al.，2012）发现了环境支出的外溢效应，而张征宇和朱平芳（2011）、陈思霞和卢洪友（2014）却支持环境支出的竞争效应。从广义上来说，支出竞争实际上也隶属于环境规制"策略性竞争"效应的一种。同时，一些文献也将环境规制竞争称之为策略互动。环境规制竞争文献特别关注检验环境规制的"逐底竞争"假说。

环境规制竞争文献分为两条线索：一是探讨环境规制竞争的存在性和类型；一是考察环境规制竞争的后果。两条线索中，以前者为主，后者为辅，并且前者尤其关注环境规制"逐底竞争"的议题。从概念上说，环境规制的"逐底竞争"意味着环境规制的"竞次"。所谓"竞次"，也被称为"竞劣"或"向下赛跑"，即就一定的社会道德价值而言，市场竞争的结果不是一般所期望的优胜劣汰，而是"劣胜优汰"（唐翔，2010）。正如袁剑（2007）所言，"在竞次的游戏中，比的不是谁更优秀，谁投入了更多的科技，更多的教育，而是比谁更次，更糟糕、更能够苛待本国的劳动阶层，更能够容忍本国环境的破坏，一句话，是比谁更有能力向人类文明的底线退化"。下面将按照上述两条线索进行阐述。

2.4.1 环境规制竞争的存在性及类型

对环境规制竞争的研究最早来源于弗雷德里克森和米利米特（Fredriksson & Millimet，2002a）的检验。他们利用美国的面板数据检验了州与州之间环境规制策略互动的存在性。他们借助于空间自回归模型和非对称反应模型发现，环境规制的遵循成本显著正相关，意味着如果相邻州环境规制强度增加，那么本州也增加环境规制强度。此外，州与州之间环境规制存在不对称反应。具体来说，当邻州存在更高的环境治理成本，那么本州将提高自身的环境治理成本，并且反应强度是邻州的相对治理成本的单调正函数。相反，如果环境规制宽松的州提高环境标准，而这种影响对邻州的影响微乎其微。值得说明的是，弗雷德里克森和米利米特（2002a）谨慎地注意到，虽然相关的环境规制治理成本可以证明存在环境规制竞争，但是这并不足以确定竞争是导致环境规制效率高或低的原因。

同时，在弗雷德里克森和米利米特（2002b）的另一份相近的文献中，旨在证明环境规制制定过程中是否存在"加利福尼亚效应"（California Effect），即环境治理的标尺效应。他们得出的结论比较有趣：在环境规制制定过程中，加利福尼亚州（California）的邻州反而比距离更远州的反应更少。这一结论的背后原因有两种：一是污染溢出效应，即如果加利福尼亚州提高环境规制强度，那么加利福尼亚州的邻州的"新"污染的边际损害将会降低，从而邻州降低环境规制强度以吸引新资本；二是最直接的邻州感知更大程度的资本竞争。

弗雷德里克森和米利米特（2002a，2002b）的两份文献为环境规制策略互动的后续研究提供了良好的思路。莱文森（Levinson，2003）使用了弗雷德里克森和米利米特（2002a）同样的模型，得出的结论也较为一致，但他还发现，里根政府弱化了地区间环境规制的竞争行为。

此外，还有一些文献聚焦于环境规制"逐底竞争"假说的检验，然而针对美国州域层面的研究结论却截然相反。一方面，伍德（Wood，2006）提供了环境规制"逐底竞争"的证据。伍德（2006）以州露天采矿监管的执法强度为研究对象，发现执法强度受区域竞争者行为的影响。具体而言，当某一州的执法力度超过竞争州时，该州则会调整执法强度；相反，当竞争州的执法强度更加严格时，该州则"无动于衷"。因此，伍德（2006）认为州露天采矿监管行为存在"逐底竞争"的现象；另一方面，科尼斯基（Konisky，2007）却有力质疑了伍德（2006）的结论。基于清洁空气法案（CAA）、清洁水法案（CWA）和资源保护和回收法案（RCRA）三类美国联邦污染控制计划，科尼斯基（2007）发现州之间环境规制存在显著的策略互动行为，但是并不存在非对称的策略互动以及"逐底竞争"效应。

相比于国外文献，国内对环境规制策略互动的研究尚处于起步阶段。杨海生等（2008）最早利用中国1998~2005年的面板数据检验了财政分权和基于经济增长的政绩考核体制下地区之间环境政策的竞争行为。研究揭示，为了争夺流动性要素和固化本地资源，当前环境政策存在相互攀比式的竞争。但随着地方政府在制定环境政策时自我约束机制不断加强，这种情形有所好转，环境政策竞争呈现出从单一控制目标的粗放型策略向多元控制目标的节约型策略转化的动态特点。

虽然杨海生等（2008）的研究思路源于弗雷德里克森和米利米特（2002），但是结合了分权的背景，为解释当前中国环境状况提供了一个新的视角，颇具新意。沿着杨海生等（2008）的做法，张文彬等（2010）进一步从中国不同环境规制强度的角度探讨了省际环境规制策略竞争的形式，并分时间段进行估计，目的在于分析2003年科学发展观对环境规制竞争的影响。结论揭示，1998~2002年，环境规制竞争以差别化策略为主，而2004~2008年，环境规制竞争行为趋优，逐步形成"标尺效应"。对于这种转变，作者归因于政府的科学发展理念和环境绩效的考核作用。

　　追随先前文献（Fredriksson & Millimet，2002；Konisky，2007），雷纳和熊（Renard & Xiong，2012）借助于空间自回归模型和非对称反应模型重新检验了中国区域间的环境规制策略互动行为。他们的结论一致于杨海生等（2008）的观点，即争夺流动性资本而导致的省际竞争引发了地方政府策略性地设置环境规制强度。不同的是，相似产业结构的省份中，环境规制策略互动行为更为强烈，但并不存在"逐底竞争"效应，并且单边的财政分权强化了环境规制的策略互动行为。

　　在此基础上，王宇澄（2015）秉承张文彬等（2010）的研究思路，构建了无约束的空间杜宾（Durbin）模型和非对称反应模型探索地区间环境规制竞争的存在性、表现形式和时空异质性。他发现，中国地方政府间存在环境规制政策的竞争效应，并且政绩考核体系中环境权重的增加可以弱化这种效应。可以看出，他的结论支持了杨海生等（2008）和张文彬等（2010）的观点。与此相反，王孝松等（2015）遵循张征宇和朱平芳（2011）的思路，发现地方政府为了吸引更多的外商直接投资（FDI）而降低环境规制强度，存在"逐底竞争"效应。

　　此外，张可等（2016）考虑了环境治理投入与污染排放的双向影响，构建了包含环保投入和污染排放的空间联立方程模型，发现地区间环保投入存在明显的策略性互动和地区交互影响，表现为"你多投，我就少投"的"搭便车"现象。宋德勇和蔡星（2018）将研究视角深入到城市层面，运用静态和动态空间计量模型，发现地方政府在环境规制上存在明显的策略模仿行为，使得环境规制单边治理难以获得成功，最终趋向于"逐底竞争"的低水平均衡。本书将上述文献按照逻辑顺序总结在表 2 - 1 中。

表 2 - 1 环境规制竞争的存在性及类型

作者	环境规制指标	研究样本	研究模型	研究结论
弗雷德里克森和米利米特（2002b）	环境治理成本	1977～1994年美国各州的面板数据	SAR和非对称反应模型	各州之间环境规制存在策略互动和非对称反应
莱文森（2003）	环境规制支出	1972～1994年美国各州的面板数据	SAR	各州之间环境规制存在策略互动，并且里根政府弱化了环境规制竞争
伍德（2006）	露天采矿职能部门（the office of surface mining，OSM）的执法强度	1987～1999年美国各州的面板数据	FE	美国州际之间存在环境规制的"逐底竞争"的现象
科尼斯基（2007）	①每年抽样检查的次数；②非正式和正式惩罚性措施的未加权之和	1985～2000年美国各州的面板数据	SAR和非对称反应模型	地区之间环境规制存在显著的策略互动行为，但是并不存在"逐底竞争"效应
杨海生等（2008）	①工业污染治理投入；②环境监管强度	1998～2005年中国31个省份的面板数据	非对称反应模型	中国省际的环境政策存在明显的相互攀比式竞争，并且这种竞争具有防守型的地方保护主义和单一目标向多元目标转化的特征
张文彬等（2010）	①工业增加值与排放量的比值；②工业污染治理投资与工业增加值的比值	1998～2002年和2004～2008年中国30个省份的面板数据	两区制SDM固定效应模型	1998～2002年，环境规制竞争以差别化策略为主；2004～2008年，环境规制竞争趋优

续表

作者	环境规制指标	研究样本	研究模型	研究结论
雷纳和熊（2012）	单位工业增加值的污染税	2004～2009 年中国 30 个省份的面板数据	SAR 和非对称反应模型	中国省份间存在环境规制的策略互动行为，但是并没有发现环境规制"逐底竞争"的证据
王宇澄（2015）	工业污染治理投资和排污费收入之和与工业增加值的比值	1996～2012 年中国 31 个省份的面板数据	SDM 和非对称反应模型	地方政府间存在环境规制的竞争效应，并且表现为"逐底竞争"；同时，环境规制竞争随时间趋于弱化
王孝松等（2015）	每个污染企业的平均排污费用	2005～2013 年中国 28 个省份的面板数据	SAR	地方政府降低环境规制水平可以吸引更多的 FDI；地区间环境规制呈现"逐底竞争"
张可等（2016）	单位工业增加值的污染治理投入	1999～2013 年中国 31 个省份的面板数据	SSEM	地区间环保投入存在明显的策略性互动和地区交互影响，即存在"你多投，我就少投"的现象
宋德勇和蔡星（2018）	城市各类污染排放物强度的相对水平的加权平均	2003～2016 年中国 285 个城市的面板数据	SAR	地方政府在环境规制上存在明显的策略模仿行为

　　注：①表中各模型的含义分别如下：面板固定效应模型（FE）、空间自回归模型（SAR）、广义空间自回归模型（SAC）、空间 Durbin 模型（SDM）、空间面板联立方程模型（SSEM）；②非对称反应模型和两区制固定效应模型含义一致。下表同。
　　资料来源：笔者整理。

2.4.2 环境规制竞争的后果

随着环境问题愈演愈烈，一些学者将研究视角拓展到环境规制竞争产生的后果上，考察环境规制竞争对生态效率、经济增长和产业结构升级的影响。李胜兰等（2014）捕捉了环境规制竞争对区域生态效率的影响，立足地方政府竞争的视角，揭示地区间存在环境规制的相互模仿行为，并且环境规制对区域生态效率具有"制约"作用。随着科学发展观理念的推行有利于减弱相互模仿的环境规制策略行为，并扭转了环境规制对区域生态效率的制约作用。

不同于之前学者所采用的省级面板数据，赵霄伟（2014a）将数据维度细化到城市层面，并剖析了环境规制竞争对区域经济增长的影响。他发现，自2003年落实科学发展观以来，地方政府间的环境规制"逐底竞争"不再是全局性问题，而是局部问题。具体而言，中部地区城际间存在显著的环境规制"逐底竞争"行为，而东部和东北地区则表现为"差异化竞争"，西部地区甚至不存在环境规制竞争策略。与此同时，在另一份相似的研究中，赵霄伟（2014b）捕捉了环境规制竞争对工业经济增长的影响，结论类似于环境规制竞争的区域经济增长效应。

基于赵霄伟（2014a，2014b）的思路，郑金铃（2016）考察了环境规制竞争对产业结构升级的影响。借助于城市面板数据与空间杜宾模型，她发现环境规制竞争促进了区域产业结构升级，但这一情形并不适用于东部沿海城市，并将这一原因归结为东部沿海城市在产业转移过程中的陈旧思维。同样地，本书将上述书献按照逻辑顺序总结在表 2 – 2 中。

表 2 – 2　　　　　　　　　　环境规制竞争的后果

作者	环境规制指标	研究样本	研究模型	研究结论
李胜兰等 (2014)	①累积设立的地方环保法规数；②工业污染治理投资完成额与工业增加值的比值；③单位工业增加值的排污费收入	1997～2010 年中国 30 个省份的面板数据	SSEM	样本期间，区域之间环境规制存在显著的相互模仿行为，并且 2003 年后环境规制转变为独立施行；环境规制不利于生态效率的提升
赵霄伟 (2014a)	城市各类污染排放物强度的相对水平的加权平均	2004～2009 年中国 276 个地级市的面板数据	SDM	东部和东北地区城际环境规制凸显"差异化竞争"，并且竞争具有正增长效应；中部地区城际环境规制呈现"逐底竞争"效应，并且竞争具有负增长效应；西部地区并不存在环境规制竞争策略；并且竞争对经济发展的影响不显著
赵霄伟 (2014b)	城市各类污染排放物强度的相对水平的加权平均	2004～2009 年中国 276 个地级市的面板数据	SDM	东部和东北地区环境规制竞争具有正向增长效应，中部地区则具有负向增长效应，而西部地区增长效应不显著
郑金铃 (2016)	城市各类污染排放物强度的相对水平的加权平均	2003～2013 年中国 279 个地级市的面板数据	SDM	环境规制竞争促进区域产业结构升级；东部沿海城市的环境规制竞争并不利于区域整体的产业转型升级

资料来源：笔者整理。

2.5 本章小结

本章主要从环境规制的碳排放效应、环境政策的有效性评估、环境分权理论和环境规制竞争四个方面总结了与本书紧密相关的研究。梳理上述文献，可以发现：①罕有关于绿色悖论议题的实证文献，并且环境规制对碳排放的影响均被边缘化，学者们并不重点关注环境规制对碳排放影响的强度和方向，既有的少数文献也难以处理环境规制指标的内生性难题，并且也忽略了非正式环境规制对碳排放的影响。②环境政策有效性评估的文献为本书提供了重要思路和有益参考，但总体上看关于碳减排政策有效性评估的文献并不多，特别是缺少关于中国碳减排政策的研究。虽然一些学者（Zhang et al.，2017）使用 PSM - DID 方法提供了碳排放权交易有效性的证据，但 PSM - DID 方法依赖于可观测变量构造对照组，方法假设条件较强，依赖于"可忽略性假定"，应使用更稳健的方法和自由度更大的数据提供更稳健的结论。③现有分权环境效应的文献主要落脚于财政联邦主义，但是环境保护事务的特殊性决定了财政联邦主义无法也不可能替代环境联邦主义（祁毓等，2014）。同时，绝大多数文献忽视了分权指标潜在的内生性问题。针对财政分权与环境质量同一因果关系，现有研究得到的结论并不一致，甚至南辕北辙。更为严重的是，相互矛盾的经验研究制约了分权环境效应的进一步发展，甚至影响分权与公共品供给因果关系的探究，从而不利于学者理解其中的影响机制。④环境规制竞争的文献绝大多数聚焦于省级层面，并且忽略了影响地区间环境规制竞争的驱动因素，而这一点恰恰是寻找相应政策着力点的重要理论基础。

第3章

分权视角下地区间环境
规制竞争研究

3.1 引　　言

得益于低碳经济的兴起、绿色发展理念的树立以及生态文明建设的推进，环境规制作为一项重要的政府社会性规制受到广泛关注。众所周知，环境规制的重要战略体现在为市场失灵补位，因为市场并不能够解决具有外部性的环境问题。而在众多环境规制议题中，环境规制"竞次"现象是社会公众普遍认知并最为关注的环境问题之一，被广为诟病。实际上，这种现象是一种环境规制竞争的具体表现形式。

在阐释"环境规制竞争"的定义之前，本书首先回顾"规制"与"环境规制"的概念。关于"规制"的含义，既有文献大多从"公共利益"和"利益集团"两大范式出发，将其定义为：在市场经济条件下，政府利用国家强制权依法对微观经济主体进行直接经济、社会控制或管理，目标在于克服市场失灵，包括克服微观经济无效率和社会不公平，最终实现社会福利最大化和财富再分配（张红凤、张细松，2012）。"环境规制"将"规制"细化到环境领域，指的是政府通过排污标准、排污权交易、排污费等行政命令与市场激励型方式规制厂商的生产行为，旨在将污染成本内部化，实现经济和环境的协调可持续发展。

在此基础上，"环境规制竞争"继承了"规制"与"环境规制"的概念，本书参照豪普特迈尔等（2012）对财政竞争的界定，将环境规制竞争定义为地方政府之间为发展本地经济、改善公共服务水平，通过环境规制手段相互争夺企业、人力和技术等要素资源的行为。简言之，环境规制竞争意为相邻地区之间的环境规制相互作用和影响，也被一些文献称之为环境规制的策略互动。同时，环境规制竞争分为两种效应："支出外溢"效应和"策略性竞争"效应。前者指的是，某一地区的居民享受到相邻地区提供的环境公共服务（Brueckner，2003），是环境公共品的"免费搭车"现象；后者指的是，为了与相邻地区争夺人力、资本等流动性要素，地方政府的环境规制强度会趋同于周边地区（Revelli，2003），从而与最优值存在较大的偏离。环境规制的"策略性竞争"效应又分为"逐底竞争"效应和"逐顶竞争"效应。

中国一直奉行高度的环境分权管理体制。《环境保护法》规定县级以上人民政府对所辖区域内的环境保护质量负总责，相应地，环保系统采取的是"属地管理，分级负责"的原则，导致地方政府拥有执行环境规制的自由裁量权。那么，我们不禁要问，在这种分权背景下，地区间环境规制的竞争行为是否存在？如果答案是肯定的，那么这种竞争行为是正向的模仿型策略互动？还是负向的差异化型策略互动？而影响地区间环境规制竞争行为的因素又有哪些？准确厘清上述问题，为理解分权背景下地区间环境规制的本质特征提供理论注脚，为合理制定环境政策提供决策依据。

3.2 理 论 假 说

3.2.1 地区间环境规制竞争的机理

中国环境规制的制定者属于全国人民代表大会和中央政府，并且各省级人民政府所在地的市人民代表大会及其常务委员会都可以依据当地的实际情况和需要制定和颁布地方法规（李树、翁卫国，2014），环境规制的实施者则是各个地方政府。因此，探究环境规制的竞争行为应该追溯到地方政府之间的相互作用，即地方政府竞争理论。尤其重要的是，地方政府非完全执行环境规制的自利性动机源于分权下的地方政府竞争（文雁兵）。理论上，地方政府竞争源于蒂布特（1956）的开创性贡献，他认为地方政府竞争能够改进政府效率。然而，奥茨（1972）对这一观点持怀疑态度，并明确指出，地方政府竞争可能带来副作用，如导致公共品的供给不足。相对于国外而言，国内对地方政府竞争的研究起步较晚，并经历了从分权到地区间竞争的逐渐深化过程。

就地方政府竞争的形式而言，雷维利（Revelli, 2005）认为地方政府通过三种渠道相互影响：偏好、约束和期望，分别对应于布鲁克纳（Brueckner，2003）的溢出、资源流和标尺竞争模型，而国内学者周业安和宋紫峰（2009）则分别归纳为溢出效应、财政模仿和标尺竞争。具体地，溢出效应实际上是一种公共品的"免费搭车"现象，而财政模仿则意味着地区间相互模仿竞争对手的税收、支出等财政政策。标尺竞争的原意为，分层造成的多层级组织结构背景下，处于信息弱势的民众会根据其他地方政府行为评价自己所在辖区地方政府的行为，从而促使地方政府以其他地方政府为标尺，相互模仿、学习和监督，从而提升地方政府工作效率和促进本地经济发展。虽然中国地方政府的标尺竞争和模仿行为带来经济增长的正面激励，但是也伴随着损失社会福利的负面激励，如地方保护主义和市场分割（邓明，2014）、重复建设（周黎安，2004）、腐败（汪伟等，2013）、公共服务供给不足（Deng et al.，2012；陈思霞，2014）等。

以上研究表明，标尺竞争原意是辖区信息溢出效应的体现，引申到中国语境下，标尺竞争实际上是地方政府为了追求各自的本位利益，运用各种政策手段吸引流动性资源而孕育的一种过度竞争，进而滋生了税收竞争、支出竞争和规制竞争等一系列的具体竞争形式，环境规制作为一种"政策工具"自然是题中之义。因此，当竞争地区提高或降低环境规制强度时，本地区将秉承自身利益最大化原则根据竞争对手的环境规制强度选择一个最优的环境规制水平，从而导致了区域间环境规制的竞争行为。也就是说，虽然地方政府不能制定环境规制，但是其拥有执行环境规制的自由裁量权，即为了吸引流动性资源可以选择执行环境规制的强度水平。在这种情况下，其他地区可以迅速模仿复制该地区的环境规制强度，从而导致相邻地区环境规制强度水平雷同，最终酿成环境规制失效的局面，陷入"规制陷阱"的囹圄中，也解释了环境规制非完全执行的普遍现象。尤其需要说明的是，地区间环境规制的相互模仿行为不仅意味着竞争地区降低环境规制强度，本地区也会相应降低环境规制强度，同时也意味着竞争地区提高环境规制强度，本地区也将提高环境规制强度。从整个国家来讲，环境规制既可以达到"低水平"均衡，也可以达到"高水平"均衡，分别对应于环境规制的"逐底竞争"（也称为"竞次"）和"逐顶竞争"。20 世纪 90 年代以后，中国参与全球化与经济发展的道路是一种"激进的竞次战略"。而环境规制被地方政府视为争夺流动性资源的博弈工具，并且既有文献（朱平芳等，2011；王孝松等，2015）提供了环境规制"逐底竞争"的证据。因此，本书认为地区间环境规制的相互模仿行为弱化了环境规制强度，也是"规制陷阱"的罪魁祸首。根据以上分析，本章提出如下假说：

H3 - 1　在分权背景下，趋利的地方政府为了吸引流动性资源，在环境规制上存在一种策略互动，具体表现为地区间环境规制的相互模仿，从而孕育了地区间环境规制的竞争行为。

2006 年中央政府首次将能源强度降低 20% 和主要污染物排放总量减少 10% 作为国民经济和社会发展的约束性指标，并明确要求实行严格的环保绩效考核，释放出政绩考核体系转向"纳入环境指标考核"的多元化政绩观转变的信号。随后，为了考核"十一五"期间主要污染物总量减排的完成情况，中央政府于 2007 年出台《主要污染物总量减排考核办法》，并作为对地方政府官员考核的重要依据,严格实行问责制和"一票否决"制。这一考核制度为地方政府官员转变政绩观和塑造科学行为选择注入一针"强心剂"。尤其是"十二五"规划将污染物总量减排的约束性指标进行拓展,既有约束性指标继续实行,如二氧化硫、化学需氧量削减 8%,以及能源强度降低 16%;新增约束性指标更加彰显国家推进绿色发展的决心,如氨氮、氮氧化物削减 10%,单位国内生产总值二氧化碳排放降低 17%。随后,中央政府继续于 2013 年颁布了《"十二五"主要污染物总量减排考核办法》,进一步强化了官员政绩考核指标的多元化和绿色化。

与此同时,为了解决日益严峻的环境问题,党的十八大以来,中央政府着力构建环境保护制度的总体框架。从党的十八大的"生态文明建设",到党的十八届四中全会的"用严格的法律制度保护生态环境",再到党的十八届五中全会的"绿色发展理念"和国务院的《生态文明体制改革总体方案》,特别是 2016 年的"十三五"规划要求建立环境质量改善和污染物总量控制的双重体系,污染减排思路由"单一总量控制"突破为"质量和总量双控",无不彰显中央政府推进环境保护制度顶层设计的决心和努力。可以预期,环境保护制度的完善将进一步健全多元化和绿色化的政绩考核体系。进一步,政绩考核特有的"指挥棒"作用将合理化地方政府官员努力配置,促使其更加重视环境治理和环境保护,从而调整环境规制的竞争行为。根据以上分析,本书提出:

H3 - 1a　随着政绩考核的多元化和绿色化,地区间环境规制相互模仿的竞争行为将有所减弱。

3.2.2 财政分权对环境规制竞争的影响

财政分权使地方政府拥有财政上的自主权。为了争夺流动性资源，地方政府可以相对独立地实施契合自身利益的公共政策。可见，财政分权给予了地方政府必要的资源支配权。所以，财政分权衍生了地方政府竞争，并赋予了地方政府竞争的"生存环境"。随后，为了扭转"财政收入占 GDP 比重"和"中央财政收入占全国财政收入比重"持续下降趋势，1994 年开始推行"分税制"财政管理体制改革。这次以财政收入集权为特征的分税制改革，显著增加了地方政府的实际支出责任，体现了"财权上收，事权留置"的本质。因此，为了填补巨大的收支缺口，地方政府总是千方百计地增加本地财源，而最直接的手段就是吸引流动性资源，进而造成地方政府竞争。

理论上，地方政府竞争源于分权，因此地方政府竞争并不是中国独有的现象。事实上，早在1956 年，蒂伯特就发现只要居民可以自由流动，那么辖区政府为了吸引"居民"这种要素必然展开竞争，从而得出"用足投票"可以给辖区政府带来硬约束的结论。实际上，"Tiebout 假说"中的"居民"可以泛指一切流动性资源，具体到现实世界中，"居民"则可以替换成资本、劳动力等流动要素。为了吸引这些流动性资源，地方政府通过财税、土地、规制等政策手段以追求自身利益最大化。因此，环境规制作为地方政府可以掌控的手段，不可避免地成为竞争流动性资源的工具。总之，财政分权孕育了地方政府竞争，而环境规制竞争又隶属于地方政府竞争的一种，这意味着财政分权能够加剧地区间环境规制的竞争行为。根据以上分析，本章提出如下假说：

H3 – 2　财政分权强化了地区间环境规制的竞争行为。

3.3　研 究 设 计

3.3.1　计量模型设定

为了检验环境规制竞争的存在与竞争形式，本书遵循既有文献（Konisky，2007；杨海生等，2008；Renard & Xiong，2012；宋德勇、蔡星，2018）的一般做法，使用经典的空间自回归模型（SAR）识别地区间环境支出的竞争行为，具体设定如下：

$$ER_{it} = \delta_0 + \rho W \times ER_{it} + \beta X_{it} + \alpha_i + \lambda_t + \varepsilon_{it} \qquad (3-1)$$

其中，i 和 t 分别表示城市和年份；ER_{it} 表示地区环境规制强度；W 是空间权重矩阵，其元素 w_{ij} 刻画了地区 j 对于地区 i 的相对重要程度；$W \times ER_{it}$ 是环境规制的空间滞后项，且满足 $WER_{it} = \sum_{j \neq i} w_{ijt} ER_{jt}$，表示 i 城市 t 年其他地区加权的环境规制（即 i 城市的邻居）对本地区环境规制的影响，其估计系数 ρ 为空间自回归系数；X_{it} 表示影响地区环境规制强度的其他控制变量；α_i 是地区固定效应；λ_t 是时间固定效应；ε_{it} 为随机误差项。后面实证分析中的标准误均聚类到地级市层面上，使结果对潜在的截面异方差和序列相关保持稳健。

本书主要关注参数 ρ 的正负和大小，其刻画了地区间环境规制的策略反应强度，即环境规制竞争行为。具体地，如果 $\rho \neq 0$，则说明本地区环境规制水平受到其他地区环境规制水平的影响。如果 $\rho > 0$，则说明地区间环境规制存在相互模仿的竞争行为；如果 $\rho < 0$，则说明地区间环境规制存在差异化的竞争行为。根据 H3 – 1，如果 $\rho > 0$，那么 H3 – 1 成立。同时，为了验证 H3 – 1a，本书将全样本以 2010 年为界分为两个阶段，并比较两个时段的 ρ 值。如果后一阶段 ρ 值相比于前一阶段值变小，或者显著性降低，抑或 ρ 值由正转负，那么意味着政绩考核的绿色化有利于缓解环境规制相互模仿的竞争行为，H3 – 1a 得证。

3.3.2　数据与变量

考虑到空间计量模型只能处理平衡面板数据，因此本书采用的样本为 2003 ~ 2016 年 260 个城市的平衡面板数据，样本城市不包括北京市、天津市、上海市和重庆市。所需数据来自各年度《中国城市统计年鉴》《中国区域经济统计年鉴》《中国统计年鉴》等。另外，由于缺少城市层面的价格指数，因此，以货币为单位的名义变量均以相应省级层面的价格指数调整为基期的不变价格。

（1）被解释变量——环境规制。本书借鉴朱平芳等（2011）、赵霄伟（2014）、宋德勇和蔡星（2018）做法，设计了一个环境污染综合指数。基本思路是，通过构建不同污染物排放强度在全国范围内的相对位置，然后加权平均城市各类污染排放强度的相对水平，以此考察该城市环境污染治理的努力程度，进而从侧面度量该城市的环境规制水平。具体公式如下：

$$ER_{it} = \frac{1}{P_{it}}, \quad P_{it} = \frac{1}{3}\left(px_{1it} + px_{2it} + px_{3it}\right), \quad \text{其中 } px_{l,it} = \frac{p_{l,it}}{\bar{p}_{l,t}}$$

$$(3-2)$$

式（3-2）中，环境规制强度 ER_{it} 是污染排放综合指数 P_{it} 的倒数。其含义是，污染排放综合指数越低，地方政府治理环境污染越努力，越会实行较为严格的环境规制强度；反之，环境规制强度较弱。$\bar{p}_{l,t}$ 表示第 l 种污染物（工业废水、工业 SO_2 和工业烟尘共三类）t 年的全国平均排放量强度，$px_{l,it}$ 则表示 i 城市 t 年的第 l 种污染物相对于全国平均水平的排放指数，$px_{l,it}$ 数值越大，表示 i 城市 t 年的第 l 种污染物的排放水平在全国范围内相对越高（朱平芳等，2011）。同时，在稳健性检验部分，本书遵循傅京燕和李丽莎（2010）、张华（2014）和张等（Zhang et al.，2017）的做法，以工业 SO_2 去除率衡量环境规制强度。既有文献（Barla & Perelman，2005）表明，SO_2 排放变化能够反映一个国家改善环境的努力程度，是一个很好的代理变量。

（2）解释变量。本书参照杨海生等（2008）、张文彬等（2010）、雷纳和熊（2012）、李胜兰等（2014）、韩超等（2016）、张彩云和陈岑（2018）的研究，在解释变量集合中引入如下变量：财政分权、人均收入、财政赤字、人口密度、失业率、产业结构、FDI 比重和教育水平。其中，财政分权以支出分权衡量，具体计算公式是人均地级市财政收入/（人均地级市财政收入 + 人均省份财政收入 + 人均中央财政收入）；人均收入以各地区人均实际 GDP 的对数衡量；财政赤字以财政支出与财政收入的差额占 GDP 的比重衡量；人口密度以各地区年末人口总数与辖区面积比值的对数衡量；失业率以城镇失业率衡量，具体计算公式是城镇登记失业人员/（单位从业人

员 + 私营和个体从业人员 + 城镇就业人员）；产业结构以第二产业增加值占 GDP 的比重衡量；*FDI* 比重以 *FDI* 占 GDP 的比重衡量；教育水平以普通高校在校学生数占地区人口总数的比重衡量。表 3 – 1 报告了主要变量的定义和描述性统计。与已有文献相比，变量分布并未发现明显差异，均在合理范围之内，从而保证研究数据的可靠性。

表 3 – 1 各变量的定义和描述性统计分析

变量	变量定义	样本数	均值	标准差	最小值	最大值
ER	环境污染综合指数的倒数	3640	0.33	0.76	– 3.56	4.97
ER_2	SO_2 去除率（%）	3640	0.44	0.27	0.00	1.00
财政分权	财政支出分权	3640	0.38	0.10	0.14	0.91
人均收入	人均实际 GDP 的对数（元/人）	3640	9.01	0.65	7.52	11.89
财政赤字	财政支出与财政收入的差额占 GDP 的比重（%）	3640	8.37	6.93	– 11.80	68.96
人口密度	年末人口总数与辖区面积比值的对数（人/平方千米）	3640	5.77	0.87	1.55	7.56
失业率	城镇人口的登记失业率（%）	3640	3.34	1.98	0.06	27.30
产业结构	第二产业增加值占 GDP 的比重（%）	3640	48.82	10.33	14.95	85.92
FDI 比重	*FDI* 占 GDP 的比重（%）	3640	2.14	2.34	0.00	37.58
教育水平	普通高校在校学生数占地区人口总数的比重（%）	3640	1.58	2.18	0.00	13.11

资料来源：笔者整理。

3.3.3　空间权重矩阵

构造恰当的空间权重矩阵是空间计量实证研究的关键。为了检验本地区与相邻地区进行环境规制竞争行为，需要准确定义"相邻地区"。这既可以是传统意义上的地理"相邻"，也可以是地区间有关经济、制度和文化方面的广义"相邻"，体现了地区间在经济、制度和文化方面的相似度。本书根据不同的研究目的，同时考虑不同地区的地理空间关联和社会经济联系，并且为了保证结果不受先验确定权重方案的影响，分别设置三类空间权重矩阵：0—1 型、地理距离型和经济距离型。前两类空间权重矩阵的内在逻辑在于，如果两地区地理位置相邻或地理距离越近，那么在资源禀赋、区域优势和文化习俗等方面具有相同的特点，因此越有可能利用其他的优惠政策吸引流动性资源，如降低环境规制强度。后一类空间权重矩阵设定的出发点基于中国相对经济绩效的晋升考核制度，经济发展水平越近的地区越有可能成为竞争对手，因此，互为竞争对手的地区实施相仿的环境规制标准和进行环境规制竞争应在情理之中。需要提及，本书对三类空间权重矩阵均进行标准化处理，保证每行元素之和等于1。具体地，这三类空间权重矩阵设计方法如下：

（1）地理位置型空间权重矩阵 Wcont。即如果两地区在地理位置上相邻，则对应权重元素值为 1；如果两地区不相邻，则对应权重元素值为 0。

（2）地理距离型空间权重矩阵 Wdist 2。权重元素的设定方法为

$w_{ij} = \dfrac{1}{d_{ij}^2}$，其中 d_{ij} 为根据城市政府驻地的经纬度所计算的地区 i 和 j 之间的球面距离。

（3）经济距离型空间权重矩阵 Wpgdp。该矩阵综合了经济因素与地理距离因素，权重元素的设定方法为 $w_{ij} = \left[\dfrac{1}{|pgdp_i - pgdp_j + 1|} \right] \times \exp(-d_{ij})$，其中 $pgdp_i$ 表示样本期内地区 i 的经济发展水平的平均值，d_{ij} 为城市之间的球面距离。

3.4　实证结果与分析

3.4.1　基准回归

表 3-2 报告了地区间环境规制竞争的基本回归结果。其中，第（1）列和第（2）列是地理位置型空间权重矩阵 Wcont 的估计结果，第（3）列和第（4）列是地理距离型空间权重矩阵 Wdist 2 的估计结果，第（5）列和第（6）列是经济距离型空间权重矩阵 Wpgdp 的估计结果。由表 3-2 可知，在三类空间权重矩阵下，$W \times ER$ 的估计系数在 1% 的水平上显著异于零，说明地区间环境规制的确存在着竞争行为，并且系数显著大于零，进一步说明竞争行为属于相互模仿型，一致于既有文献（Konisky，2007；杨海生等，2008；Renard & Xiong，2012）的结论，验证了 H3-1。这意味着，对于某一地区的政府官员而言，如果处于"标杆竞争"中相同位置的对手

选择降低环境规制强度，那么该地区政府官员的最优策略也是环境规制强度，达到一种"低水平"的均衡状态。

表 3 – 2　　　　　　　　环境规制竞争的估计结果：基准

变量	Wcont		Wdist 2		Wpgdp	
	（1）	（2）	（3）	（4）	（5）	（6）
$W \times ER$	0. 3729 *** (0. 0456)	0. 3436 *** (0. 0471)	0. 3915 *** (0. 0547)	0. 3257 *** (0. 0587)	0. 6815 *** (0. 0590)	0. 5805 *** (0. 0834)
财政分权	− 0. 8503 (0. 5849)	− 0. 5485 (0. 5798)	− 0. 9915 * (0. 5751)	− 0. 7312 (0. 5754)	− 1. 1694 ** (0. 5886)	− 0. 8757 (0. 5816)
人均收入	0. 6656 *** (0. 1299)	0. 8712 *** (0. 1543)	0. 6576 *** (0. 1304)	0. 8612 *** (0. 1551)	0. 6818 *** (0. 1350)	0. 9032 *** (0. 1593)
财政赤字	− 0. 0019 (0. 0040)	0. 0025 (0. 0045)	− 0. 0018 (0. 0043)	0. 0025 (0. 0048)	− 0. 0004 (0. 0044)	0. 0044 (0. 0049)
人口密度	− 0. 1838 (0. 2649)	0. 1824 (0. 2742)	− 0. 1525 (0. 2718)	0. 1844 (0. 2781)	− 0. 2301 (0. 2744)	0. 1515 (0. 2789)
失业率	0. 0110 * (0. 0061)	0. 0060 (0. 0062)	0. 0093 (0. 0063)	0. 0049 (0. 0064)	0. 0092 (0. 0063)	0. 0048 (0. 0064)
产业结构	− 0. 0038 (0. 0030)	− 0. 0020 (0. 0034)	− 0. 0034 (0. 0031)	− 0. 0015 (0. 0035)	− 0. 0032 (0. 0031)	− 0. 0010 (0. 0035)
FDI 比重	0. 0066 (0. 0090)	0. 0050 (0. 0084)	0. 0088 (0. 0093)	0. 0073 (0. 0087)	0. 0101 (0. 0095)	0. 0081 (0. 0087)
教育水平	0. 0091 (0. 0224)	0. 0326 (0. 0226)	0. 0051 (0. 0212)	0. 0277 (0. 0221)	0. 0056 (0. 0218)	0. 0304 (0. 0227)
城市固定效应	是	是	是	是	是	是
年份固定效应	否	是	否	是	否	是

续表

变量	Wcont		Wdist 2		Wpgdp	
	（1）	（2）	（3）	（4）	（5）	（6）
观测值	3640	3640	3640	3640	3640	3640
R^2	0.0423	0.1270	0.0551	0.1457	0.0397	0.1597
Log – pseud-olikelihood	– 1107.0436	– 1057.6004	– 1148.7238	– 1104.5034	– 1178.0524	– 1129.1433

注："（）"内数值为聚类到城市层面的稳健标准误，＊、＊＊、＊＊＊分别表示10%、5%、1%的显著性水平。

资料来源：笔者整理。

就环境规制竞争强度来看，经济距离权重下的空间滞后因子 $W \times ER$ 的估计系数要高于其他两类权重下的估计系数，表明地区间针对环境规制进行博弈竞争时，更眷注的是与其经济发展水平相近的地区。中国地方官员晋升考核制度是以相对经济绩效考核为核心，经济发展水平越相近的地区，越有可能成为竞争对手，更容易导致环境规制的竞争行为。

某种意义上，地区间环境规制相互模仿的竞争行为恰恰证明了环境规制被地方政府视为竞争流动性资源的博弈工具。究其原因，某一地方政府实施环境规制强度并不是以本地区的实际规制强度需求为原则，而是根据互为竞争对手的相邻地方政府的环境规制强度为依据，采取"你进我进""你退我退"的相机抉择策略，制订滚动修订方案，一旦对手采取行动，那么本地区政府官员随即响应，采取相似行为。这一行为源于本地政府官员为了防止其辖区的流动性资源流入竞争对手辖区，从而对自己形成不利影响。所以，为了吸引流动性资本，地方政府之间在环境规制强度上保持高度一致性，这也较好地解释了地方政府总是竞相采用相似的招商引资策略的客观现象。

关于控制变量的估计结果，本书发现，实际人均 GDP 的估计系数显著为正，说明经济发展水平提升了环境规制强度，符合经济直觉。这可能是因为经济发展水平越高的地区，社会公众的环境诉求和环保技术水平往往越高，从而驱使地方政府强化环境规制强度。另外，其他控制变量的估计系数并没有通过显著性检验，对环境规制的影响尚未明晰。

3.4.2　时空异质性

3.4.2.1　不同地区

考虑到中国幅员广阔，在资源禀赋、地理位置、技术水平和政治经济制度等方面均存在的巨大差异，本书进一步检验环境规制竞争行为的地区差异。按照传统的地理位置划分，本书分别估计了东部、中部和西部城市的环境规制竞争行为，估计结果见表 3 - 3。

由表 3 - 3 可知，空间滞后因子 $W \times ER$ 的估计系数在东部和西部城市的子样本中为正，绝大多数通过了 1% 显著性水平检验，而在中部城市的子样本中并不显著。这表明，在东部和西部城市，地区间环境规制存在显著的相互模仿型的竞争行为，而中部城市并不存在这种现象。东部城市要素禀赋良好、区位优势明显、经济发展水平高，地方政府官员在晋升竞争中胜出的概率较高，促使该地区的地方政府官员增长激励较为强烈，从而导致环境规制的模仿行为。

表 3 - 3　　　环境规制竞争的异质性：不同地区

变量	东部城市			中部城市			西部城市		
	Wcont	Wdist 2	Wpgdp	Wcont	Wdist 2	Wpgdp	Wcont	Wdist 2	Wpgdp
	(1)	(2)	(3)	(4)	(5)	(6)	(7)	(8)	(9)
$W \times ER$	0.1326*** (0.0492)	0.2279*** (0.0840)	0.1832 (0.1371)	0.1115 (0.0754)	-0.0182 (0.0489)	-0.0570 (0.1295)	0.4404*** (0.0583)	0.3533*** (0.0770)	0.5246*** (0.0961)
控制变量	是	是	是	是	是	是	是	是	是
城市固定效应	是	是	是	是	是	是	是	是	是
年份固定效应	是	是	是	是	是	是	是	是	是
观测值	是	是	是	是	是	是	是	是	是
R^2	0.1972	0.1819	0.2039	0.0555	0.0543	0.0543	0.0174	0.0279	0.0250
Log - pseudolikelihood	-204.9964	-197.8759	-208.1999	-279.4795	-281.4136	-281.3656	-404.2088	-431.1802	-438.9742

注："（）"内数值为聚类到城市层面的稳健标准误，*，**，***分别表示10%，5%，1%的显著性水平。
资料来源：笔者整理。

相比之下，西部城市不具有明显的区位优势，经济发展水平落后于中部城市，为了与中部城市竞争东部城市产业转移的资本，必须在政策优惠力度上远远高于中部城市。由于较低的环境规制强度可以为企业节约生成成本，因此放松环境规制强度和进行环境规制竞争被西部城市的地方政府视为吸引流动性资本的政策工具。

3.4.2.2　不同时期

政绩考核体系的变化能够重塑地方政府官员的行为选择，具有"指挥棒"的作用。2010 年以后，中央政府逐步弱化政绩考核中的 GDP 权重，增强环境绩效的考核指标。特别是，2011 年出台的"十二五"规划继续强化并拓展了主要污染物总量减排的约束性指标，进一步强化了官员政绩考核指标的多元化和绿色化。本书遵循李胜兰等（2014）和张可等（2016）的思路，将全样本以 2010 年为界分为两个阶段，分别为 8 年和 6 年的观察期，旨在考察将节能减排等环境指标纳入政府绩效考核体系前后地区间环境规制竞争行为的变化。

表 3-4 报告了 2003~2010 年和 2011~2016 年两个时段的估计结果。两个时段相比较可以发现：在三类空间权重矩阵下，空间滞后因子 $W \times ER$ 的估计系数分别由 0.2581、0.3754、0.6263 下降至 0.1728、0.0749 和 0.2025；同时，2003~2010 年时间阶的估计系数均在 1% 水平上显著，而 2011~2016 年时间阶的估计系数只有在空间权重矩阵 Wcont 模型中显著，其他两类模型中，显著性消失。

表 3 - 4 环境规制竞争的异质性：不同时期

变量	2003 ~ 2010 年			2011 ~ 2016 年		
	Wcont	Wdist 2	Wpgdp	Wcont	Wdist 2	Wpgdp
	（1）	（2）	（3）	（4）	（5）	（6）
$W \times ER$	0.2581 *** (0.0619)	0.3754 *** (0.0832)	0.6263 *** (0.0916)	0.1728 *** (0.0456)	0.0749 (0.0570)	0.2025 (0.1605)
控制变量	是	是	是	是	是	是
城市固定效应	是	是	是	是	是	是
年份固定效应	是	是	是	是	是	是
观测值	2080	2080	2080	1560	1560	1560
R^2	0.1546	0.1684	0.1828	0.1700	0.1630	0.1706
Log-pseudolikelihood	181.9364	187.8537	166.8739	-99.9738	-106.4701	-106.7165

注："（ ）"内数值为聚类到城市层面的稳健标准误，*、**、*** 分别表示 10%、5%、1% 的显著性水平。
资料来源：笔者整理。

　　总结上述结论，可以发现，2010 年后地区间环境规制相互模仿的竞争行为显著减弱。模仿特征的减弱、消失，意味着中央政府重视环境保护并将环境指标纳入政绩考核体系的过程中，逐渐矫正了地方政府官员的政绩观。实际上，2010 年后中国环境保护政策显著趋严，如党的十八大以来中央政府一系列关于环境保护制度的顶层设计和 2015 年的生态环境损害责任终身追究制度，尤其是 2016 年环保部出台文件要求设定并严守"生态保护红线、排污总量上限和环境准入底线"，这一连串举措宣告最严环保制度时代来临。与此对应，环境绩效考核对地方政府官员在环保任务方面的严苛考量构成了晋升硬约束，促使地方政府对环境规制的竞争行为发生分化的行为趋优，凸显了不断强化的环境绩效考核的重要作用。这从侧面折射出，政绩考核的多元化和绿色化有助于塑造地方政府官员科学化的行为选择，弱化了环境规制的竞争行为，验证了 H3－1a，并且一致于张可等（2016）的研究结论。

3.4.3　稳健性检验

3.4.3.1　更换估计方法

前面使用经典的空间自回归模型（SAR）进行估计，为了确保研究结论的稳健性，本书采用另外两种空间计量模型：空间杜宾模型（SDM）和动态空间面板数据模型（DSPM）。空间杜宾模型（SDM）的特点是包含解释变量的空间滞后项，可以缓解潜在的遗漏解释变量的空间特征而导致的估计偏误问题，估计结果见表 3－5 的第（1）、第（3）和第（5）列；动态空间面板数据模型（DSPM）的特点是将被解释变量的时期滞后项作为解释变量，可以考察环境规制在时间上的动态依赖性，并且可以避免潜在的内生控制变量与因变量的联立偏误导致的内生性问题，估计结果见表 3－5 的第（2）、第（4）和第（6）列。可以发现，六类模型中，$W \times ER$ 的估计系数均在 1% 的水平上显著为正，一致于前文的结论。此外，因变量时期滞后项 $ER_{(t-1)}$ 的系数反映了环境规制的动态依赖性。表 3－5 显示，三类模型中，$ER_{(t-1)}$ 的估计系数均显著为正，三类模型中的系数均显著为正，这说明环境规制强度存在明显的连续性和黏滞性，即上一年环境规制强度的提高导致下一年进一步提升，形成一个良性的自我强化集聚过程。

表 3 – 5   稳健性检验：空间杜宾模型（SDM）和动态空间

面板数据模型（DSPM）

变量	Wcont		Wdist 2		Wpgdp	
	SDM	DSPM	SDM	DSPM	SDM	DSPM
	（1）	（2）	（3）	（4）	（5）	（6）
$W \times ER$	0.3540 *** （0.0410）	0.1888 *** （0.0389）	0.2875 *** （0.0642）	0.1410 *** （0.0375）	0.4582 *** （0.0962）	0.4366 *** （0.0857）
$ER_{(t-1)}$	—	0.6619 *** （0.0483）	—	0.6766 *** （0.0489）	—	0.6830 *** （0.0493）
控制变量	是	是	是	是	是	是
$W \times$ 控制变量	是	—	是	—	是	—
城市固定效应	是	是	是	是	是	是
年份固定效应	是	是	是	是	是	是
观测值	3640	3380	3640	3380	3640	3380
R^2	0.1061	0.3740	0.1104	0.3693	0.1016	0.3666
Log-pseudolikeli-hood	– 372.2617	– 339.0724	– 339.0724	– 362.5588	– 362.5588	– 372.2617

注："（）"内数值为聚类到城市层面的稳健标准误，＊、＊＊、＊＊＊分别表示 10%、5%、1% 的显著性水平。

资料来源：笔者整理。

3.4.3.2   更换空间权重矩阵

为了避免先验空间权重方案对研究结论的冲击，本书还构造了其他四类空间权重矩阵。具体而言，一是普通的地理距离型空间权重矩阵 Wdist 1，其权重元素的设定方法为 $w_{ij} = \dfrac{1}{d_{ij}}$，其中，$d_{ij}$ 为城市之间的球面距离；二是三类经济距离型空间权重矩阵 Windu、Wpd 和 Wfd，权重元素的设定方法为 $w_{ij} = \left[\dfrac{1}{|econ_i - econ_j + 1|} \right] \times \exp(-d_{ij})$，

其中，$econ_i$ 分别表示样本期内地区 i 的产业结构、人口密度和财政自给率的平均值，产业结构和人口密度的度量与前文一致，财政自给率以预算内财政收入与预算内财政支出的比值衡量。上述四类空间权重矩阵的回归结果见表 3 – 6。可以发现，四类模型中，$W \times ER$ 的估计系数为正，并且通过 1% 的显著性水平检验，再次证明地区间环境规制存在显著的模仿型竞争行为。因此，本书主要研究结论并不受空间权重矩阵设定的影响。

表 3 – 6　　　　　　稳健性检验：不同空间权重矩阵

变量	（1）	（2）	（3）	（4）
	Wdist 1	Windu	Wpd	Wfd
$W \times ER$	0.6946 *** （0.0667）	0.6978 *** （0.0645）	0.6758 *** （0.0822）	0.6758 *** （0.0693）
控制变量	是	是	是	是
城市固定效应	是	是	是	是
年份固定效应	是	是	是	是
观测值	3640	3640	3640	3640
R^2	0.1389	0.1401	0.1430	0.1445
Log-pseudolikelihood	– 1118.0262	– 1117.5953	– 1117.5667	– 1119.9933

注："（ ）"内数值为聚类到城市层面的稳健标准误，* 、** 、*** 分别表示 10%、5%、1% 的显著性水平。
资料来源：笔者整理。

3.4.3.3　更换环境规制的衡量指标

为了减轻环境规制指标的度量问题对实证结论带来的影响，本书采用工业 SO_2 去除率重新度量环境规制指标，并且使用前文一共出现的七类空间权重矩阵，估计结果见表 3 – 7。可以发现，$W \times ER_2$ 的估计系数均在1%的水平上显著为正，表明"地区间环境规制存在相互模仿型的竞争行为"这一核心结论依然成立，显示本书结论的稳健性。

表3-7 稳健性检验：SO_2 去除率作为衡量环境规制强度的指标

变量	(1)	(2)	(3)	(4)	(5)	(6)	(7)
	Wcont	Wdist 1	Wdist 2	Wpgdp	Windu	Wpd	Wfd
$W \times ER_2$	0.2636 *** (0.0406)	0.6729 *** (0.0602)	0.3101 *** (0.0448)	0.6129 *** (0.0629)	0.6665 *** (0.0602)	0.5314 *** (0.0840)	0.6586 *** (0.0604)
控制变量	是	是	是	是	是	是	是
城市固定效应	是	是	是	是	是	是	是
年份固定效应	是	是	是	是	是	是	是
观测值	3640	3640	3640	3640	3640	3640	3640
R^2	0.2896	0.2923	0.2902	0.2664	0.2828	0.2829	0.2878
Log-pseud-olikelihood	1676.3133	1660.2741	1671.7182	1657.3278	1659.4817	1646.4057	1658.8339

注："（）"内数值为聚类到城市层面的稳健标准误，＊、＊＊、＊＊＊分别表示10%、5%、1%的显著性水平。
资料来源：笔者整理。

3.5 进一步讨论：环境规制竞争的源泉

为了检验财政分权对环境规制竞争影响，本书遵循既有文献（Renard & Xiong，2012）的研究思路，在式（3-1）中引入财政分权与环境规制空间滞后项的交叉项，估计结果见表3-8。可以发现，在七类空间权重矩阵下，交叉项"($W \times ER$) × 财政分权"的估计系数在 1% 的水平上显著为正，意味着财政分权强化了地区间环境规制的竞争行为，验证了 H3 - 2。这说明，财政分权给地方政府官员带来了财政激励，同时地方政府也可以相对独立地实施契合自身利益的环境规制强度，为了吸引流动性资源而强化地区间环境规制的竞争行为。另外，财政分权的估计系数绝大多数显著为负，表明财政分权降低了环境规制强度，进一步折射出财政分权导致地方政府竞争，地方政府竞争又导致环境规制的竞次。

表 3 - 8　　　　　　　　财政分权对环境规制竞争影响的估计结果

变量	(1)	(2)	(3)	(4)	(5)	(6)	(7)
	Wcont	Wdist 1	Wdist 2	Wpgdp	Windu	Wpd	Wfd
$W \times ER$	0.1183 ** (0.0564)	0.5057 *** (0.0812)	0.1958 *** (0.0550)	0.3558 *** (0.0977)	0.5004 *** (0.0832)	0.5031 *** (0.0938)	0.4510 *** (0.0845)
($W \times ER$) × 财政分权	1.0006 *** (0.2479)	1.9340 *** (0.7393)	0.6378 ** (0.2887)	1.6494 *** (0.6235)	2.0341 *** (0.7310)	1.6092 ** (0.7272)	2.0057 *** (0.7016)
财政分权	− 0.7783 (0.5880)	− 1.3035 ** (0.6243)	− 0.8927 (0.5787)	− 1.6609 ** (0.6592)	− 1.3006 ** (0.6199)	− 1.3241 ** (0.6628)	− 1.4850 ** (0.6450)
控制变量	是	是	是	是	是	是	是
城市固定 效应	是	是	是	是	是	是	是
年份固定 效应	是	是	是	是	是	是	是
观测值	3640	3640	3640	3640	3640	3640	3640
R^2	0.2417	0.1582	0.1721	0.1640	0.1602	0.1542	0.1617
Log - pseud- olikelihood	− 1025.2198	− 1107.0735	− 1096.8729	− 1120.4695	− 1105.6226	− 1109.5231	− 1108.2136

注："( )"内数值为聚类到城市层面的稳健标准误，* 、** 、*** 分别表示 10%、5% 、1% 的显著性水平。

资料来源：笔者整理。

3.6 本章小结

本章利用 2003 ~ 2016 年中国 260 个城市的面板数据，设定地理位置、地理距离和经济距离等空间权重矩阵，利用空间计量模型检验了地区间环境规制的竞争行为，并进一步挖掘了影响地区间环境规制竞争的因素。研究发现：①地区间环境规制存在着显著的模仿型竞争行为，意味着互为竞争对手的地区相互模仿彼此的环境规制强度，导致环境规制向低水平的均衡发展，陷入"竞次"式的囚徒困境；②2010 年之后，地区间环境规制相互模仿的竞争行为显著减弱，表明政绩考核的绿色化有助于减弱环境规制的竞争行为；③财政分权给地方政府官员带来了财政激励，强化了地区间环境规制的竞争行为。

第 4 章

环境分权对碳排放的影响研究

4.1 引　　言

碳减排事务的环境管理体制涉及环境联邦主义（environmental federalism）理论，该理论兴起于 20 世纪 70 年代，旨在寻求政府层级之间环境管理权力的最优配置（Millimet，2013），主要研究议题为如何最优分配不同级次政府（中央政府和地方政府）之间的环境保护职能（Oates，2001）。具体到中国语境下探讨碳减排的环境管理体制，势必不能脱离中国特定的制度背景。正如张克中等（2011）所指出的，国外的环境联邦主义理论的基础不完全符合中国的国情，地方政府目标是公共服务的最优化这一假设在中国因失去政治基础而不存在，而且激励机制基础也完全不同。那么，在此背景下，环境管理体制是否有利于碳排放治理？当前环境分权能否遏制碳排放？就碳减排事务而言，是应该集权还是分权？厘清上述问题，有利于准确评估当前环境管理体制的有效性，对完成 2030 年的碳强度下降目标和 2030 年的碳总量"达峰"目标，以及实现 2060 年的碳中和目标具有重要的理论和现实意义。

4.2　实证设计

4.2.1　计量模型设定

为了从碳排放的角度考察环境分权的环境效应，本书遵循既有文献（Sigma，2014；祁毓等，2014；He，2015）关于分权与环境质量关系模型的思路，构建静态面板数据模型、动态面板数据模型和动态空间面板数据模型检验环境分权与碳排放之间的关系。三类模型具体设定如下：

$$\ln PCO_{2it} = \alpha + \beta_1 ED_{it} + \xi X_{it} + \varepsilon_{it} \qquad (4-1)$$

$$\ln PCO_{2it} = \alpha + \tau \ln PCO_{2it-1} + \beta_1 ED_{it} + \xi X_{it} + \varepsilon_{it} \qquad (4-2)$$

$$\ln PCO_{2it} = \alpha + \tau \ln PCO_{2it-1} + \rho W \times \ln PCO_{2it} + \beta_1 ED_{it} + \xi X_{it} + \varepsilon_{it}$$

$$(4-3)$$

其中，i 和 t 分别表示省份和年度；$\ln PCO_{2it}$ 表示地区人均 CO_2 排放量；ED_{it} 表示环境分权程度；X_{it} 表示影响碳排放水平的其他控制变量；ε_{it} 为随机误差项。本书主要关注参数 β_1 的正负和大小，其刻画了环境分权影响碳排放的作用方向和程度。

上述三类模型中，式（4-1）是静态面板数据模型，主要目的在于与其他两类模型进行参照。式（4-2）在式（4-1）的基础上引入碳排放的滞后一期项 $\ln PCO_{2it-1}$，滞后系数 τ 表示前一期碳排放水平对当期的影响情况。主要目的在于考虑地区间碳排放的路径依赖特性，并可以解决潜在遗漏变量导致的估计偏误问题和潜在的内生性问题，从而充分考察模型中除被解释变量之外的其他因素对被解释变量的影响。

更进一步，考虑碳排放的空间外部性使得某一地区的碳排放水平可能受到相邻地区碳排放的影响，式（4-3）将碳排放的空间滞后项 $W \times \ln PCO_{2it}$ 作为解释变量纳入回归模型，从而构成空间滞后模型（SLM），空间滞后系数 ρ 表示相邻地区的碳排放水平对本地区的影响程度。当然，碳排放的空间相关性也可能体现在不可观测的误差项上，从而构成空间误差模型（SEM）。具体到实证研究中，以拉格朗日乘数法则作为判别 SLM 和 SEM 的依据。W 为空间权重矩阵，本书构造三类矩阵：①地理邻接型 W_1，设定方法为两地区拥有共同边界时，设定为 1，否则为 0；②地理距离型 W_2，权重元素的设定方法为 $w_{ij} = \dfrac{(1/d_{ij})}{\left[\sum\limits_{j=1}^{N}(1/d_{ij})\right]}$，其中，$d_{ij}$ 为地区 i 和 j 之间的地理距离，本书以省会之间的最短铁路里程衡量；③经济距离型 W_3，权重元素的设定方法为 $w_{ij} = \dfrac{(1/|\overline{pgdp_i} - \overline{pgdp_j}|)}{\left[\sum\limits_{j=1}^{N}(1/|\overline{pgdp_i} - \overline{pgdp_j}|)\right]}$，其中，$\overline{pgdp_i}$ 为地区 i 在样本年度里的实际人均 GDP 的平均值。

4.2.2　潜在内生性问题的关注

本书的主要工作在于准确估计中国环境分权的碳排放效应，然而环境分权指标潜在的内生性问题将是不得不考虑的重要因素。具体来说，迄今为止尚没有文献能够证明环境分权是碳排放的前定变量，那么互为因果关系的联立性偏误就有可能存在本书的模型中，即碳排放也会影响环境分权。究其原因，2007 年中央政府出台《主要污染物总量减排考核办法》，将其作为对地方政府官员考核的重要依据，严格实行问责制和"一票否决"制。具体到碳排放，包括"总量"和"强度"两类指标："总量"上，中国承诺 2030 年左右碳排放达到峰值，且将努力早日达峰；"强度"上，2020 年单位 GDP 碳排放比 2005 年下降 40% ~ 45%，2030 年比 2005 年下降 60% ~ 65%。尤其是后者，指标量化并确定，且作为一种约束性指标。鉴于中央政府将"环境指标"纳入政绩考核体系中，地方政府将在这种"指挥棒"的作用下更加重视环境治理和环境保护，体现为"中央舞剑、地方跟风"（黄亮雄等，2015）。因此，如果一个地区的碳排放水平越高，那么地方政府越有投入更多人、财、物以减少碳排放的激励，从而导致碳排放与环境分权的联立性偏误。针对上述可能存在的内生性问题，本书拟构造联立方程模型，从而缓解碳排放与环境分权的联立性偏误问题。

4.2.3 数据与变量

本书使用中国 2000 ~ 2013 年 30 个省（区、市）（西藏自治区除外）① 的面板数据进行实证检验。本书对所有货币单位表示的指标均调整为以 2000 年为基期的不变价格。

---

① 本书所指中国各省（区、市）数据不包含港澳台地区，后面不再赘述。

4.2.3.1　碳排放量

CO_2 排放主要来源于化石能源燃烧和水泥生产活动，其中化石能源包括煤炭、焦炭、原油、煤油、汽油、柴油、燃料油和天然气共 8 种。同时，能源碳排放系数的取值参照国际通用的 IPCC《国家温室气体排放清单指南》的相关数据，而水泥生产的碳排放系数以及具体碳排放量的计算过程则参考李锴和齐绍洲（2011）。化石能源和水泥数据来源于国家统计局。

4.2.3.2　环境分权

如前所述，关于"分权的环境效应"这一议题，绝大部分文献主要从央地财政关系的角度探究财政分权对环境的影响，这意味着绝大部分文献潜移默化地将财政分权替代为环境分权，但是环境保护事务具有其自身的特殊性。因此，从财政分权角度进行研究缺乏逻辑自洽，需要直接构造环境分权指标。既有研究中，祁毓等（2014）认为机构和人员编制是政府提供公共服务和职能实现的载体，从而使用不同级次政府环境保护部门的人员分布来刻画环境分权程度，并将其进一步细分为环境行政分权、监察分权和监测分权。后续的相关研究（陆远权、张德钢，2016）亦采用了这一方法。据此，本书遵循上述思路，同时鉴于本书的主要工作是检验环境分权对碳排放的总效应，所以并不考虑具体细分的分权异质性。

具体计算公式为：$ED_{it} = \left[\dfrac{\frac{Lep_{it}}{Pop_{it}}}{\frac{Nep_t}{Pop_t}} \right] \left[1 - \left(\dfrac{GDP_{it}}{GDP_t} \right) \right]$，其中，$Lep_{it}$、

Pop_{it}、GDP_{it} 分别表示第 i 省第 t 年环境保护系统人数、地区人口规模和国内生产总值，Lep_t、Pop_t、GDP_t 分别表示第 t 年全国环境保护

系统人数、全国总人口规模和全国国内生产总值。$\left[1-\left(\dfrac{GDP_{it}}{GDP_t}\right)\right]$ 为经济规模的缩减因子，可以剥离经济规模对实际环境分权程度的干扰。本书将未使用缩减因子进行经济规模调整的环境分权作为备用指标，进行稳健性检验。ED_{it} 值越大，环境分权程度越高。全国和地方环境保护系统人数数据来源于《中国环境年鉴》，其他数据来源于《中国统计年鉴》。

4.2.3.3　其他变量

为了控制其他变量对碳排放的影响，本书参照既有文献（Cole et al.，2013；祁毓等，2014；Zhang et al.，2017）的研究，引入如下控制变量：环保投入、地区治理环境、产业结构、研发强度、外商直接投资、人均收入的一次方项和平方项。具体地，环保投入（Inv）以工业污染治理投资额占工业增加值的比重衡量；地区治理环境（$Corr$）以每百万人口中的贪污、受贿和渎职等案件数衡量；产业结构（$Indu$）以工业增加值占 GDP 的比重衡量；研发强度（$R\&D$）以 $R\&D$ 经费支出占 GDP 的比重衡量；外商直接投资（FDI）以实际利用外商直接投资占 GDP 的比重衡量；人均收入（$\ln pgdp$）以人均实际 GDP 的对数衡量，并参照"环境库兹涅茨曲线"，引入人均收入的平方项，以考察碳排放库兹涅茨曲线的存在性。考虑 2007 年中央政府出台《主要污染物总量减排考核办法》，将环境指标纳入政绩考核体系，释放了中央政府逐步弱化 GDP 权重、提升环保权重的信号，具有里程碑意义。为了考虑上述因素的冲击，遵循师博和沈坤荣（2013）的做法，在模型中引入虚拟变量 $Dum2007$，2007 年之前取值为 0，之后取值为 1。腐败案件数来源于《中国检察年鉴》，其他数据来源于《中国统计年鉴》，并通过

"中国经济与社会发展统计数据库"进行补齐。所有指标的描述性统计特征见表 4-1。

表 4-1　　　　　　　　　各变量描述性统计分析

变量类型	变量	变量定义	Obs	Mean	Std. D	Min	Max
被解释变量	$lnPCO_2$	人均 CO_2 排放量的对数	420	1.52	0.61	0.02	3.29
核心解释变量	ED	环境分权	420	0.98	0.36	0.41	2.29
	ED_2	未经调整的环境分权	420	1.01	0.37	0.42	2.34
控制变量	Inv	工业污染治理投资额/工业增加值	420	13.79	11.45	1.72	76.18
	Corr	腐败立案数/每百万人口	420	29.76	9.25	7.19	70.32
	Indu	工业增加值/GDP	420	0.39	0.08	0.13	0.54
	R&D	R&D 经费支出/GDP	420	1.33	1.15	0.15	7.65
	FDI	实际利用外商直接投资/GDP	420	2.56	2.12	0.07	9.66
	lnpgd	人均实际 GDP 的对数	420	9.54	0.65	7.94	10.93
	$(lnpgdp)^2$	人均实际 GDP 对数的平方	420	91.37	12.43	63.11	119.51
	Dum2007	2007 年之前取值为 0，之后取值为 1	420	0.50	0.50	0.00	1.00

资料来源：笔者整理。

4.3　实证结果与分析

4.3.1　基准回归

表 4-2 报告了环境分权影响碳排放的回归结果。具体地，第（1）列为静态面板数据模型的回归结果，Hausman 检验在 1% 的显

著性水平上拒绝随机效应估计有效的原假设，因此本书选择固定效应模型。回归结果显示，环境分权的估计系数为正，但不显著，并没有足够的证据支持环境分权是碳排放的影响因素之一。考虑到环境分权指标可能存在的内生性问题，这将导致第（1）列的估计结果不可信。为此，本书通过两种方法进一步分析：一是，将所有解释变量滞后一期处理；二是，参考郭峰等（2015）的思路，以环境分权的滞后一期和滞后两期作为其当期值的工具变量，进行两阶段最小二乘回归（2SLS）。表 4 - 2 第（2）列和第（3）列给出了相应的回归结果，可以发现，环境分权的估计系数为正，但前者不显著，而后者通过了 10% 的显著性水平检验。同时，Hausman 检验显著拒绝"所有解释变量均为外生变量"的原假设，应该使用工具变量法，初步表明中国当前的环境分权体制不利于碳排放治理，环境分权程度越高，碳排放水平越高。

表 4 - 2　　　　　　　　环境分权与碳排放的基本回归结果

解释变量	(1) FE	(2) FE - Lag	(3) IV - FE	(4) SYS - GMM	(5) DSPM - W_1	(6) DSPM - W_2	(7) DSPM - W_3
$\ln PCO_{2t-1}$	—	—	—	0.6929 *** (0.0772)	0.5313 *** (0.0516)	0.5277 *** (0.0500)	0.5546 *** (0.0505)
ED	0.0266 (0.0748)	0.0536 (0.0873)	0.1966 * (0.1062)	0.0715 (0.0576)	0.1441 ** (0.0726)	0.1919 ** (0.0745)	0.2061 *** (0.0781)
Inv	0.0018 ** (0.0008)	0.0006 (0.0009)	0.0020 *** (0.0008)	- 0.0012 *** (0.0003)	- 0.0004 (0.0008)	- 0.0006 (0.0008)	- 0.0006 (0.0008)
Corr	- 0.0015 (0.0011)	- 0.0026 ** (0.0012)	- 0.0023 ** (0.0010)	- 0.0024 *** (0.0007)	- 0.0025 ** (0.0011)	- 0.0016 (0.0011)	- 0.0022 * (0.0011)
Indu	1.0953 *** (0.2122)	0.8109 *** (0.2327)	0.4661 ** (0.2071)	0.2824 (0.2148)	0.1039 (0.2356)	0.0272 (0.2339)	- 0.0352 (0.2362)

续表

解释变量	（1）FE	（2）FE – Lag	（3）IV – FE	（4）SYS – GMM	（5）DSPM – W_1	（6）DSPM – W_2	（7）DSPM – W_3
$R\&D$	– 0.0518 ** （0.0258）	– 0.0092 （0.0306）	– 0.0903 *** （0.0246）	– 0.0465 *** （0.0167）	– 0.0577 ** （0.0256）	– 0.0606 ** （0.0253）	– 0.0421 （0.0258）
FDI	– 0.0227 *** （0.0067）	– 0.0131 * （0.0070）	– 0.0115 * （0.0067）	– 0.0125 *** （0.0050）	– 0.0138 * （0.0073）	– 0.0084 （0.0074）	– 0.0068 （0.0077）
$\ln pgdp$	1.3282 *** （0.3959）	2.7915 *** （0.4230）	0.6507 （0.4425）	2.0607 *** （0.5964）	1.8060 *** （0.4909）	1.5539 *** （0.4904）	1.7400 *** （0.4909）
$(\ln pgdp)^2$	– 0.0281 （0.0212）	– 0.1060 *** （0.0227）	0.0093 （0.0233）	– 0.0943 *** （0.0289）	– 0.0801 *** （0.0258）	– 0.0682 *** （0.0257）	– 0.0811 *** （0.0255）
$Dum2007$	0.0114 （0.0244）	– 0.0481 * （0.0250）	0.0222 （0.0209）	– 0.0208 *** （0.0053）	– 0.0231 （0.0163）	– 0.0304 * （0.0164）	– 0.0267 （0.0165）
$W \times \ln PCO_{2t}$	—	—	—	—	0.1709 *** （0.0568）	0.2500 *** （0.0645）	0.2476 *** （0.0743）
$\_cons$	– 8.8957 *** （1.8256）	– 15.5746 *** （1.9456）	– 5.9603 *** （2.0753）	– 10.5183 *** （2.9482）	– 9.3899 *** （2.2980）	– 8.2369 *** （2.2896）	– 8.8738 *** （2.3160）
Hausman test	[0.0000]	[0.0000]	[0.0000]				
AR（1）	—	—	—	[0.0248]	[0.0175]	[0.0223]	[0.0257]
AR（2）	—	—	—	[0.9414]	[0.9895]	[0.8792]	[0.9289]
Sargan	—	—	—	[0.9801]	[0.9872]	[0.9876]	[0.9774]

注：①＊、＊＊、＊＊＊分别表示10％、5％、1％的显著性水平，系数下方括号内数值为其标准误；②AR（1）、AR（2）分别表示一阶和二阶差分残差序列的 Arellano – Bond 自相关检验，Sargan 检验为过度识别检验，中括号内数值为统计量相应的 p 值，以下各表同；③表中各模型的含义：FE（固定效应模型）、SYS – GMM（采用系统 GMM 估计的动态面板数据模型）；DSPM（动态空间面板数据模型）；④模型 IV – FE 的 2SLS 回归的识别不足检验的 LM 统计量为 152.766（p＜0.01），弱工具变量检验的 Cragg – Donald Wald F 统计量为 117.947（p＜0.01），过度识别检验的 Sargan 统计量为 1.521（p＝0.2174）。

资料来源：笔者整理。

　　进一步，为了解决潜在遗漏变量导致的估计偏误问题，以及考虑环境分权的内生性和碳排放的动态依赖性，本书采用系统 GMM 方法估计方程（2），估计结果见表 4 - 2 第（4）列。可以发现，环境分权的估计系数为正，但并没有通过显著性检验。同时，前期的碳排放和当期的碳排放显著正相关，表明碳排放存在明显的连续性和黏滞性，能够自我强化集聚，凸显碳排放的惯性依赖特征，并且这一结论得到李锴和齐绍洲（2011）的支持。由于动态面板数据模型并没有考虑碳排放的空间外部性特征，可能导致遗漏变量偏差，所以，本书进一步使用动态空间面板数据模型进行检验，并根据拉格朗日乘数及其稳健形式的结果选择空间滞后模型，表 4 - 2 第（5）列、第（6）列、第（7）列报告了三种空间权重矩阵下的估计结果。容易看出，环境分权的估计系数依然为正且在统计上显著，证明中国当前的环境分权体制不利于碳排放治理。另外，与时期滞后系数的符号一致，空间滞后系数显著为正，表明相邻地区的碳排放水平促进了本地区的碳排放水平，折射出碳排放在时间和空间上均存在明显的路径依赖，容易形成"时空碳锁定"效应。

　　关于控制变量的估计结果，本书主要根据动态空间面板数据模型进行解读。①污染治理投资对碳排放的影响为负，但并不显著。这表明污染治理投资有利于遏制碳排放，但并没有像预期中那样扮演碳减排驱动力的重要角色，还需进一步加大污染治理投资，强化污染治理投资对碳减排的积极作用。②以腐败水平衡量的地区治理环境显著遏制了碳排放。经济直觉上，腐败可以降低环境规制的监督和执行力度，从而损害环境规制执行质量（李后建，2013），因此高腐败导致高污染。然而，先前学者（Cole，2007）利用 94 个国家 1987～2000 年的数据检验了腐败对大气污染物排放量的影响，发现除了样本内收入最高的国家外，腐败对污染物排放量的效应为负，根源于这种力量存在直接和间接的影响渠道。虽然本书的结论得到既有文献（Cole，2007）的支持，但这并不意味着腐败是碳减排的有效手段，未来需要厘清腐败影响碳排放的作用机制。③以工业比重衡量的产业结构对碳排放的影响不显著，但未来也应促进产业结构高级化和绿色化，积极培育清洁产业为主的战略性新兴产业和高技术产业。④R&D 经费支出对碳排放呈现出制约作用，符合经济直觉并一致于张克中等（2011）的结论，蕴含通过 R&D 支出诱发低碳技术进步是遏制碳排放的重要抓手，有利于完成碳减排目标。⑤FDI 与碳排放呈负相关关系，没有证据表明 FDI 发挥的是"污染避难所"效应，这是因为承载先进技术的外资企业可以向东道国传播更为绿色清洁的生产技术，从而有利于降低东道国的碳排放，发挥"污染光环"效应。⑥人均 GDP 一次方项的估计系数显著为正，且平方项的估计系数显著为负，表明中国地区间存在强烈的倒 U 型的碳库兹涅茨曲线。⑦Dum2007 的估计系数大部分为负，但绝大部分模型并不显著，这说明，2007 年中央政府出台的《主要污染物总量减排考核办法》有利于抑制碳排放，但效力还不够，还需要进一步加强和落实对地方政府碳减排的激励与约束措施。

4.3.2　稳健性检验

为了减轻指标的度量问题对实证结论带来的影响，本书对被解释变量和核心解释变量均使用其他度量指标进行稳健性检验。①使用碳强度指标。上文提到中国对碳减排目标设置了"总量"和"强度"两类指标，表4-2使用了"总量"指标，这里使用"强度"指标，具体以单位 GDP 的碳排放量来衡量，估计结果如表4-3第（1）~第（3）列所示；②使用未经调整的环境分权指标。参照陆远权和张德钢（2016）构造环境分权指标的做法，不考虑经济规模的缩减因子，计算公式为 $ED_{2it} = \dfrac{\left(\dfrac{Lep_{it}}{Pop_{it}}\right)}{\left(\dfrac{Nep_t}{Pop_t}\right)}$，相关指标含义与前面一致，估计结果如表4-3第（4）~第（6）列所示；③使用环境分权的对数指标，估计结果如表4-3第（7）~第（9）列所示。可以发现，环境分权的估计系数至少在10%的水平上显著为正，表明"环境分权促进碳排放"这一基本结论不变。

另外，考虑2007年的《主要污染物总量减排考核办法》与环境分权的交互作用。虽然前面 $Dum2007$ 的估计系数不显著为负，但政绩考核体系的变化可能通过环境分权而对碳排放产生影响。为了考察这一可能性，本书在计量模型中引入虚拟变量 $Dum2007$ 及其与环境分权的交叉项 $ED \times Dum2007$，估计结果如表4-3第（10）~第（12）列所示。可以发现，$ED \times Dum2007$ 的估计系数不显著为负，这意味着政绩考核体系变化尚不能有效影响环境分权的碳排放效应，应进一步推动碳减排领域的环境管理体系的集权化。

表 4 - 3　稳健性检验的估计结果

解释变量	碳强度			未经调整的环境分权			环境分权的对数			Dum2007 与环境分权的交互		
	(1)	(2)	(3)	(4)	(5)	(6)	(7)	(8)	(9)	(10)	(11)	(12)
	W_1	W_2	W_3	W_1	W_2	W_3	W_1	W_2	W_3	W_1	W_2	W_3
$\ln PCO_{2t-1}$	0.7753 ***	0.7685 ***	0.7778 ***	0.5329 ***	0.5298 ***	0.5571 ***	0.5339 ***	0.5288 ***	0.5570 ***	0.5232 ***	0.5233 ***	0.5510 ***
	(0.0413)	(0.0423)	(0.0420)	(0.0516)	(0.0499)	(0.0504)	(0.0518)	(0.0501)	(0.0507)	(0.0515)	(0.0500)	(0.0504)
$Dum2007$	-0.0115	-0.0130	-0.0139	-0.0225	-0.0295 *	-0.0256	-0.0224	-0.0295 *	-0.0256	0.0230	-0.0039	0.0047
	(0.0105)	(0.0106)	(0.0102)	(0.0163)	(0.0165)	(0.0165)	(0.0164)	(0.0165)	(0.0166)	(0.0433)	(0.0429)	(0.0435)
$ED \times Dum2007$	—	—	—	—	—	—	—	—	—	-0.0470	-0.0269	-0.0316
										(0.0411)	(0.0402)	(0.0408)
$W \times \ln PCO_{2t}$	0.1270	-0.0199	0.0029	0.1702 ***	0.2488 ***	0.2439 ***	0.1701 ***	0.2526 ***	0.2487 ***	0.1802 ***	0.2536 ***	0.2502 ***
	(0.1246)	(0.2081)	(0.1584)	(0.0571)	(0.0650)	(0.0749)	(0.0572)	(0.0652)	(0.0752)	(0.0566)	(0.0643)	(0.0740)
控制变量	控制	控制	控制	控制	控制	控制	控制	控制	控制	控制	控制	控制
AR (1)	[0.0156]	[0.0224]	[0.0208]	[0.0204]	[0.0216]	[0.0256]	[0.0192]	[0.0234]	[0.0247]	[0.0412]	[0.0250]	[0.0251]
AR (2)	[0.5461]	[0.5173]	[0.6166]	[0.9919]	[0.8872]	[0.9291]	[0.9940]	[0.8766]	[0.0247]	[0.9151]	[0.9660]	[0.9760]
Sargan	[0.9990]	[0.9988]	[0.9889]	[0.9876]	[0.9925]	[0.9777]	[0.9824]	[0.9919]	[0.9780]	[0.9989]	[0.9943]	[0.9794]

注：*** 表示 1% 的显著性水平，系数下方小括号内数值为其标准误。

资料来源：笔者整理。

4.3.3 双向因果的内生性问题处理

如前所述，并没有证据表明环境分权是碳排放的前定变量，为了缓解两者可能存在的互为因果关系的联立性偏误问题，本部分构造联立方程模型。这种做法的优势在于，联立方程系统中包含的多个外生变量将作为 ED 的工具变量，则更有效地缓解 ED 的潜在内生性问题。具体联立方程模型如下：

$$\begin{cases} \ln PCO_{2it} = \delta_0 + \delta_1 ED_{it} + \beta X_{it} + \alpha_i + \lambda_t + \varepsilon_{it} \\ ED_{it} = \xi_0 + \xi_1 \ln PCO_{2it} + \gamma Z_{it} + \alpha_i + \lambda_t + u_{it} \end{cases} \quad (4-4)$$

式（4-4）中，Z 是影响环境分权的其他控制变量，包括人均收入、财政赤字、人口密度、失业率、产业结构和 FDI；α_i 和 λ_t 分别为个体固定效应和时间固定效应；u_{it} 为相应的误差项。其中，财政赤字（$Deficit$）以各地区财政支出和财政收入的差额占 GDP 的比重衡量；人口密度（$\ln PD$）以各地区年末人口规模与辖区面积比值的对数衡量；失业率（UR）以各地区城镇人口登记失业率衡量。其他变量度量与前面一致。

表 4-4 同时报告了三阶段最小二乘法（3SLS）和两阶段最小二乘法（2SLS）在控制个体和时间固定效应后的估计结果。可以看出，无论是 3SLS 的估计结果，还是 2SLS 的估计结果，环境分权的估计系数至少在 5% 的水平上显著为正，依然支持上文结论。同时，人均碳排放量的估计系数为正，但没有通过显著性水平检验，说明本书并不需要担忧碳排放与环境分权的联立性偏误问题。总之，碳排放是一种全国性乃至全球性的温室气体，具有强烈的负外部性，

所以需要中央政府统筹安排，建立跨区域联防联控的碳治理模式，这意味着地方政府在增加碳排放治理支出的同时，中央政府也应该持续跟进，并扩大职责范围和支出范围。

表4－4　　　　　　　　　　　联立方程的估计结果

方程组 I				方程组 II			
	3SLS				2SLS		
解释变量	$\ln PCO_2$	解释变量	ED	解释变量	$\ln PCO_2$	解释变量	ED
ED	0.9201 ** (0.4037)	$\ln PCO_2$	0.1411 (0.2470)	ED	1.6945 *** (0.6119)	$\ln PCO_2$	0.1180 (0.2615)
Inv	0.0012 (0.0009)	$\ln pgdp$	− 0.0108 (0.1678)	Inv	− 0.0009 (0.0015)	$\ln pgdp$	0.0401 (0.1797)
$Corr$	0.0017 (0.0013)	$Deficit$	0.0052 *** (0.0015)	$Corr$	− 0.0030 (0.0022)	$Deficit$	0.0071 *** (0.0020)
$Indu$	0.9526 *** (0.2517)	$\ln PD$	− 0.6067 *** (0.2153)	$Indu$	1.0569 *** (0.3464)	$\ln PD$	− 0.5058 ** (0.2330)
$R\&D$	− 0.0361 (0.0293)	UR	0.0031 (0.0102)	$R\&D$	− 0.0462 (0.0487)	UR	0.0145 (0.0148)
FDI	− 0.0233 *** (0.0076)	$Indu$	− 0.1957 (0.2603)	FDI	− 0.0242 ** (0.0104)	$Indu$	− 0.1994 (0.2750)
$\ln pgdp$	− 0.0663 (0.8139)	FDI	0.0051 (0.0080)	$\ln pgdp$	− 2.1317 * (1.2803)	FDI	0.0056 (0.0084)
$(\ln pgdp)^2$	0.0326 (0.0389)	$\_cons$	5.0218 *** (1.0734)	$(\ln pgdp)^2$	0.1366 ** (0.0620)	$\_cons$	3.8394 *** (1.2925)
$Dum2007$	0.3282 * (0.1689)	—	—	$Dum2007$	0.4426 * (0.2343)	—	—
$\_cons$	− 2.2246 (4.0242)	—	—	$\_cons$	7.4416 (6.2041)	—	—
R^2	0.9494	R^2	0.9462	R^2	0.9174	R^2	0.9471

注：*、**、***分别表示10%、5%、1%的显著性水平，系数下方括号内数值为其标准误。

资料来源：笔者整理。

4.4 中国当前环境分权体制下碳减排
困境的内在逻辑分析

前面通过静态、动态和动态空间面板数据模型得到"环境分权促进碳排放水平"这一基本结论，那么如何解读这一结论并寻求可行的碳减排方案呢？对此，本书从三个方面进行分析：①梳理中国环境管理体制的变迁历程。回顾历史并溯本求源，厘清中国环境管理体制的演变过程以及掌握环境管理集权和分权的动态趋势，这是深刻理解本书结论的前提；②探讨"环保支出"这一可能的影响机制。结合碳排放的天然属性，环境分权可能通过降低环保支出而促进碳排放，这是解读本书结论的重要支撑；③构建有效碳减排的环境管理体制。立足环保部门在政府组织机构中的地位，寻求环境管理集权的途径，为构建碳减排的环境管理体制提供思路借鉴，这是本书结论的升华。

4.4.1 中国环境管理体制的变迁历程

图 4-1 绘制了中华人民共和国成立以来中国环境管理制度的变迁历程。可以发现，1949~1974 年，环境保护职能分散到各主管部委，处于高度分权的时代，具体表现为环境管理结构基本上处于临时性、非正式性和非独立性的状态。1974 年国务院成立环境保护领导小组标志着环境保护上升到国家战略。随后 10 年，全国大部分省

份成立了省市两级环境保护机构，为构建系统的环境管理体系奠定良好基础。随着环境重要战略地位的凸显，中央和地方的环保机构逐渐升级，环境事权和管理权也相应扩大。中央层面上，从 1984 年成立国务院环境保护委员会到 1998 年升级为正部级国家环境保护总局，再到 2008 年成立国家环境保护部，为国务院的职能部门之一；地方层面上，1993 年设置省一级环境保护局，并于 2009 年由"局"升级为"厅"。由此不难推断，央地层面的环保机构升级事件映射出中国环境管理体制由高度分权趋向于集权。正如祁毓等（2014）所指出的，中华人民共和国成立以来，中国一直奉行高度的环境分权管理体制，直到 1995 年的"双重领导、以地方为主"管理体制才促使中央政府介入，环境管理才呈现出集权的趋势。

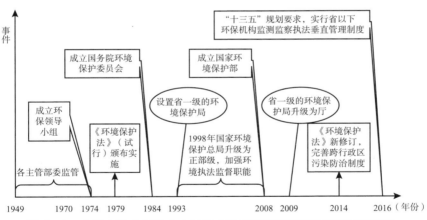

图 4-1　中华人民共和国成立以来中国环境管理制度演变和重要事件

资料来源：笔者整理。

纵观发达国家的环境管理体制，从分权到集权是一种普遍的趋势，尤其是为了解决区域性环境问题，环境集权更为有效。例如，美国于 1970 年成立联邦环保局（EPA），并设立十大环保分区，各区局长向联邦环保局局长负责，协调州与联邦政府的关系；日本环境管理体制经历了从"分散式"到"相对集中式"的演变；英国以分散管理与统一管理相结合；法国设有环境跨部委员会。事实上，中国政府也意识到环境集权的重要性，特别是"十三五"规划要求实行省以下环保机构监测监察执法垂直管理制度，并辅以"党政同责""一岗双责""终身追究"等非常严格的控制措施。这不仅宣告最严环保时代的来临，也释放出中国环境保护已经开启高度集权的治理模式。

4.4.2　环保支出视角下的逻辑剖析

环境分权是通过什么机制来促进碳排放的呢？本书将从环保支出的角度进行回答。

图 4-2 和图 4-3 分别描绘了 2007～2013 年环境分权与人均地方环保支出、环境分权与人均全国环保支出的关系。容易看出，随着环境分权水平的提高，人均地方环保支出与人均全国环保支出都显著下降。这意味着环境分权可能通过降低环保支出而促进碳排放。那么，为什么两者显示出强烈的负相关关系呢？这可能的原因在于：第一，环境分权带来环境管理事务的自由裁量权，更加助力地方政府的财政支出偏好于生产性投资，从而挤出环保支出。在足够的自由裁量权和环保监管约束机制缺失下，地方政府受限于有限的财政支出预算而选择性忽视环保支出。第二，环境分权体制下，地方政府只对本辖区的环境质量负责，而碳排放

的跨区域特性与属地管理相矛盾。具体地，碳排放问题与生俱来就是全国性乃至全球性问题，某一地区的碳排放可以迅速扩散到相邻地区，凸显碳排放的负外部性；同样，某一地区的碳排放治理也可以惠及相邻地区，产生溢出效应，表现为碳排放治理的正外部性。在此情形下，碳减排的收益与成本并不对称，致使地方政府缺乏增加环保支出的内在激励。正如先前研究（Sigman，2014）所指出，在溢出情况下，分权可能导致环境政策的无效率。基于上述两点原因，环境分权不利于环保支出的增加。所以，如果将碳排放治理视为一种公共物品，那么由跨区域的全国性环保部门管理更符合效率原则，并且可以杜绝"搭便车"现象的发生。

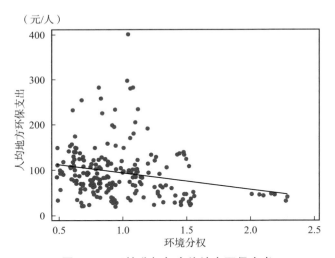

图 4 - 2　环境分权与人均地方环保支出

资料来源：笔者整理。

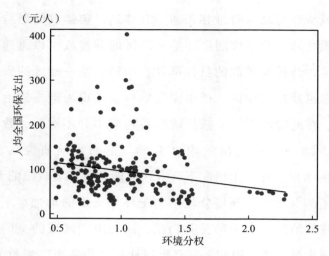

图 4 - 3　环境分权与人均全国环保支出

资料来源：笔者整理。

　　图 4 - 2 和图 4 - 3 的相似性暗含了一个事实，即中央环保支出占全国环保支出的比重较小。为了更加详细分析这一事实以及更好理解本书的结论，本书绘制了人均环保支出和工业三废排放的演变趋势，分别如图 4 - 4 和图 4 - 5 所示。这些数据来源于《中国环境年鉴》《中国统计年鉴》等。由图 4 - 4 可知，2007～2013 年，人均地方环保支出从 57.8 元/人增加至 113.0 元/人，增幅高达95.5%，占人均全国环保支出的比重维持在 95.0%～98.0%；相比之下，人均中央环保支出则一直徘徊在 2.0～5.0 元/人的低水平，仅占人均地方环保支出 2.2%～5.0%。虽然前面表明中国环境管理呈现出集权的趋势，但就本书的研究区间来看，地方政府承担了绝大部分的环保支出。溯及原因，1994 年推行的"分税制"财政管理体制改革显著向上集中了财政收入，却显著增加了地方政府的实际

支出责任，导致财权与事权不匹配的格局，公共服务的供给责任转移给地方政府，"环境"这种公共品也不例外。因此，中央政府在环保支出上扮演的角色较轻。数据证实，在样本区间的 2011 年，日本和英国的中央环保支出占比高达 45.0% 和 40.0%（祁毓等，2014），而中国仅占 3.1%，未来需要提高中央政府的环保支出力度。

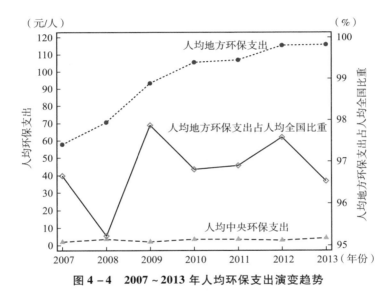

图 4 - 4　2007～2013 年人均环保支出演变趋势

资料来源：笔者整理。

另外，图 4 - 5 显示，虽然全国环保支出呈现出上升趋势，但是工业三废并未有效减少，特别是工业固体废物和工业废气增长趋势依然强劲。也就是说，政府治理意愿与环境改善程度并未表现出很强的一致性（韩超等，2016）。前文的实证分析也表明，污染治理投资对碳排放的影响呈现出不稳定的状态。虽然环境问责压力会迫使地方政府出于风险规避的考量向上输入服从、整改等信号，然而实际治理效果却并未尽如人意。正如席鹏辉和梁若冰（2015）所言，地方政府的环保举措并不是出于真正改善地方环境的目的，而是为了迎合上级的考核评价。梁文靖和郑曼妮（2016）同样支持上述观点。所以，在环保支出未能有效遏制环境污染的情况下，环境分权又降低了环保支出，碳减排工作"雪上加霜"，这有力解释了"环境分权促进碳排放"的结论。

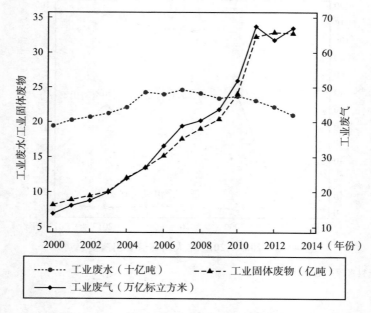

图4-5　2000~2013年工业三废排放演变趋势

资料来源：笔者整理。

4.4.3　路在何方

图4-6绘制了环保部门与政府的关系。这种关系分为两种：条

条关系和块块关系。所谓"条"，指的是中央部委以及中央部委领导的垂直管理系统，如图 4 - 6 中"国家环保部—省环保厅—市环保局—县环保局"的纵向关系，对应于"垂直管理体制"；所谓"块"，指的是各级地方政府以及地方政府领导下的职能部门，如图 4 - 6 中"市政府—市环保局—市政府其他部门"的横向关系，对应于"属地管理体制"。不难发现，作为环境保护事务的具体实施机构，地方环保部门处于"条块"权力交叉的节点上（如市环保局），从而导致其在政府组织结构中地位尴尬。这种尴尬正体现为地方环保部门受地方政府和上级主管部门"双重领导"，其中，主管部门负责环保事务的"事权"，而地方政府负责"人、财、物"（尹振东，2011）。同时，"双重领导"也分"主次"，由于地方政

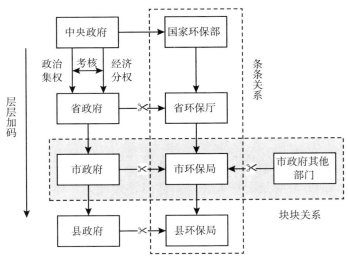

图 4 - 6　环境管理体制由"条块交叉"向"条条为主"转变

资料来源：笔者整理。

府控制着环保部门的财政预算、人员编制和晋升流动，因此"块块"权力更为重要（周雪光、练宏，2011）。事实上，正如前面所言，自1995年起，中国环境管理采取的是"条块结合，以块为主，分级管理"的属地管理体制。而在这种体制下，地方环保部门面临独立性缺失的现实约束。

概念上，独立性是环保部门发挥职能作用的前提条件，它要求权力行使不受行政管理部门的干预（韩超等，2016）。图4-7描绘了环保部门独立性缺失的深层次原因——两级委托代理体系下的目标非一致性。具体来说：①中央政府与地方政府的委托代理关系。在这层关系中，中央政府是委托人，地方政府是代理人。由于中央政府的目标是社会福利最大化，所以赋予地方政府多项任务，既包括经济增长，也包括环境、医疗、教育等社会民生事业。然而，在财政分权下，经济增长一类的任务更能显示代理人努力程度和能力（于源、陈其林，2016），从而诱发地方政府官员选择极大化GDP、忽视环境等社会民生事业的局面，形成实质性的激励偏差（刘瑞明、金田林，2015），从而导致中央政府的"社会福利的多任务委托"被地方政府"过滤"成"经济增长的单维代理"，衍生"选择性代理"的现象。②地方政府与环保部门的委托代理关系。在这层关系中，地方政府是委托人，环保部门是代理人。环保部门主要负责污染物排放许可证发放、排污费征收、环境监督管理等具体环境管理工作，主要目标是完成环境治理任务。然而，中国经济和环境保护尚未实现协调发展，因此地方政府与环保部门之间的目标存在矛盾。由于环保部门在人事、经费等方面受制于地方政府（Cai et al.，2016），所以其行为也受地方政府增长目标偏向约束，导致环保部门的"环境治理任务委托"被地方政府改变为"服从经济增长下的环境治理任务代理"。总之，地方政府既是委托人，又是代理人，并依托于信息优势和属地管理体制，使其与中央政府、环保部门博弈时处于优势。所以，在中央和地方目标不一致时，地方环保部门在地方政府的影响下，被迫执行地方政府指令（尹振东，2011）。

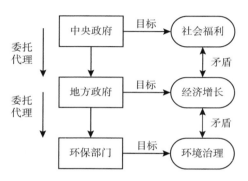

图 4 - 7 环保部门独立性缺失的深层次原因

资料来源：笔者整理。

以上分析表明，环保部门陷于"条块"权力交叉的囹圄中，缺乏独立性。由此不难理解，中国的环境分权体制不利于碳减排任务的完成。所以，为了构建有效碳减排的环境管理体制，有以下三条思路：①增强环境管理集权，扩大中央政府对包含碳减排投入在内的环保支出；②加强地方环保部门的独立性，切断地方环保部门与地方政府和其他职能部门的联系，促使环境管理体制由"条块交叉"向"条条为主"转变（见图 4 - 6）；③做对地方政府的激励与约束，结织"中央政府—地方政府—环保部门"激励相容的局面。具体内容详见政策启示部分。

4.5　本章小结

环境联邦主义理论旨在寻求政府层级之间环境管理权力的最优配置，存在环境保护事务的集权与分权之争。本章结合中国特定的制度背景，立足碳减排视角回答上述争论，以期拓展为经济新常态下构建碳减排的环境管理体制提供一些浅见。基于 2000～2013 年中国省级面板数据，本章构建静态、动态和动态空间面板数据模型实证检验了环境分权对碳排放的影响。研究结果表明，中国当前的环境分权体制不利于碳排放治理，环境分权程度越高，碳排放水平越高。这一结论在考虑了环境分权指标的潜在内生性问题之后，依然成立。在当前的环境管理激励体制下，地方政府缺乏碳减排的动力，这意味着碳排放治理并不是环境分权体制的受益者。因此，为了兑现 2030 年和 2060 年碳排放量化减排的目标，中国应努力推动环境管理体制改革。

第 5 章

环境规制对碳排放影响的
双重效应研究

5.1 引　言

面临日益严峻的环境污染和气候变化问题，中国政府审时度势地提出建设"美丽中国"的目标，把生态文明建设融入经济、政治、文化和社会建设，形成"五位一体"的总体布局。同时，中国政府提出 2030 年"碳达峰"与 2060 年"碳中和"的双碳目标。如期实现上述目标很大程度上依赖于政府一系列合理的环境政策。原因在于碳排放行为是生产和消费过程中的一种外部性行为，市场机制在决定碳排放行为方面是失灵的，需要政府环境规制的矫正和补位。然而，一些学者却对环境规制的必要性和有效性提出质疑。舒（Schou，2002）主张环境政策是多余的，因为随着自然资源的不断消耗，污染排放会自动趋于减少。特别是自辛恩（2008）开创性地提出"绿色悖论"（Green Paradox）以来，对环境规制限制碳排放有效性的质疑声也一直不绝于耳。如此，便引发一个充满争议且有趣的议题：环境规制对碳排放的影响是正向的倒逼减排效应？抑或负向的绿色悖论效应？显然，准确回答上述问题既要考虑环境规制影响碳排放的直接效应，也需考虑间接效应。究其根源，驱动碳排放的因素众多，而在环境规制约束下，这些因素对碳排放的作用方向和强度都可能发生变化，从而间接反映环境规制对碳排放的影响。从而引发另一个问题：环境规制会通过其他传导渠道间接影响碳排放吗？回答上述问题，对于有效规避环境规制对碳排放的绿色悖论效应而充分发挥其倒逼减排效应具有重要的现实参考意义。

辛恩（2008）创造了"绿色悖论"的概念，将其定义为：旨在限制气候变化的政策措施的执行却导致化石能源加速开采的现象，进而加速累积大气中的温室气体，酿成环境恶化的后果，意味着"好的意图不总是引起好的行为"。辛恩进一步总结导致"绿色悖论"的三种可能机制：①不正确地设置碳税；②减少化石能源需求的政策手段；③政策宣告和执行之间存在时滞。随后，涌现一批关于不完美碳排放治理政策对全球碳排放影响的理论文献。主要关注的议题包括："绿色悖论"是否存在；"绿色悖论"的作用机理。由于"绿色悖论"效应太过骇人听闻，对其是否存在的争议甚嚣尘上，理论推导结论也莫衷一是（Hoel，2010；Van der Ploeg & Withagen，2012）。相比之下，引发绿色悖论的作用机制的文献（Gerlagh，2011；Smulders et al.，2012）一致同意辛恩（2008）的观点，强调供给侧对环境规制的响应使得能源所有者向前移动开采路径，加快能源耗竭，导致碳排放的上升。在此基础上，一些学者（van der Werf & Di Maria，2012）将绿色悖论效应分为两种版本：

弱版和强版。弱版强调不完美的气候政策增加短期碳排放，强版着重于增加气候变化未来损失的净现值。

相比于"绿色悖论"的文献均来源于理论研究领域，更多的实证文献探讨了碳排放的各种驱动因素。研究方法主要分为 LMDI 法和 STIRPAT 模型，绝大部分聚焦于人口规模、人均财富、技术水平和经济结构等因素对碳排放的影响，关于环境规制对碳排放影响文献则较少。在区域层面，许广月（2010）将环境规制设置成虚拟变量，2005 年之前为 0，2005 年之后为 1，实证结果发现政府的宏观政策显著驱动碳排放量，并没有达到预期的目的。在产业层面，何小钢和张耀辉（2012）引入时间趋势变量以捕捉国家持续的宏观政策效应，结果表明政府节能减排政策显著地遏制碳排放量和碳排放强度。邵帅等（2010）运用 1994～2008 年上海市工业分行业的数据，将节能减排政策设置为虚拟变量，2006～2008 年取值为 1，其他年份取值为 0，数据结果强烈支持政府政策的"节能减排"效应。可以发现，上述文献均采用虚拟变量以捕捉环境规制对于碳排放的效应，并没有使用具体指标刻画环境规制。一个值得注意的例外是彭星等（2013），他们采用单位工业产值的工业污染治理投资额作为环境规制的代理变量，并消除各省份工业产业结构的差异，结果表明环境规制强度的碳减排效应并不显著。

综合以上文献不难看出，无论是区域层面还是产业层面，抑或是具体到区域内部的产业层面，环境规制对碳排放的影响均被边缘化，结论也是五花八门，学者们并不重点关注环境规制对碳排放影响的强度和方向，并且对"环境规制"指标的刻画缺乏科学性和全面性。鉴于此，本书尝试弥补上述不足，并提供了翔实的机理分析和实证证据。

5.2 环境规制影响碳排放的机理分析

5.2.1 环境规制影响碳排放的直接效应

从概念上讲，环境规制属于政府社会性规制的重要范畴，指由于化石能源不可持续以及工业活动所造成的污染具有外部不经济性，政府通过排污许可、行政处罚、征收排污税等方式对厂商的生产经营活动进行调节，以实现可持续的环境和经济发展。既有研究中，根据环境规制工具的强制程度可将其分为三类（Testa et al.，2011）：直接规制（标准、命令与控制），经济工具（税费、可交易的排放许可证等）和"软"手段（资源产业协议、环境认证方案等）。因此，一般意义上，政府制定环境规制政策的目的在于保护环境，预期中环境规制对碳排放的直接效应为正向的减排作用。具体地，政府对化石能源的生产者和使用者征收碳税、能源税等，增加他们的生产成本与环境成本，进而减少能源需求，因而有利于减少碳排放。或者补贴清洁能源，鼓励使用替代能源，同样减少能源需求。显然，无论是对化石能源征税，还是对清洁能源补贴，都能降低化石能源的需求，达到减排目的，从而带来绿色福利效应。

图5-1描绘了上述作用机理。然而，正如辛恩（2008）所言，好的意图不总是引起好的行为。绿色悖论效应也可能是环境规制作用碳排放的结果，根源于供给侧的动态反应。化石能源所有者预期环境规制越来越严格，从而在整个时间域上向前移动开采路径，导

致当前化石能源价格下降。短期内，更廉价的化石能源刺激需求上升，随之而来的是短期碳排放的上升，引发绿色悖论效应。

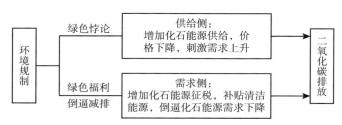

图 5 - 1　环境规制影响碳排放的直接效应

资料来源：笔者整理。

5.2.2　环境规制影响碳排放的间接效应

环境规制不仅通过化石能源需求侧和供给侧对碳排放产生直接影响，而且通过能源消费结构、产业结构、技术创新和 FDI 四条传导渠道对碳排放的间接影响。图 5 - 2 绘制了环境规制对碳排放影响的间接效应。

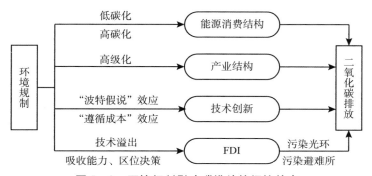

图 5 - 2　环境规制影响碳排放的间接效应

资料来源：笔者整理。

（1）环境规制既可能低碳化能源消费结构，也可能增加高碳能源的比例而发挥逆反效应，这一致于环境规制对碳排放的影响。正如前面所述，政府实施环境规制政策意图保护环境，通过施加企业的环境治理成本迫使企业使用更先进的节能减排技术以及清洁能源，从而降低对高碳能源的需求，优化能源消费结构。然而，供给侧能源所有者对环境规制的反应是增加高碳能源的使用量。原因在于，越是污染严重的能源，受到环境规制的影响越大，预期未来针对此类能源的环境规制强度越高，从而加快此类能源的开采。一些学者（Di Maria et al.，2013）证实了上述结论，其运用美国 1986～1994 年煤炭的加权平均实际价格数据，发现在 1990 年实施《清洁空气法案修正案》（*Clean Air Act Amendments*）之后，煤炭价格显著下降。

（2）严厉的环境规制将显著抑制污染密集型产业的增长，而有利于服务业的发展，推动产业结构高级化，因此有利于减少碳排放。产业结构高级化实际上是产业结构升级的一种衡量（干春晖等，2011）。换言之，环境规制可以倒逼产业结构升级而间接影响碳排放。有证据显示，对于污染产业，更严厉的环境规制会更有效地阻止资本的进入，但在污染程度更低的产业中，这种作用则并不显著（Xing & Kolstad，2002）。原因在于：第一，严厉的环境规制使得污染密集型产业承担高昂的"环境遵循成本"，提升高耗能产业的生存门槛，处于规避这一成本的需要，污染密集型产业向环境规制更为宽松的地区转移；第二，服务业是清洁型产业，所受环境规制带来高昂环境成本的冲击较小，此外，随着消费者的需求偏好越来越偏向于产品，服务业迎来发展良机，进而鞭策产业结构向高级化转变。

"污染天堂"假说（Pollution Heaven）隐含了环境规制对产业结构的影响。"污染天堂"假说指的是，本质上，环境规制作为企业的一项生产成本，由于低收入的发展中国家通常拥有相对宽松的环境规制以及相应较弱的环境规制执行能力，使得发展中国家在污染密集型产业具备比较优势；相比之下，高收入的发达国家则在污染密集型产业拥有比较优势。在其他条件不变的情况下，发达国家的跨国公司将其污染密集型产业转移到环境规制强度和监管力度较弱的发展中国家。因此，发展中国家的产业结构向污染密集型转变而成为发达国家的"污染天堂"。总而言之，高强度的环境规制有利于促进服务业为主的清洁产业的发展，而污染密集型产业受制于高昂的环境规制成本，在完全竞争市场下，失去市场竞争力，逐步退出市场。

上述"环境规制有利于产业结构高级化"的观点得到一些国内学者的认同。基于 2001～2010 年中国省际面板数据，李眺（2013）以"滞后一期的二氧化硫去除率"作为环境规制强度的替代指标，揭示了环境规制显著地促进服务业的增长，并且东部地区和西部地区的环境规制对服务业的积极推动作用尤为明显。不同于李眺（2013）所采用的环境规制替代指标，肖兴志和李少林（2013）采用"治理工业污染项目投资额占工业增加值的比重"衡量环境规制强度，但结论大同小异。他们采用 1998～2010 年中国省际面板数据，借助于动态面板模型，同样证明环境规制强度对产业结果升级的方向和路径产生正向的促进作用，并且识别出环境规制影响产业升级的三条渠道，即需求、技术创新和国际贸易传导机制。与李眺

（2013）结论不同的是，肖兴志和李少林（2013）认为，中西部地区环境规制强度与产业升级的关系并不显著。与此同时，原毅军和谢荣辉（2014）将环境规制区分为正式环境规制和非正式环境规制，发现两类环境规制均有效驱动产业结构调整，并淘汰污染密集型的落后产能和过剩产能，因此环境规制的"倒逼效应"应该作为产业结构调整的新驱动力。总结上述文献，容易看出，虽然环境规制对产业结构的影响方向和作用大小在区域间所扮演的角色还尚待确定，但不可否认的是，环境规制有利于产业结构升级，促使产业结构高级化，进而有助于抑制碳排放。

（3）环境规制对技术创新的影响既有正向的补偿效应，也有负向的抵消效应，进而间接影响碳排放。一方面，正向的补偿效应被称为"波特假说"效应，意为合适的环境规制能激发"创新补偿"效应，从而不仅能弥补企业的"遵循成本"，还能提高企业的生产率和竞争力（张成等，2011），从而带来生产技术进步和环保技术升级，有利于减少碳排放；另一方面，"遵循成本"效应认为环境规制提高企业的污染治理成本，高昂的生产成本挤出企业的研发投入资金，降低企业生产效率，不利于包括环保技术在内的技术创新，无益于碳减排和环境治理的改善。

理论上，环境规制与技术创新之间的关系分为三种：一是以新古典经济学理论为基础的传统学派，提倡"制约论"；二是以波特等（Poter & Van der Linde，1995）为代表的修正学派，主张"促进论"；三是环境规制对技术创新的影响不确定。理论上环境规制对技术创新影响的不确定性激发了学者对两者关系的深入探讨。为了避免环境规制对技术创新"非正即负"的简单论断，更好地解释两者间"创新补偿"效应和"遵循成本"效应同时存在及其演变的情形，更多地学者探讨两者间的非线性关系。

事实上，张成等（2011）较早地注意到这种现象，察觉到正面的"创新补偿"效应和负面"遵循成本"效应往往并不同步。究其根源，负面效应通常在当期就产生影响，而技术创新较长的周期性特征决定了环境规制的"创新补偿"效应滞后于"遵循成本"效应。因此，张成等（2011）认为：短期内环境规制会提升企业的生产成本，挤出了研发资金，从而降低企业的技术创新；长期内，环境规制会提高企业的技术创新，发挥"创新补偿"效应。所以，在时间维度上，两者呈倒 U 型关系。在此基础上，他们通过在回归方程中引入环境规制强度的平方项，利用 1998～2007 年中国 30 个省份工业部门的面板数据，发现东部地区和中部地区的环境规制与生产技术进步呈 U 型曲线关系，更好地包容了两种相左的效应，具有开创意义。

遵循张成等（2011）的思路，沈能和刘凤朝（2012）借助于面板门槛分析技术，更好地刻画环境规制和技术创新的非线性关系。研究结果表明，环境规制强度与技术创新之间呈显著的 U 型关系，即两者间存在一个门槛值，意味着只有环境规制强度跨越特定的门槛值时，环境规制的"创新补偿"效应才能占据主导，实现"波特假说"。此外，环境规制与技术创新之间的 U 型关系亦出现在蒋伏心（2013）的工作中，他们以 2004～2011 年江苏省 28 个制造业行业为研究样本，认为环境规制会通过直接和间接两条途径影响环境规制。具体来说，直接途径包括生产工艺、治污技术和创新资金，而间接途径则包括外商直接投资、企业规模、人力资本水平和企业利润。总之，在最近研究环境规制和技术创新的文献中，U 型关系占据了主流。

综上所述，环境规制与技术创新之间的关系存在不确定性，从而导致"环境规制—技术创新—碳排放"这条传导渠道作用的不确定。

（4）环境规制会影响 FDI 的技术溢出效应、吸收能力和资本积累效应。而 FDI 对碳排放的影响扮演着"天使"与"魔鬼"的双重角色，既可能是"污染光环"效应，也可能是"污染避难所"效应。因此，环境规制通过 FDI 而间接影响碳排放。"污染光环"效应认为在承载先进技术的外资企业可以向东道国传播更为绿色清洁的生产技术，提升其生产的环保水平，从而有利于减少东道国的碳排放。相反，"污染避难所"效应认为发达国家的企业因面临苛刻的环境规制，往往需要在污染治理和环境保护方面投入更多的成本，而发展中国家相对宽松的环境政策或政策执行能力的缺失使得他们在污染密集型产业具有比较优势，使得发达国家将污染密集型产业转移到发展中国家，进而增加东道国的碳排放。

在环境规制约束下，FDI 对碳排放两种相左的效应受到 FDI 的技术溢出效应、吸收能力和资本积累效应的影响。具体来说，首先，环境规制增加外资企业的生产成本，挤出其研发投入，不利于先进技术的扩散；其次，外资技术溢出效应的发挥需要内资企业具备较强的学习能力和吸收能力，环境规制增加了内资企业污染治理的成本，从而削弱其吸收能力；最后，由于环境规制影响 FDI 的投资区位选择，因此高强度的环境规制阻碍 FDI 的流入，导致东道国资本存量的下降，不利于降低能源强度和碳排放（孙浦阳等，2011）。

5.3　研　究　设　计

5.3.1　计量模型设定

环境规制对碳排放的直接影响既可能是正向的倒逼减排效应，也可能存在逆向的绿色悖论效应，从而两者间并非简单的线性关系，本书引入环境规制的平方项以考察潜在的非线性影响。此外，CO_2 排放可能存在滞后效应，引入 CO_2 排放的滞后项可以较好地控制滞后因素。基于以上考虑，构建如下计量模型来衡量环境规制对碳排放影响的直接效应：

$$C_{i,t} = \beta_0 + \beta_1 C_{i,t-1} + \beta_2 ER_{i,t} + \beta_3 ER_{i,t}^2 + \xi X_{i,t} + \alpha_i + \varepsilon_{i,t} \qquad (5-1)$$

其中，i 和 t 分别表示省份和年度；$C_{i,t}$ 表示各省份 CO_2 排放量；$ER_{i,t}$ 表示环境规制；β_1 为滞后乘数，表示前一期 CO_2 排放水平对当期的影响情况；参数 β_2 和 β_3 表示环境规制对 CO_2 排放的直接影响。α_i 表示地区非观测效应，反映了省际持续存在的差异。$\varepsilon_{i,t}$ 代表特定异质效应，假设服从正态分布。$X_{i,t}$ 是其他控制变量，包括能源消费结构、产业结构、技术水平、FDI、人均收入和人口规模。需要说明的是，参照"环境库兹涅茨曲线"，考虑在模型中同时囊括人均收入的一次方和二次方项，以考察碳排放库兹涅茨曲线的存在性。

此外，为了分析环境规制对 CO_2 排放的间接影响，本书引入环境规制与能源消费结构、产业结构、技术创新和 FDI 的交叉项，以

探求四种途径对 CO_2 排放的作用机理及强度，具体计量模型如下：

$$C_{i,t} = \gamma_0 + \gamma_1 C_{i,t-1} + \gamma_1 ER \times Ener_{i,t} + \gamma_2 ER \times Indu_{i,t} + \gamma_3 ER \times Tech_{i,t}$$
$$+ \gamma_4 ER \times FDI_{i,t} + \xi Z_{i,t} + \alpha_i + \varepsilon_{i,t} \tag{5-2}$$

其中，$ER \times Ener_{i,t}$ 表示第 i 省第 t 年环境规制与能源消费结构的交叉项；$ER \times Indu_{i,t}$ 表示环境规制与产业结构的交叉项；$ER \times Tech_{i,t}$ 表示环境规制与技术水平的交叉项；$ER \times FDI_{i,t}$ 表示环境规制与 FDI 的交叉项；$Z_{i,t}$ 是其他控制变量，包括人均收入和人口规模。

5.3.2 数据与变量

本书使用中国 2000～2011 年 30 个省（区、市）（西藏除外）的面板数据进行实证检验。原始数据主要来源于历年《中国统计年鉴》《中国区域经济统计年鉴》《中国能源统计年鉴》《新中国六十年统计资料汇编》等。由于存在的通货膨胀因素，本书对涉及价格指数的指标均调整为以 2000 年为基期的不变价格。

5.3.2.1 CO_2 排放量

CO_2 排放主要来源于化石能源燃烧和水泥生产活动。化石能源燃烧的 CO_2 排放量具体计算公式为：

$$EC = \sum_{i=1}^{7} EC_i = \sum_{i=1}^{7} E_i \times CF_i \times CC_i \times COF_i \times \frac{44}{12} = \sum_{i=1}^{7} \frac{44}{12} \alpha_i E_i \tag{5-3}$$

其中，EC 表示估算的各类能源消费的 CO_2 排放总量；i 表示能源消费种类，包括煤炭、焦炭、煤油、汽油、柴油、燃料油和天然气共7种；E_i 为第 i 种能源消费量；CF_i 是发热值；CC_i 是碳含量；COF_i 是氧化因子；$\alpha_i = CF_i \times CC_i \times COF_i$ 表示第 i 种能源碳排放系数。关

于 α_i 的取值选取国际上通用的 IPCC《国家温室气体排放清单指南》的相关数据，具体为煤炭 0.7599、焦炭 0.8550、煤油 0.5714、汽油 0.5538、柴油 0.5921、燃料油 0.6815 及天然气 0.4483，单位均为吨碳/吨标准煤。

水泥生产过程排放的 CO_2 计算公式为：$CC = Q \times \beta$。其中，CC 表示水泥生产过程中 CO_2 排放总量；Q 表示水泥生产总量；β 表示水泥生产的 CO_2 排放系数，参考杜立民（2010），取值 0.5270 吨 CO_2/吨。各地区的 CO_2 排放总量计算公式为：$CO_2 = EC + CC$。表 5-1 列出了各类 CO_2 排放来源的相关碳排放系数。

表 5-1　　　　　　　　　　CO_2 排放系数

排放源	化石燃料燃烧							工业生产过程
	煤炭	焦炭	汽油	煤油	柴油	燃料油	天然气	水泥
碳含量（t－C/TJ）	27.28	29.41	18.90	19.60	20.17	21.09	15.32	—
热值（TJ/万吨或 TJ/亿立方米）	178.24	284.35	448.00	447.50	433.30	401.90	3893.10	—
碳氧化率	0.923	0.928	0.980	0.986	0.982	0.985	0.990	—
碳排放系数（吨 C/吨或吨 C/亿立方米）	0.449	0.776	0.830	0.865	0.858	0.835	5.905	—
CO_2 排放系数（吨 CO_2/吨或吨 CO_2/亿立方米）	1.647	2.848	3.045	3.174	3.150	3.064	21.670	0.527

注：①小括号内为相应指标的单位；②资料数据来源于杜立民（2010）。
资料来源：笔者整理。

5.3.2.2 环境规制

对环境规制指标准确、科学的度量是分析环境规制对碳排放影响的前提。但由于不存在对环境规制直接量化的指标，既有文献均使用替代指标衡量环境规制强度，而替代指标的多样性造成了差异化的环境规制指标。总的来看，环境规制替代指标的构造无外乎来源于三类：环境规制实施的成本；环境规制实施后的收益；与环境规制强度紧密相关的指标。环境规制实施的成本主要有如下指标：污染治理成本（Ederington & Minier，2003；Keller & Levins，2002）或污染治理成本占总成本的比重（Lanoie et al.，2008；张成等，2011）、环境规制机构的监督检查次数、政策法规的颁布数量（陈德敏、张瑞，2012）或税收额度（Costantini & Mazzanti，2012）。环境规制实施后收益的指标有：不同污染物的排放密度（Cole & Elliott，2003）、不同污染物的处理率（傅京燕、李丽莎，2010）。与环境规制强度高度相关的指标有：人均 GDP（Mani & Wheeler，1998）和能源消费（Matthew & Robert，2003）。

考虑到第三类指标已经出现在计量方程中，本书从前两类各选取一种指标衡量环境规制。一方面，从环境规制实施后的收益看来，选取 SO_2 去除率测度环境规制强度，记为 ER，原因在于 SO_2 与 CO_2 同根同源，绝大部分均来源于化石能源的燃烧，SO_2 去除率从侧面折射出政府对限制 CO_2 排放的努力程度，并且"节能减排"带来的政治激励使得地方政府在污染物排放中更重视废气排放的环境规制（李眺，2013），值越大意味着当地政府对于环境规制的努力程度越大；另一方面，从环境规制实施的成本来看，借鉴沈能和刘凤朝（2012）的方法，设计环境规制评价指数 ER_2 来衡量环境规制强度。具体如下：

第一步，计算各省份的单位工业产值污染治理成本：$R_{it} = \dfrac{P_{it}}{G_{it}}$，其中，$P_{it}$ 表示第 i 省第 t 年的工业污染治理投资完成额，G_{it} 表示相应的工业产值。第二步，考虑到各省份历年的工业产业结构的异质性，使用单位 GDP 的工业产值 S_{it} 对 R_{it} 进行修正，从而 $ER_{2it} = \dfrac{R_{it}}{S_{it}}$，值越大表示环境规制强度越大，同时，由于 SO_2 去除率的外生性更强，下面的实证检验以 ER 为主，ER_2 为辅。

5.3.2.3　其他变量

能源消费结构以煤炭消费量占能源消费总量的比重表示。产业结构以第二产业产值占地区生产总值的比重来衡量。技术创新以各省份的研发经费支出与 GDP 之比来衡量。FDI 则使用实际利用外商直接投资占 GDP 的比重进行测算。人均收入以人均实际 GDP 表示，人口规模则为各地区的总人口。所有变量的统计描述如表 5 - 2 所示。

表 5 - 2　　　　　　　　　各变量描述性统计分析

变量类型	符号	经济含义	单位	均值	标准差	最小值	最大值
被解释变量	$\ln C$	CO_2 排放总量的对数	万吨	9.83	0.86	6.94	11.61
核心解释变量	ER	工业 SO_2 去除量/（工业 SO_2 排放量 + 工业 SO_2 去除量）	%	39.19	21.65	0.39	82.67
	ER_2	（工业污染治理投资额/工业产值）/（工业产值/GDP）	‰	13.17	10.76	1.46	83.14

变量类型	符号	经济含义	单位	均值	标准差	最小值	最大值
其他解释变量	*Ener*	煤炭消费量/能源消费总量	%	64.20	16.73	25.20	96.71
	Indu	第二产业产值/GDP	%	46.39	7.75	19.80	61.50
	Tech	*R&D* 经费支出/GDP	%	1.23	1.08	0.15	6.79
	FDI	实际利用外商直接投资/GDP	%	2.60	2.18	0.07	9.66
	ln*Y*	人均实际 GDP 的对数	元/人	9.44	0.63	7.94	10.93
	ln*POP*	总人口的对数	人	8.13	0.77	6.25	9.26

资料来源：笔者整理。

5.4 实证结果

鉴于计量模型中引入被解释变量的一阶滞后变量作为解释变量，从而演变成动态面板模型，本书运用差分 GMM 方法进行估计，在分析过程中利用差分转换的方法消除个体不随时间变化的异质性。

5.4.1 环境规制对碳排放影响的直接效应分析

5.4.1.1 基础回归结果

表 5-3 报告了环境规制影响碳排放直接效应的结果。模型Ⅰ~模型Ⅲ为动态面板模型，分别为环境规制的一次方、二次方和三次

方项与碳排放关系的估计结果。作为一致估计，动态面板模型成立的前提是，扰动项的一阶差分仍将存在一阶自相关，但不存在二阶乃至更高阶的自相关。模型 Ⅰ ~ 模型 Ⅲ 均通过 AR 检验，并且 Sargan 检验不能拒绝"所有工具变量均有效"的原假设，即本书采用的工具变量合理有效。

表 5 - 3   环境规制对碳排放影响的直接效应

解释 变量	模型 Ⅰ	模型 Ⅱ	模型 Ⅲ	模型 Ⅳ	模型 Ⅴ	模型 Ⅵ
$\ln C_{t-1}$	0.333681 *** (0.056109)	0.259028 *** (0.059684)	0.283603 *** (0.041673)	- 0.001586 *** (0.000448)	0.002149 (0.001349)	- 0.002226 (0.003606)
ER	- 0.002740 *** (0.000389)	0.000746 (0.001118)	0.001052 (0.000875)	—	- 0.000047 *** (0.000015)	0.000075 (0.000093)
ER^2	—	- 0.000040 *** (0.000012)	- 0.000039 (0.000025)	—	—	- 0.000001 (0.000001)
ER^3	—	—	0.000000 (0.000000)	0.008244 *** (0.000938)	0.008330 *** (0.000927)	0.008419 *** (0.000948)
$Ener$	0.005961 *** (0.000465)	0.006116 *** (0.000458)	0.006127 *** (0.000459)	0.008115 *** (0.002900)	0.008080 *** (0.002844)	0.007849 *** (0.002782)
$Indu$	0.000687 (0.001663)	0.000465 (0.001632)	0.000175 (0.000899)	0.073330 *** (0.043734)	0.094472 ** (0.043521)	0.092588 ** (0.041588)
$Tech$	0.032418 (0.014040)	0.039478 (0.025286)	0.039457 (0.025282)	- 0.018141 *** (0.006205)	- 0.018369 *** (0.005985)	- 0.018743 *** (0.006023)
FDI	0.000254 (0.004713)	- 0.000962 (0.004630)	- 0.001000 (0.004625)	1.927124 *** (0.457716)	2.077265 *** (0.464385)	2.184748 *** (0.479828)
$\ln Y$	2.101367 *** (0.339352)	2.391539 *** (0.343129)	2.206169 *** (0.386820)	- 0.056006 *** (0.025452)	- 0.064306 ** (0.025768)	- 0.069878 *** (0.026479)

续表

解释变量	模型 I	模型 II	模型 III	模型 IV	模型 V	模型 VI
$(\ln Y)^2$	− 0. 076659 *** (0. 017455)	− 0. 088554 *** (0. 017451)	− 0. 081010 *** (0. 020435)	0. 612980 *** (0. 157201)	0. 559560 *** (0. 157104)	0. 577848 *** (0. 155104)
$\ln POP$	0. 701307 *** (0. 137532)	0. 721410 *** (0. 134994)	0. 683324 *** (0. 052977)	− 9. 26261 *** (2. 643732)	− 9. 58409 *** (2. 712431)	− 10. 20042 *** (2. 777457)
常数项	− 12. 50171 *** (2. 133432)	− 13. 64739 *** (2. 116547)	− 12. 56595 *** (1. 762288)	0. 9497 64. 46 [0. 00000]	0. 9511 74. 49 [0. 00000]	0. 9515 80. 48 [0. 00000]
AR (1)	− 2. 0328 [0. 0421]	− 1. 8047 [0. 0711]	− 1. 7194 [0. 0855]	模型 IV − 0. 001586 ***	模型 V 0. 002149	模型 VI − 0. 002226
AR (2)	0. 48996 [0. 6242]	0. 76826 [0. 4423]	0. 69535 [0. 4868]	(0. 000448) —	(0. 001349) − 0. 000047 ***	(0. 003606) 0. 000075
Sargan 检验	24. 86217 [0. 5268]	24. 51991 [0. 5463]	23. 942 [0. 5793]	— —	(0. 000015) —	(0. 000093) − 0. 000001

注：① * 、 ** 、 *** 分别表示 10% 、5% 、1% 的显著性水平，系数下方括号内数值为其标准误；②AR (1) 、AR (2) 分别表示一阶和二阶差分残差序列的 Arellano – Bond 自相关检验，Sargan 检验为过度识别检验，中括号内数值为统计量相应的 p 值。

资料来源：笔者整理。

从表 5 - 3 容易看出，模型 I 中环境规制的一次方项系数在 1% 的水平上显著为负，说明环境规制有效地遏制碳排放，发挥"倒逼减排"的作用，并没有出现绿色悖论现象。更进一步，模型 II 中环境规制的一次方项系数为正，二次方项系数在 1% 的水平上显著为负，表明环境规制与碳排放之间存在着显著的倒 U 型曲线关系，即环境规制对碳排放的直接作用存在一个阈值，当一个地区的环境规制强度小于阈值时，环境规制强度的增强促进碳排放，发生绿色悖论现象，呈逆反效应；当环境规制强度大于阈值时，环境规制对碳排放的抑制作用占据上方，达到环境规制的预期效果。根据模型 Ⅱ 的回归结果，测算出倒 U 型曲线的拐点为 9.33，即 SO_2 去除率达到 9.33%，绿色悖论效应将转化为倒逼减排效应。根据表 5 - 2 中的描述性统计结果发现，SO_2 去除率的平均值为 39.19%，远远超过阈值，意味着现阶段中国的环境规制有效抑制碳排放。模型 Ⅲ 进一步引入环境规制的三次方项，目的在于检验环境规制对碳排放的作用是否出现"重组"现象，即 N 型或倒 N 型，结果表明系数均不显著，从而佐证了环境规制与碳排放之间倒 U 型关系的稳健性。

前期的碳排放和当期的碳排放显著正相关，表明排放时一个连续动态累积的调整过程，回归系数在 0.25 ~ 0.33 之间摆动，这一结论吻合于李锴和齐绍洲（2011）的研究。作为参照，模型 Ⅳ ~ 模型 Ⅵ 分别为模型 Ⅰ ~ 模型 Ⅲ 的静态面板模型中固定效应（fixed effect）的估计结果，以考察动态模型结果的稳健性，类似的比较研究思路也被其他学者（邵帅等，2013）所采用。Hausman 检验结果表明固定效应结果是有效的，因此，环境规制与碳排放之间倒 U 型关系是稳健的。

从模型 Ⅰ ~ 模型 Ⅵ 的回归结果比较来看，无论是动态面板模型，还是静态面板模型，各解释变量对碳排放的作用方向均保持一致，并且人均 GDP 的一次方项与碳排放显著正相关，人均 GDP 的二次方项与碳排放显著为负，因此人均 GDP 与碳排放之间显示了强烈的倒 U 型曲线关系，说明中国省际存在碳"库兹涅茨曲线"。此外，所有模型都表明人口规模对碳排放有明显的促进作用，人口的快速增长对资源与环境的承载力提出严峻挑战，通过增加能源消费而增加碳排放。

控制变量中，动态模型和静态模型的估计结果均表明能源消费结构与碳排放在 1% 的显著性水平上正相关，由于煤炭燃烧的碳排放量是石油的 1.2 倍，天然气的 1.6 倍，从而反映了中国"富煤贫油少气"的能源禀赋现状，以煤为主的能源消费结构将长期羁绊中国碳减排目标的实现。产业结构对碳排放的影响在动态模型中为正，在静态模型中显著为正，总体而言，重工业比重的上升促进碳排放的增加。以 *R&D* 支出衡量的技术创新水平与碳排放呈正相关关系，但不显著，没有足够的证据表明中国通过研发以提高能源效率而减少碳排放。其原因可能在于中国一味地追求发展经济，一系列制度安排使得环境保护让位于经济发展的要求，从而 *R&D* 支出更倾向用于提高资本和劳动效率的技术研发，而忽略了提高环境保护技术和能源效率的投资。动态模型中，*FDI* 对碳排放的影响为负，且在静态模型中 *FDI* 显著遏制碳排放，这证明了 *FDI* 的环境收益效应大于向底线赛跑效应。

5.4.1.2 分地区检验

考虑到中国区域在资源禀赋、污染排放、经济发展、制度安排和技术水平等方面存在的巨大差异，环境规制对碳排放的影响可能在东部、中部、西部地区存在较大的差距，因此有必要分地区进行检验。根据《中国统计年鉴》的地区分类方法，将 30 个省（区、市）分为东部、中部、西部各地区。具体地，东部地区包括北京市、天津市、河北省、辽宁省、上海市、江苏省、浙江省、福建省、山东省、广东省和海南省共 11 个省份；中部地区包括山西省、吉林省、黑龙江省、安徽省、江西省、河南省、湖北省和湖南省共

8个省份；西部地区包括：四川省、重庆市、贵州省、云南省、陕西省、甘肃省、青海省、宁夏回族自治区、新疆维吾尔自治区、广西壮族自治区和内蒙古自治区共11个省（区、市）。更进一步，我们将东部、中部、西部地区分别用三个地区虚拟变量表示，分别为 $East$、Mid 和 $West$，并构造地区虚拟变量和环境规制的交叉项代入回归方程，为了与表5-3的结果相对应，我们同样适用差分 GMM 估计方法。特别需要说明的是，这里我们通过两种策略将地区虚拟变量和环境规制的交叉项引入回归方程：一是，遵循祁毓等（2014）、毛丰付和裘文龙（2013）的做法，将交叉项分别代入，回归结果如表5-4模型Ⅰ～模型Ⅲ所示；二是，根据张克中等（2012）的思路，将东部和中部地区的哑变量与环境规制的交叉项（$ER \times East$、$ER \times Mid$）引入回归方程，剩下的西部地区的交叉项（$ER \times West$）则作为参考系，回归结果如表5-4模型Ⅳ所示。

表 5-4　　　　　　　　环境规制对碳排放影响的区域异质性

解释变量	模型 Ⅰ	模型 Ⅱ	模型 Ⅲ	模型 Ⅳ
$\ln C_{(t-1)}$	0.209435 *** （0.040344）	0.223713 *** （0.060068）	0.238827 *** （0.059319）	0.177852 *** （0.060182）
ER	0.000331 （0.000512）	0.001219 （0.001118）	0.001511 （0.001154）	0.000327 （0.001118）
ER^2	-0.000045 *** （0.000006）	-0.000041 *** （0.000012）	-0.000041 *** （0.000012）	-0.000043 *** （0.000012）
$Ener$	0.006239 *** （0.000268）	0.006019 *** （0.000453）	0.006228 *** （0.000454）	0.006156 *** （0.000444）

续表

解释变量	模型 I	模型 II	模型 III	模型 IV
Indu	0.000644 (0.000960)	0.001007 (0.001611)	0.000424 (0.001608)	0.001083 (0.001575)
Tech	0.037857 *** (0.014781)	0.047874 * (0.025126)	0.031486 (0.025162)	0.038532 (0.024702)
FDI	0.002105 (0.004645)	− 0.001575 (0.004573)	− 0.001026 (0.004556)	− 0.001984 (0.004468)
ln$Y$	2.654264 *** (0.408340)	2.567294 *** (0.345034)	2.500642 *** (0.341585)	2.817308 *** (0.345184)
$(\ln Y)^2$	− 0.101283 *** (0.021071)	− 0.096278 *** (0.017469)	− 0.093210 *** (0.017315)	− 0.107068 *** (0.017361)
lnPOP	0.682765 *** (0.107547)	0.700279 *** (0.133318)	0.674898 *** (0.134361)	0.620746 *** (0.132047)
$ER \times East$	0.002372 *** (0.000731)	—	—	0.002331 *** (0.000677)
$ER \times Mid$	—	− 0.002484 *** (0.000970)	—	− 0.001345 (0.000998)
$ER \times West$	—	—	− 0.001465 ** (0.000651)	
常数项	− 14.24012 *** (1.387933)	− 14.11586 *** (2.096091)	− 13.68952 *** (2.085012)	− 14.42453 *** (2.051038)
AR (1)	− 1.6867 [0.0917]	− 1.9288 [0.0538]	− 1.8152 [0.0695]	− 1.8409 [0.0656]
AR (2)	− 0.0187 [0.9851]	− 0.0139 [0.9889]	− 0.1066 [0.9151]	− 0.0402 [0.9679]
Sargan 检验	25.1306 [0.3987]	26.0993 [0.3481]	26.3443 [0.3359]	25.8265 [0.3620]

注：本节同样构造了 ER_2 和地区虚拟变量的交叉项，结论不变。 * 、 ** 、 *** 分别表示 10% 、 5% 、 1% 的显著性水平，系数下方括号内数值为其标准误。

资料来源：笔者整理。

表 5 – 4 模型 I ～ 模型 III 的估计结果显示，$ER \times East$ 的系数显著为正，而 $ER \times Mid$ 和 $ER \times West$ 的系数显著为负，并且至少通过 5% 的显著性水平检验。这意味着，环境规制对碳排放的影响在东部、中部、西部地区之间确实存在差异。具体来说，在东部地区，环境规制成为驱动碳排放的重要诱因，是一种"助力"，蕴含环境规制发挥"绿色悖论"效应；相比之下，中部和西部地区的环境规制则有效地降低碳排放，是一种"阻力"，说明环境规制发挥"绿色福利"效应，昭显环境规制的"倒逼"机制。与此同时，模型 IV 显示，$ER \times East$ 的系数显著为正，而 $ER \times Mid$ 的系数为负，却不显著，这表明相比中部地区，东部地区的环境规制明显地增加碳排放，而中部地区的环境规制效力与西部地区并不存在显著的差别。可看出，模型 IV 的结果是对模型 I ～ 模型 III 结果的进一步佐证，而模型 I ～ 模型 III 的结果则是模型 IV 结果的进一步细分。两类结果相互印证，保证了结论的稳健性。值得说明的是，我们同时构造了 ER_2 和对地区虚拟变量的交叉项进行估计，结论不变，限于篇幅，这里不再列出。

那么，为什么东部地区的环境规制发挥"绿色悖论"效应，而中部、西部地区的环境规制发挥"绿色福利"效应呢？经济直觉上，东部地区比中部、西部地区的经济发展水平更高，从而用来治理环境的资本更加充足，更为重要的是，东部地区的社会公众对环境质量的诉求更高。因此，无论是从财力上，还是从回馈社会公众、满足其环境质量需求上，理论上东部地区的地方政府应该更加有所作为，环境规制预期发挥"绿色福利"效应。然而，本书的回归结果却与经济直觉背道而驰。产生这一结果可能的原因有三个：

首先，地方政府的行为选择差异。"市场维护型联邦主义"（Qian & Weingast，1996）和政治晋升理论（周黎安，2007）分别从地方政府所面临的财政激励与政治激励入手，有力地解释了中国经济增长之谜。东部地区资本充足、人力资源富裕、区位优势优良等一系列良好环境造就了东部地区比西部地区发展经济更加容易，这意味着以相对经济增长绩效为核心的政绩考核体系更加有利于东部地区的地方政府官员，而东部地区的地方政府更多地扮演"发展型政府"，政府职能过度偏向于经济增长，而对包括环保在内的公共品供给相对不足，环境监管缺位、失位，导致环境规制的"非完全执行"。相比之下，中西部地区由于缺乏良好的经济发展条件，地方政府更多期盼的是中央政府的转移支付，当政府官员晋升无望时，更多地选择做好分内之事，从而更多地扮演"服务型政府"。综上所述，东部地区的经济发展禀赋要优于中西部地区，从而导致了东部地区的地方政府"增长激励"要高于中西部地区政府，东部地区政府更多地扮演"经济发展总公司"的角色，相对忽视环境等公共品的提供，从而导致环境规制并未发挥预期的倒逼减排效果。

其次，东部地区的区位优势导致的 FDI 带来的碳排放效应。一方面，东部地区坐拥全国所有的港口与海岸线，开放程度更高，吸引了更多的 FDI。邓玉萍等（2014）同样提供了实证证据。他们的研究表明，地方政府竞争影响下，FDI 的流入明显降低了资源环境绩效水平。同时，为了吸引更多的 FDI，地方政府间竞相降低税率，过度的税收竞争会恶化本地财力状况进而恶化本地的公共服务水平。其中的可能原因在于，外资企业具有较强的游说能力，使得

FDI 弱化了环境规制的监管与执行力度，导致了更多碳排放水平。另一方面，就目前 FDI 的产业分布来看，中国引进的外资大约有 60% 流入制造业，88% 的 FDI 工业增加值集中在污染密集型产业，其中有 30% 是高度污染密集型产业（邓玉萍等，2013）。简言之，中国一直采取"两头在外、大进大出"的引资策略，从而导致中国处于国际产业价值链的低端，即加工贸易站在"微笑曲线"的两端，最终导致产业发展带来的"末端之痛"。因此，FDI 犹如一把锋利的"双刃剑"，东部地区在享受 FDI 带来丰厚资本要素回报的同时，也要承担起随之而来的环境污染问题。

最后，中西部地区生态基础与经济发展的矛盾特性。众所周知，中西部地区虽然拥有丰裕的自然资源，但是经济发展水平较低，更为重要的是生态基础尤为脆弱，意味着如果依赖资源发展经济将带来严重的生态环境破坏的恶果。而环境生态系统具有不可逆的特性，一旦超越生态环境承载力的阈值，整个生态系统将会崩溃。基于上述考虑，中央政府加大中西部地区的环境保护力度，增加生态环境保护投资在专项转移支付中的比重，特别是将重点生态功能区的环境保护权重提高，赋予中西部地区足够的环境保护激励（祁毓等，2014）。在此情形下，中西部地区的地方政府具备较强的资金、激励保护环境，做到环境规制的"执法必严"。

5.4.1.3　年度效应检验

2000～2011 年，中央政府的一系列重要举措都将影响环境规制的碳减排效应，如 2001 年加入世界贸易组织（WTO），2003 年重启重工业化和提出科学发展观，2006 年将节能减排指标作为约束性指标纳入"十一五"规划中，以及 2007 年出台《主要污染物总量减排考核办法》等。由前面可知，现阶段中国的环境规制有效抑制碳排放。那么，伴随着 SO_2 去除率的逐步上升，昭示着环境规制强度的逐渐增强，环境规制对碳排放的遏制作用是否也逐渐加强，还需进一步检验。

秉承钟宁桦（2011）的思路，本书构造年度虚拟变量与环境规制强度的交叉项来估计环境规制对碳排放影响的年度效应。需要说明的是，这里使用的是静态面板数据模型的固定效应（FE）估计方法，在回归方程中引入 ER 与各个年度哑变量的交叉项，估计结果见表 5 – 5。在表 5 – 5 中，ER 表示的是作为基准年份 2000 年环境规制影响碳排放的估计系数，其后每年的环境规制作用为各交叉项的系数与 2000 年系数相加所得到的值。2000 年的估计系数为 – 0.16%，其经济含义是，如果 SO_2 去除率增加 100%，那么 CO_2 排放将减少 0.16%。2001 年、2002 年、2010 年和 2011 年交叉项的系数在统计上并不显著，意味着这些年份环境规制对碳排放影响作用与 2000 年相比，并没有显著的差异。为了更好地演示 2000 ~ 2011 年环境规制影响碳排放的年度效应，我们绘制了图 5 – 3，为了与环境规制强度的趋势演变相比，同时引入 SO_2 去除率的变化图。

表 5 – 5　　　　　　　　环境规制对碳排放影响的年度效应

变量	系数	变量	系数	变量	系数
ER	– 0.001685 ** (0.000848)	ER × year2007	0.002599 *** (0.000885)	Tech	0.031609 (0.024338)

续表

变量	系数	变量	系数	变量	系数
$ER \times year2001$	-0.000826 (0.000753)	$ER \times year2008$	0.001552* (0.000886)	FDI	-0.025357*** (0.005138)
$ER \times year2002$	0.001107 (0.000754)	$ER \times year2009$	0.001565* (0.000918)	$\ln Y$	1.357570*** (0.331764)
$ER \times year2003$	0.001624** (0.000805)	$ER \times year2010$	0.001238 (0.000933)	$\ln Y_2$	-0.029871* (0.017609)
$ER \times year2004$	0.002950*** (0.000835)	$ER \times year2011$	0.001158 (0.000956)	$\ln POP$	0.749566*** (0.055199)
$ER \times year2005$	0.003161*** (0.000872)	$Ener$	0.009013*** (0.000591)	常数项	-7.569389*** (1.703009)
$ER \times year2006$	0.002845*** (0.000883)	$Indu$	0.012229*** (0.001904)	R_2 (within) R_2 (between)	0.9563 0.8829

注：*、**、***分别表示10%、5%、1%的显著性水平，系数下方括号内数值为
其标准误。
资料来源：笔者整理。

从图 5 - 3 可以看出，2000～2011 年，SO_2 去除率进入稳定的上升通道，从 2000 年的 22.38%，增加到 2012 年的 62.23%，增幅达178.05%。与此同时，环境规制的碳排放效应经历一个由负到正，再到负的过程，在时间维度上亦呈现显著的倒 U 型曲线。具体来看，2000～2003 年，环境规制显著地抑制碳排放，但"倒逼减排"的强度逐渐减低，2003 年，环境规制对碳排放的作用系数仅为 6.1×10^{-5}。2004 年，环境规制对碳排放的作用发生逆转，直到2007 年，环境规制均显著地扮演碳排放驱动力的角色，表明环境规制发挥"绿色悖论"效应。2008～2011 年，环境规制又重新发挥"倒逼减排"作用，带来"绿色福利"。

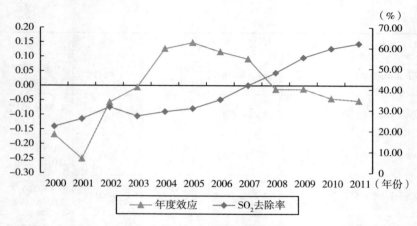

图 5 – 3　2000 ~ 2011 年 SO₂ 去除率及其碳排放效应的演变趋势

资料来源：笔者整理。

　　那么，2000 ~ 2011 年，为何环境规制对碳排放的影响系数由负转正再变负、作用由遏制到促进再到遏制呢？这背后的原因又是什么呢？这里，我们注意两个重要的拐点年份，即 2004 年和 2008 年。2003 年，中国重启重工业化战略，出台"振兴东北地区等老工业基地"战略，由于政府政策存在一定的时滞性，因此这两个战略可能给 2004 年环境规制对碳排放的作用发生逆转提供一丝线索。众所周知，重工业产业由高耗能、高污染、高排放的"碳排放大户"组成，这些企业又是当地的"纳税大户"，当地政府官员为了自身的经济利益和政治利益，即在发展本地经济的同时赢得政治晋升，可能通过减少对环境污染的监督，纵容和漠视重工业企业的污染行为（师博、沈坤荣，2013），从而增加碳排放。同时，一些学者（Fredriksson & Svensson，2003；李后建，2013）提供了实证证据。他们以工业总产值作为污染型企业规模的替代变量，发现工业产值水平的提升反而弱化了环境规制的执行力度。可能的原因在于，工业产业水平越高，污染型企业所组建的游说集团拥有更多资源来游说当地政府官员，从而左右政府官员的环境规制执行决策和弱化执行力度，进而增加碳排放水平。

2008 年之后，环境规制重新走回"正轨"，发挥"倒逼减排"作用。我们注意到，2006 年，中国国民经济与社会发展的"十一五"规划首次将能源强度降低 20% 和主要污染物排放总量减少 10% 作为国民经济和社会发展的约束性指标。虽然"十一五"规划中并未明确碳减排指标，但碳排放作为化石能源的"副产品"，降低能源强度在通常意义上等同于降低了碳排放。随后，2007 年中央政府制定《主要污染物总量减排考核办法》，规定 SO_2 与 COD 的总量减排作为对各省、自治区、直辖市人民政府领导班子和领导干部晋升考核评价的重要依据，实行问责制和"一票否决"制（袁凯华等，2014）。上述政策的出台无不彰显中央政府以壮士扼腕的魄力治理环境问题，通过将环保指标纳入官员的绩效考核中，重新塑造地方政府官员的行为选择。可以说，由于行政问责制主要采用超常规的干部管理手段来影响地方干部的执行行为（梅赐琪，2012），从而自上而下的问责制督促和改善地方政府的环境规制执行情况。所以，2008 年之后，环境规制有效地抑制了碳排放，带来"绿色福利"。

5.4.2　环境规制对碳排放影响的间接效应分析

表 5 - 6 报告了环境规制影响碳排放间接效应的结果。本书采用逐步添加变量进行实证分析的做法，主要目的在于逐步观察环

境规制通过四种途径影响 CO_2 排放的情形，以检验结果的稳健性。AR（1）检验拒绝原假设，AR（2）检验不能拒绝原假设，表明扰动项的一阶差分存在一阶自相关，但不存在二阶自相关，通过 AR 检验。此外，Sargan 检验均不能拒绝原假设，说明工具变量合理有效。与环境规制对碳排放影响的直接效应的分析一致，前期的碳排放对当期的碳排放有显著的正向驱动作用，人口规模是增加碳排放的主要影响因素，并且存在倒 U 型的碳库兹涅茨曲线。

表 5 – 6　　　　　　　　　环境规制对碳排放影响的间接效应

解释变量	模型 I	模型 II	模型 III	模型 IV
$\ln C_{t-1}$	0.449737 *** (0.023782)	0.478754 *** (0.025941)	0.445517 *** (0.075215)	0.432187 *** (0.024581)
$ER \times Ener$	− 0.000010 *** (0.000003)	0.000057 *** (0.000005)	0.000058 *** (0.000011)	0.000068 *** (0.000005)
$ER \times Indu$	—	− 0.000137 *** (0.000011)	− 0.000131 *** (0.000021)	− 0.000158 *** (0.000013)
$ER \times Tech$	—	—	− 0.000172 (0.000291)	− 0.000147 (0.000115)
$ER \times FDI$	—	—	—	0.000220 *** (0.000077)
$\ln Y$	1.871680 *** (0.339100)	1.391684 *** (0.239833)	1.376057 *** (0.443908)	1.677230 *** (0.361926)
$(\ln Y)^2$	− 0.071603 *** (0.017409)	− 0.042926 *** (0.011979)	− 0.040729 * (0.022656)	− 0.055908 *** (0.018815)
$\ln POP$	0.337866 *** (0.093942)	0.474905 *** (0.071580)	0.525471 *** (0.183292)	0.525577 *** (0.093942)

续表

解释变量	模型 I	模型 II	模型 III	模型 IV
常数项	− 9.398891 *** （1.959452）	− 7.895381 *** （1.382145）	− 8.029720 *** （2.812675）	− 9.398891 *** （1.959452）
AR（1）	− 1.8688 ［0.0617］	− 2.4637 ［0.0138］	− 2.3248 ［0.0201］	− 2.4789 ［0.0132］
AR（2）	0.6004 ［0.5482］	1.2167 ［0.2237］	1.3478 ［0.1777］	1.4961 ［0.1346］
Sargan 检验	28.68914 ［0.3254］	28.02085 ［0.3574］	25.60502 ［0.4850］	26.73851 ［0.4231］

注：＊、＊＊＊分别表示10%、1%的显著性水平，系数下方括号内数值为其标准误。
资料来源：笔者整理。

　　除了模型 I，模型 II ～模型 IV 中的环境规制与能源消费结构交叉项均在1%的水平上显著为正。我们认为在环境规制的影响下，以煤为主的能源消费结构是增加碳排放的重要诱因，即环境规制尚未通过低碳化能源消费结构来遏制碳排放。究其根源：首先，中国"富煤贫油少气"的能源禀赋决定了以煤为主的能源消费结构，且短期内不会改变，进而约束碳减排目标的实现；其次，中国政府为了实现快速的经济发展，长期压制能源价格，而人为地获得"资源红利"，能源价格并不能真正地反映能源的稀缺成本和环境成本；最后，相比于化石能源，清洁能源成本高昂、市场弱小、体制尚不健全，并不具备大规模应用的商业条件。因此，环境规制倒逼能源消费结构低碳化并非一朝一夕之功，莫求"毕其功于一役"，而是一个长期缓慢的过程。

　　在环境规制约束下，产业结构对碳排放的影响在1%的水平上显著为负，意味着环境规制通过产业结构对碳减排产生间接的积极影响。究其根源，严厉的环境规制使得污染密集型产业承担高昂的"环境遵循成本"，提升高耗能行业的生存门槛，相比之下，技术密集型和劳动密集型的服务业则受环境规制的制约微乎其微，甚至受益于倾斜性环境规制政策。总而言之，环境规制抑制高耗能高污染的重工业发展，鼓励清洁产业为主的服务业发展，促使产业结构高级化，从而减少能源消耗和碳排放。可见，环境规制倒逼产业结构升级，进而带来"结构效应红利"，有利于中国实现碳减排目标。

环境规制与技术创新的交叉项对碳排放的影响为负，虽然系数在统计意义上不显著，但是通过表 5－3 的结果比较发现，技术创新对碳排放的作用发生根本性改变。原因在于，政府是环境规制的供给者，环境规制强度在一定程度上是政府在经济增长与环境质量之间权衡取舍的博弈结果，承载了政府保护环境的意愿和诉求，折射出政府对环境保护的态度和决心，因此，制度安排由"为增长而竞争"向"为和谐而竞争"转变，决策者逐渐重视环保技术和能源节约型技术的研发，以满足人们日益增长的环境需求。

在环境规制约束下，驱动碳排放增加的重要力量来源于 FDI，比较前面可知，FDI 对碳排放的作用方向发生逆转。从理论上讲，严格的环境规制将阻止发达国家污染密集型产业的进入，避免东道国成为发达国家的"污染避难所"。然而，对于已经进入中国的外资企业而言，提高环境规制强度将增加其生产成本，阻碍 FDI 的技术溢出效应，并且严格的环境规制同样促使本国企业生产成本上升，削弱了对外资企业先进技术的吸纳能力。更有甚者，高强度的环境规制使得外资企业纷纷逃离中国市场,从而减少中国的资本存量,拖累经济发展,不利于能耗强度的改善。总的来看,环境规制通过抑制 *FDI* 的环境溢出效应和资本累积效应以及削弱本国企业的技术吸收能力而间接对碳减排产生消极影响。

5.4.3　稳健性检验

由于"污染治理投资"及其相应变化的指标并不是严格的外生变量。究其根源,污染治理投资所代表的"污染减排成本"依赖于产业的自身属性(Jaffe & Palmer, 1997)。具体到本书中,一个地区的污染治理投资越高,可能意味着该地区的工业比重相对更高,从而越有可能排放更多的 CO_2,即碳排放水平可能影响一个地区的污染治理投资,因此以污染治理投资 ER_2 衡量环境规制强度,可能出现反向因果关系,进而造成严重的内生问题,导致估计结果的偏误问题。

在上一小节中,我们估计了以 ER_2 作为环境规制强度的方程,理论上虽然 GMM 估计方法通过设置变量的滞后项作为工具变量,在一定程度上缓解了 ER_2 的内生性,但为了进一步保证结论的稳健性,本书构造了联立方程模型(simultaneous equations model, SEM)。这种做法的出发点在于,第 3 章设置了环境规制的空间计量方程,将其引入碳排放水平作为 ER_2 的解释变量,进一步和本章的计量方程模型结合,组成一个系统,而系统中包含的多个外生变量将作为 ER_2 的工具变量,则更有效地缓解 ER_2 的内生性问题。具体联立方程模型如下:

$$
\begin{cases}
\ln C_{it} = \delta_0 + \delta_1 ER_{2it} + \delta_2 ER_{2it}^2 + \delta_3 Ener_{it} + \delta_4 Indu_{it} + \delta_5 Tech_{it} \\
\qquad\quad + \delta_6 FDI_{it} + \delta_7 \ln Y_{it} + \delta_8 \left(\ln Y_{it}\right)^2 + \delta_9 \ln POP_{it} + \varepsilon_{it} \\
ER_{2it} = \xi_0 + \xi_1 \ln C_{it} + \xi_2 \ln Y_{it} + \xi_3 Deficit_{it} + \xi_4 \ln PD_{it} + \xi_5 UR_{it} \\
\qquad\quad + \xi_6 Indu_{it} + \xi_7 FDI + u_{it}
\end{cases}
$$

$$(5-4)$$

其中，第二个 ER_2 方程中的解释变量一致于第 3 章的具体内容，各变量含义如下：$Deficit$ 表示财政赤字，以各地区财政支出和财政收入的差额占 GDP 的比重衡量；PD 表示人口密度，以各地区人口总数除以相应地区的面积测算；UR 表示失业率，以各地区城镇人口登记失业率衡量；$Indu$ 表示产业结构，以各地区第二产业总产值占 GDP 的比重衡量；FDI 表示实际外商直接投资，以各地区实际 FDI 占 GDP 的比重衡量；u_{it} 为相应的误差项。

上述联立方程模型所设外生变量较多，首先我们可以识别模型的阶条件和秩条件。容易判断出，整个系统中的外生变量一共有 12 个，第一个方程中被排斥的外生变量有 9 个，即有 3 个工具变量可用，故为过度识别；第二个方程中被排斥的外生变量有 6 个，即有 3 个工具变量可用，同样为过度识别。因此，两个方程都是过度识别，满足秩条件。

进一步，我们可以采用二阶段最小二乘法（two stage least square，2SLS）和三阶段最小二乘法（three stage least square，3SLS）进行估计。相比于 3SLS，2SLS 估计中不同的工具变量选择将导致模型估计结果存在差异。同时，一方面，3SLS 可以解决不同方程工具变量选择和异方差问题；另一方面，在大样本情况下，3SLS 比 2SLS 更有效率。这背后的原因在于，单一方程 2SLS 忽略了

不同方程扰动项之间可能存在的相关性。所以，某种意义上，3SLS
是将 2SLS 与似不相关回归（seemingly unrelated regression estimation,
SUR）相结合的一种估计方法。作为参照，表 5 − 7 同时列出了
3SLS 和 2SLS 的估计结果。

　　由表 5 − 7 可知，在第一个碳排放方程中，无论是 3SLS 的估计结
果，还是 2SLS 的估计结果，环境规制强度的一次方项显著为正，而
二次方项显著为负，均通过 1% 的显著性水平检验，再次佐证环境规
制对碳排放的影响呈倒 U 型曲线，相一致于表 5 − 2 和表 5 − 6 的结
果，揭示了本书核心结论的稳健性。同时，相关控制变量的符号未有
较大变化，特别是关于省际碳库兹涅茨曲线的结论依然稳健。

表 5 − 7　　　　　　　　　联立方程模型的稳健性检验

解释变量	3SLS			解释变量	2SLS		
	$\ln C$	解释变量	ER_2		$\ln C$	解释变量	ER_2
ER_2	0. 006759 *** (0. 001439)	$\ln C$	5. 050657 *** (1. 919704)	ER_2	0. 004622 *** (0. 001543)	$\ln C$	4. 823360 ** (2. 028241)
ER_2^2	− 0. 000077 *** (0. 000021)	$\ln Y$	− 6. 641329 *** (1. 752437)	ER_2^2	− 0. 000071 *** (0. 000023)	$\ln Y$	− 6. 495825 *** (1. 850763)
$Ener$	0. 008043 *** (0. 000595)	$Deficit$	− 0. 100806 ** (0. 051879)	$Ener$	0. 008254 *** (0. 000631)	$Deficit$	− 0. 082648 (0. 055411)
$Indu$	0. 010690 *** (0. 001718)	$\ln PD$	− 7. 972887 *** (3. 115149)	$Indu$	0. 010550 *** (0. 001821)	$\ln PD$	− 7. 915595 ** (3. 289249)
$Tech$	0. 065986 *** (0. 023344)	UR	0. 370115 (0. 339157)	$Tech$	0. 065369 *** (0. 025043)	UR	0. 301870 (0. 362431)
FDI	− 0. 013709 *** (0. 005132)	$Indu$	0. 070844 (0. 052598)	FDI	− 0. 014546 *** (0. 005437)	$Indu$	0. 071059 (0. 055534)

续表

解释变量	3SLS			解释变量	2SLS		
	$\ln C$	解释变量	ER_2		$\ln C$	解释变量	ER_2
$\ln Y$	1.740403 *** (0.316958)	FDI	-0.185999 (0.152465)	$\ln Y$	1.674083 *** (0.339299)	FDI	-0.183801 (0.160975)
$(\ln Y)^2$	-0.048049 *** (0.017149)	常数项	81.02943 *** (19.95345)	$(\ln Y)^2$	-0.045111 ** (0.018359)	常数项	81.24761 *** (21.06745)
$\ln POP$	0.586355 *** (0.128062)	R^2	0.5766	$\ln POP$	0.537793 *** (0.136080)	R^2	0.5778
常数项	-9.050534 *** (1.971716)			常数项	-8.283339 (2.106849)		
R^2	0.9900			R^2	0.9902		

注：①*、**、***分别表示10%、5%、1%的显著性水平，系数下方括号内数值为其标准误；②表中各模型的含义分别如下：3SLS（三阶段最小二乘法）和2SLS（二阶段最小二乘法）。

资料来源：笔者整理。

此外，在第二个 ER_2 方程中，碳排放水平显著驱动了污染治理投资，并且通过 1% 的显著性水平检验。这一结论证实了我们的担忧，即碳排放水平与污染治理投资两者间存在反向的因果关系，使用消除工业产业结构异质性的单位工业产值的工业污染治理投资额 ER_2 作为环境规制强度的替代指标存在内生性风险（Jaffe & Palmer，1997）。同时，上述结论也表明，地方政府虽然更加注重经济发展，但对于环境保护也不是无动于衷，特别是中央政府"三令五申"要求实现经济和环境的可持续发展，并且"十一五"规划首次将节能减排目标作为国民经济和社会发展的约束性指标，中央政府保护环境的决心在一定程度上也约束和监督了地方政府行为，促使各地方政府加强污染治理投资，满足社会公众日益上涨的环境质量需求。另外，关于其他控制变量：经济发展水平、人口密度和 *FDI* 的显著性和作用方向未发生明显变化；财政赤字的作用方向为负，但显著性提高；失业率和产业结构对环境规制强度并未有明显影响。总之，与第 4 章的结论较为一致，保持了结论的稳定性和一贯性。

5.5　本章小结

本章从环境规制对碳排放影响这一基本问题出发，针对可能发生的绿色悖论与绿色福利（倒逼减排）两种结果进行理论阐释，认为环境规制不仅会对碳排放产生直接影响，而且会通过能源消费结构、产业结构、技术创新和 *FDI* 四条传导渠道间接影响碳排放。在此基础上，本章利用 2000～2011 年中国省级面板数据，采用两步 GMM 法实证分析了环境规制对碳排放影响的双重效应。具体而言，通过引入环境规制的平方项考察环境规制与碳排放之间非线性的直接关系，并且构造环境规制与能源消费结构、产业结构、技术创新和 *FDI* 的交叉项探求环境规制影响碳排放的间接效应。研究结果表明：①环境规制对碳排放的直接影响轨迹呈倒 U 型曲线，随着环境规制强度由弱变强，影响效应由"绿色悖论"效应转变为"倒逼减排"效应，并且这一结论具有稳健性，就中国的实际情况而言，现阶段环境规制有效遏制碳排放，达到预期效果。②地区维度上，样本期间东部地区的环境规制促进了碳排放，而中西部地区则有效地遏制了碳排放；时间维度上，2004～2007 年，环境规制发挥"绿色悖论"效应，而 2000～2003 年以及 2008～2011 年两个时间段，环境规制发挥"绿色福利"效应，总体上同样呈倒 U 型曲线。③无论是否具有环境规制约束，能源消费结构均是显著增加碳排放的重要诱因，蕴含环境规制尚未低碳化能源消费结构；环境规制倒逼产业结构高级化和刺激技术创新，扭转了产业结构和技术创新对碳排放的作用方向；环境规制同时抑制了 *FDI* 的环境溢出效应和资本累积效应以及削弱本国企业的技术吸收能力。

值得一提的是，本章从理论上阐述了环境规制影响碳排放的直接效应和间接效应，并提供了相应的实证证据。然而，本章只是回答了环境规制与碳排放关系"是什么"的问题，并没有挖掘出"为什么"的原因。因此，下一章将结合本章的内容，从地方政府竞争视角切入，旨在回答环境规制影响碳排放的"绿色悖论"效应和"绿色福利"效应发生的原因和条件，从而为避免环境规制的"绿色悖论"效应提供政策落脚点。

第6章

环境规制与碳排放：基于地方
政府竞争的视角解读
"绿色悖论"之谜

6.1 引 言

联合国政府间气候变化专门委员会（IPCC）报告指出，温室气体浓度渐增而导致的全球变暖，正通过影响一些极端天气或气候极值的强度和频率，改变自然灾害爆发的规律，进一步影响全球粮食产量、人类生活和自然环境。因此，减少温室气体排放、发展低碳经济逐渐成为学术界和实务界关注的焦点。2006 年以来，中央政府出台一系列纲领文件和成立专属机构以限制碳排放，日益凸显了发展低碳经济和保护环境的重要性。中国"十一五"规划首次将能源强度降低 20% 和主要污染物排放总量减少 10% 作为国民经济和社会发展的约束性指标，但遗憾的是并未包括碳减排指标。然而紧接着在 2007 年 6 月，国家成立了应对气候变化领导小组。随后，中国政府在 2009 年哥本哈根气候大会上承诺到 2020 年单位国内生产总值 CO_2 排放比 2005 年下降 40% ~ 45%。"十二五"规划又进一步指出，到 2015 年单位国内生产总值 CO_2 排放降低 17% 的约束性指标。十三届三中全会再次提出加强生态文明建设，深化经济、政治、文化、社会和生态文明"五位一体"的战略布局。2020 年 9 月，中国首次明确提出力争 2030 年实现"碳达峰"与 2060 年实现"碳中和"目标。2020 年 10 月，《关于完整准确全面贯彻新发展理念做好碳达峰碳中和工作的意见》《2030 年前碳达峰行动方案》两个重要文件出台，成为中国双碳"1 + N"政策体系的顶层设计。可见，限制碳排放总量、降低碳排放强度既是减缓气候变化的直接途径，更是实现可持续发展的必经之路。

就中国的实际情况来看，图 6 – 1 描绘了 2000 ~ 2011 年碳排放总量和环境污染治理投资总额的趋势，由于污染治理投资反映了国家治理环境的努力程度，一定程度上衡量了渐增的环境规制强度。我们发现，碳排放量并没有随着环境污染治理投资的加强而得到遏制，而是保持着稳定上涨的趋势，似乎发生了"绿色悖论"现象。那么，当前中国的环境规制是否有效抑制碳排放呢？"绿色悖论"发生的条件又是什么呢？如何才能避免"绿色悖论"现象呢？厘清上述问题，对于评估环境规制的有效性以及规避环境规制对碳排放的绿色悖论效应具有重要的理论和现实意义。

关于"绿色悖论"议题的文献着重于探讨绿色悖论的成因以及检验绿色悖论存在性，并且绝大多数文献属于理论模型推导。相比于快速增长的理论文献，绿色悖论的实证文献则寥若晨星。值得注意的是，一些学者（Di Maria et al., 2014）利用 1986 ~ 1994 年美

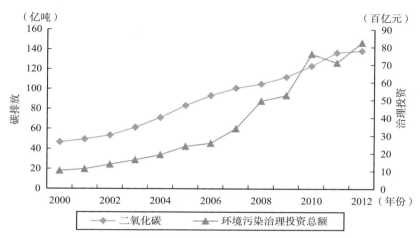

图 6 – 1　2000 ~ 2012 年 CO_2 排放和环境污染治理投资总额趋势

资料来源：笔者整理。

国燃煤发电厂的相关数据，借助于倍差法，发现 1990 年酸雨计划促使煤炭价格下降，但是高硫煤消费量并未显著增加。与国外如火如荼的文献相比，国内对"绿色悖论"议题缺乏必要的关注度。就探求碳排放的影响因素而言，绝大部分国内学者主要聚焦于人口规模、人均财富、技术水平和经济结构等因素，而环境规制扮演的角色则罕有问津。少数文献（许广月，2010；何小钢、张耀辉，2012）也仅仅采用添加虚拟变量和时间趋势项以捕捉环境规制对碳排放的影响，从而缺乏对"环境规制"指标的具体刻画。

已有文献为我们理解"绿色悖论"之谜提供了重要思路和结论，但相关研究仍有进一步深入的必要。一方面，罕有关于绿色悖论议题的实证文献，并且环境规制对碳排放的影响均被边缘化，学者们并不重点关注环境规制对碳排放的影响的强度和方向；另一方面，缺乏对环境规制本源的分析。事实上，中国的环境政策由中央政府统一制定并由地方政府负责实施，但由于地方政府与中央政府的目标函数并不一致，以及中央政府在监管地方政府执行效率时面临着信息不对称以及有限能力的双重约束，地方政府为最大化自身效用就有动机扭曲执行国家的环境政策（陈刚，2009）。由于绿色悖论的引发机制可能源于政策宣告和执行之间的时滞性，而时滞性又来源于地方政府竞争下环境规制的竞争行为。因此，有理由相信，地方政府的竞争行为可能是解开"绿色悖论"之谜的关键。鉴于此，本书试图从地方政府竞争这一视角，利用2000～2011年中国省级面板数据实证检验环境规制及地方政府竞争下的环境规制对地区碳排放的影响，全面深入诠释"绿色悖论"之谜。

6.2 "绿色悖论"的理论分析与研究假说

6.2.1 "绿色悖论"的形成机理

由于 CO_2 绝大部分来源于可耗竭资源的燃烧，因此分析绿色悖论的形成机理可以从环境规制影响可耗竭资源的作用机制出发，阐释环境规制为何能够促进可耗竭资源的消费。

遵循辛恩（2008）的思路，考虑代表性竞争企业拥有固定的、已知的均匀可耗竭资源储量 S_0，以表示可耗竭资源的供给。企业的目标是实现开采资源存量贴现利润的最大化。企业在 t 时刻通过出售 R_t 数量、P_t 价格的可耗竭资源获得利润。假定企业是信息对称的，并且给定市场利率为 r。

企业的开采成本函数为：

$$C_t = C(R_t, S_t) = g(S_t)R_t, \; g'(S_t) < 0, \; R_t = -\frac{dS_t}{dt} \qquad (6-1)$$

其中，C 为开采成本，$g(S_t)$ 为边际成本。假定开采成本仅仅取决于剩余资源的存量，而与当前开采量无关，因此边际成本在给定的时期内是恒定的。$g'(S_t) < 0$ 则表明随着资源存量 S_t 不断减少，开采成本不断增加。

这里，本书考虑一个两期模型。企业在时刻 t 开采资源的收益为：$p(t) - g(S)$。如果将收益投资一单位时期，那么企业在 $t+1$ 时刻得到的利息为：$r[p(t) - g(S)]$；相反地，如果企业并没有开采可耗竭资源，而是将"资源资产"保留在地下，直到 $t+1$ 时刻才开采，那么资源所有者的收益为：$p(t+1) - g(S)$。通常来说，资源所有者面临两种选择：开采可耗竭资源用于投资与保留可耗竭资源，当这两种行为得到的收益完全相同时，则达到均衡状态。

定义 $\Delta p(t) \equiv p(t+1) + p(t)$，那么两期的套利条件为：

$$[p(t) - g(S)](1+r) = p(t) + \Delta p(t) - g(S) \qquad (6-2)$$

整理上式，我们可以得到单期的 Hotelling 法则：

$$\frac{\Delta p(t)}{p(t) - g(S)} = r \qquad (6-3)$$

任意相邻两期均会满足条件（6-3），这作为本书讨论的基础情形。

同样，秉承既有文献（Sinn，2008；Cairns，2014）的设定，本书将环境规制细化到"税收"手段，税收的征收对象为资源所有者。理论上，税收应该等于碳排放对环境损害的贴现值，所以预期税收将随时间上升。令 $\tau(t)$ 表示税收，那么 t 时刻企业的收益变为：$[1-\tau(t)][p(t)-g(S)]$。

因此，实施税收之后的两期套利条件为：

$$[1-\tau(t)][p(t)-g(S)](1+r)=[1-\tau(t+1)][p(t)+\Delta p(t)-g(S)]$$

$$(6-4)$$

其中，关于税收 $\tau(t)$ 存在一个重要的假定，即 $\tau(t)$ 以 δ 的比例"减少"，从而有：

$$1-\tau(t)=\frac{[1-\tau(0)]}{(1+\delta)^{t}} \qquad (6-5)$$

将式（6-5）代入式（6-4），我们得到修正的霍特林（Hotelling）法则：

$$\frac{\Delta p(t)}{p(t)-g(s)}=r+\delta(1+r) \qquad (6-6)$$

为了便于分析，本书绘制了资源所有者的价格路径（见图 6-2）。对比式（6-6）和式（6-3），分别设置不同的 δ 值讨论：①当 $\delta=0$ 时，则税收恒定不变，从而式（6-6）退化成式（6-3），意味着税收是中性的，因为税收并没有改变价格路径（图 6-2 中表示为初始价格为 P_0 的曲线）和开采路径，这种税收对应于辛恩（2008）文中的"恒定不变的现金流税（cash flow tax）"；②当 $\delta>0$ 时，则 $\Delta p(t)>0$，表明价格的增长率比基础情形高，从而资源所有者的价格路径（图 6-2 中表示为初始价格为 P_1 的曲线）比基准情形更加陡峭。因为假定每种情形下可耗竭资源储量 S_0 耗尽，所以增长率更快的价格对应一个比基准情形更低的初始价格。在这种情形下，资源所有者具有动机在当前或短期内开采更多的资源，进而造成碳排放的增加，引发绿色悖论效应。这种税收对应于辛恩（2008）

文中的"递增的现金流税"；③当 $\delta < 0$ 时，则 $\Delta p(t) < 0$，表明价格的增长率比基准情形低，从而资源所有者拥有更平坦的价格路径（图 6-2 中表示为初始价格为 P_2 的曲线），即初始价格高，而增长率低。在这种情形下，税收鼓励资源所有者将更多的资源推迟到未来开采，因此这种税收被称为有效的政策工具，带来"绿色福利"效应，从而对应于辛恩（2008）文中的"恒定不变的销售税"（sales tax）。

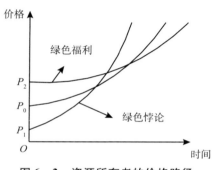

图 6-2　资源所有者的价格路径

此外，本书绘制了图 6-3 以更好地论证绿色悖论效应。在第一象限，资源的净价格或使用租金随着社会效用贴现率以指数增长，满足霍特林法则。第二象限显示了资源的需求曲线，$\overline{P}$ 表示窒息价格。第三象限是资源的优化开采路径，为了便于分析，假设资源开采量是随着时间下降的线性函数。绿色悖论现象的出现根源于资源供给侧的动态响应，如果资源所有者预期递增的环境规制强度，更高的环境规制强度将削弱资源的需求，那么，为了规避资源资产丧失市场价值的风险，资源所有者跨期利益最大化的动机驱使他们在短期或可预见的未来供给更多的资源，以在环境规制禁止前出售完资源资产。所以，响应环境规制，供给侧的行为改变了资源的价格路径，在图6-3中表示为初始价格从 P_0 点降至 P_1 点。进一步，价格下降刺激需求，需求从 E_0 增加至 E_1。因此，短期内，环境规制导致了可耗竭资源快速开采，而资源的消费则释放了更多的温室气体，引发绿色悖论效应。另一方面，由于地球上资源的物理总存量是一定的，在图6-3中表示为 E_1OT_1 与 E_0OT_0 的面积相等，可以看出，T_1 小于 T_0，意味着初始价格的降低导致资源更早地耗竭。可见，递增的环境规制强度同时引发了绿色悖论效应以及资源更早地耗竭。

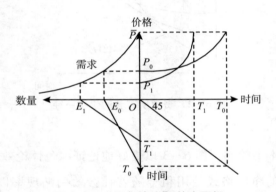

图6-3 "绿色悖论"效应图解

资料来源：笔者整理。

6.2.2 "绿色悖论"的研究假说

一般意义上，政府制定环境规制政策的目的在于保护环境，预期环境规制发挥碳减排作用，并且这种作用具有一定的"示范效应"。"示范效应"的理论支撑在于蒂伯特的"以足投票"理论，其假设地区之间要素流动是完全的，居民通过"以足投票"方式促使地方政府良性竞争，使得环境规制发生棘轮效应，意味着环境规制"竞争向上"，最终实现整个社会的福利最大化。同时，"加利福尼亚效应"（California effect）（Vogel，1997）提供了现实证据。1970年清洁空气方案修正案（Clean Air Act Amendments）特别允许加利福尼亚州颁布和执行比其他州更严格的排放标准。此后，1990年国会允许其他州选择联邦排放标准或加利福尼亚标准。1994年，12个东部州政府要求联邦政府允许他们采用加利福尼亚新标准。因此，加利福尼亚标准一直扮演美国最严格的汽车尾气排放标准，起到榜样作用。可以说，政策这种内在的"示范效应"同样能够从中国的改革开放政策窥见一斑，以点成线，以线成面，最终在全国范围内全面推动。《"十二五"控制温室气体排放工作方案》亦明确指出，通过低碳试验试点，形成一批各具特色的低碳省区和城市，建成一批具有典型示范意义的低碳园区和低碳社区。理论文献中，张文彬等（2010）利用两区制空间杜宾（Durbin）固定效应模型证实，2004~2008年省际环境规制竞争行为趋优，逐步形成"标尺效应"，并认为这一良性的竞争形态离不开环境绩效考核作用的不断强化和考核体系的调整。正是由于环境考核目标和体系的明确化，使得环境规制具有"纯粹"和独立的意义，从而避免其成为地方政府争夺流动性资源的工具。基于此，本书提出以下假说：

H6-1 就纯粹的环境规制而言，本地区和相邻地区的环境规制有利于遏制本地区的碳排放，从而环境规制发挥绿色福利效应。

虽然环境规制的本意在于控制碳排放和减缓气候变化，然而正如辛恩（2008）所言，政策宣告和执行之间存在的时滞使得能源所有者有机会改变其价格路径，引发绿色悖论效应。结合中国的实际，我们认为，政策宣告和执行之间存在的时滞正是源于地方政府对环境规制的"逐底竞争"（race to bottom）和"非完全执行"（incomplete enforcement）。经济分权与垂直的政治治理体制相结合而产生的激励制度，再加上 20 世纪 80 年代初期实施的领导干部选拔和晋升标准的重大改革，使地方政府致力于当地经济发展以获得政治上的晋升（周黎安，2004；郭峰、石庆玲，2017）。在此制度安排下，地方政府基于自身利益引发的无序竞争行为缺乏长远目标，而只顾眼前利益，导致环境规制的"逐底竞争"和"非完全执行"。一方面，地方政府想要保持本地区经济相对于相邻地区的较快增长，将存在足够的激励去采用主动降低环境标准这种"追逐到底"的方式吸引更多的外资等流动性要素（朱平芳等，2011）；另一方面，环境规制的"非完全执行"在地区层面是普遍存在的现象，由于 FDI 对地方经济的重要贡献，所以地方政府将有动机以放松环境管制为手段来吸引更多 FDI 的落户以期追求更高的经济绩效（陈刚，2009）。同时，这两种环境规制的扭曲行为在区域间具有"传染"效应。李猛（2009）和张等（Zhang et al.，2022）证实，中国各地区为经济增长而竞争的局面，客观上使地方政府愿意放松环境监管，并且地方政府的环境监管策略将会引起周边区域的连锁反应，造成区域间的环境监管行为具有明显的策略性。因此，地方政府竞争下环境规制的策略互动是一种"相机抉择"的行为，即在处于"标杆竞争"中相同位置的地区将采取"以牙还牙"和"以邻为壑"的策略保护自己的利益和争夺其他地区的流动性资源。基于此，本书提出以下假说：

H6-2　在分权导致的地方政府竞争影响下，环境规制具备"逐底竞争"的事实，使得本地区和相邻地区的环境规制不利于遏制本地区的碳排放，从而环境规制发挥绿色悖论效应。

6.3　"绿色悖论"的研究设计

6.3.1　计量模型设定

6.3.1.1　计量方程

考虑到风向导致的碳排放扩散现象导致的经济竞争使得一个地区的碳排放水平可能受到地理位置相邻和经济发展水平相近地区碳排放的影响，具体地，我们通过 Moran's I 指数检验区域间碳排放的空间依赖性，若存在空间自相关性，则需要在计量模型中引入空间因素，建立空间计量模型。此外，正如杜立民（2010）所强调，任何经济因素变化本身均具有一定的惯性，前一期结果往往对后一期有一定影响。区域间碳排放可能存在路径依赖，同时为了规避潜在的内生性问题，我们将碳排放的滞后一期值作为解释变量纳入回归模型中，从而构建动态空间面板模型，其优势在于可以充分考察模型中除被解释变量之外的其他因素对被解释变量的影响（李婧等，2010）。因此，为了验证 H6-1，构建如下动态空间面板模型：

$$\ln C_{i,t} = \beta_0 + \tau \ln C_{i,t-1} + \lambda W \times \ln C_{i,t} + \beta_1 ER_{i,t} + \beta_2 W \times ER_{i,t} + \xi X_{i,t} + u_{i,t}$$

$$(6-7)$$

模型（6-7）是空间滞后模型（SLM），主要探讨相邻地区的变量对整个系统内其他地区的影响。其中，i 和 t 分别表示省份和年度；$\ln C_{i,t}$ 表示各省份 CO_2 排放量；$ER_{i,t}$ 表示环境规制；W 为空间权重矩阵；τ 为滞后乘数，表示前一期碳排放水平对当期的影响情况；λ 为空间滞后系数，反映相邻地区的碳排放对本地区的影响程度；待估参数 β_1 和 β_2 分别表示本地区和"相邻"地区的环境规制对碳排放的影响。$X_{i,t}$ 是其他控制变量，综合 STIRPAT 模型和 LMDI 方法，选取能源消费结构、产业结构、技术水平、人均收入和人口规模。同时，参照"环境库兹涅茨曲线"，引入人均收入的一次方和二次方项，以考察碳排放库兹涅茨曲线的存在性。

当空间相关性体现在不可观测的误差项中时，则需要构建空间误差模型（SEM），即误差项 $u_{i,t}$ 满足：

$$u_{i,t} = \rho W \times u_{i,t} + \varepsilon_{i,t} \tag{6-8}$$

其中，ρ 为空间误差系数，反映了相邻地区关于碳排放的误差冲击对本地区碳排放的影响。对于 SLM 模型和 SEM 模型的选取，则可利用拉格朗日乘子（LM）进行判断。特别地，当 $\delta \neq 0$、$\eta \neq 0$、$\rho = 0$ 时，模型退化为动态面板空间滞后模型；当 $\delta = 0$、$\eta = 0$、$\rho \neq 0$ 时，模型退化为动态面板空间误差模型；当 $\delta = 0$、$\eta = 0$、$\rho = 0$ 时，模型退化为普通的动态面板模型。

为了验证 H6-2，本节在模型（6-7）的基础上引入地方政府行为（GB）与环境规制的交叉项，以探求地方政府竞争影响下环境规制对碳排放的作用，并且纳入交叉项的空间滞后变量以捕捉地方政府竞争影响下环境规制的策略互动特征，具体模型如下：

$$\ln C_{i,t} = \beta_0 + \tau \ln C_{i,t-1} + \lambda W \times \ln C_{i,t} + \beta_1 ER_{i,t} + \beta_2 W \times ER_{i,t} + \beta_4 (ER \times GB)_{i,t}$$

$$+\beta_5 W(ER \times GB)_{i,t} + \xi X_{i,t} + u_{i,t}; \quad u_{i,t} = \rho W \times u_{i,t} + \varepsilon_{i,t} \quad (6-9)$$

模型中包含空间滞后项的经济含义为：①$W \times \ln C$ 是相邻地区碳排放在该空间权重下的加权平均值，其估计系数反映了邻近区域的碳排放水平对本区域的影响程度和方向。②$W \times ER$ 用来测算相邻地区的环境规制对本地区碳排放的影响，同时也反映了环境规制的空间策略互动性。具体来说，当 $W \times ER$ 的估计系数显著为正时，说明邻近区域的环境规制促进了本地区的碳排放水平，环境规制的空间策略互动表现为"竞争到底"型；当 $W \times ER$ 的估计系数显著为负时，说明邻近区域的环境规制抑制了本区域的碳排放水平，环境规制的空间策略互动表现为"竞争向上"型；当 $W \times ER$ 的估计系数不显著时，则说明环境规制在空间上不存在策略互动。③$W(ER \times GB)$ 诠释了相邻地区的环境规制竞争行为对本地区碳排放的影响，也就是邻近区域的环境规制竞争对本地区的溢出效应，相比于 $W \times ER$，更加强调地方政府竞争影响下环境规制的策略互动行为。值得一提的是，前文已经证明，在环境分权下，环境规制被地方政府视为争夺流动性资源的"工具"，从而使得地区间环境规制存在相互模仿的策略互动行为，所以预测 $W \times ER$ 的估计系数显著异于零。

6.3.1.2 空间权重矩阵的设置

对于"相邻地区"的定义，既可以是传统意义上的地理"相邻"，也可以是地区间有关经济、制度和文化方面的广义"相邻"，体现了地区间在经济、制度和文化方面的相似性。本书根据不同的研究目的，同时考虑不同地区的地理空间关联和社会经济联系，并且为了保证结果不受先验确定权重方案的影响，分别设置三类空间权重矩阵：0—1 型、地理距离型和经济距离型。前两类空间权重矩阵的内在逻辑在于，地理位置和地理距离是影响碳排放空间扩散的关键因素，两地区地理位置相邻或地理距离越近，则碳排放的空间相关性越强。后一类空间权重矩阵设定的出发点基于中国经济绩效的晋升考核制度，经济发展水平越接近的地区越有可能成为政治晋升中的逐鹿对手，考虑到我国的经济发展方式尚处于"高投入、高消耗、高排放"为特征的粗放型阶段，因此，互为竞争对手的地区实施相仿的碳排放政策和环境规制标准应在情理之中。值得一提的是，因为本章的目的在于分析"绿色悖论"之谜，我们结合分权的现实制度背景，选择从地方政府竞争和环境规制策略互动两个视角进行破解"绿色悖论"之谜。

具体地，这三类空间权重矩阵设计方法如下：

①0—1 型空间权重矩阵 Wcont。即如果两区域相邻，则对应权重元素值为 1；如果两地区不相邻，则对应权重元素值为 0。

②地理距离型空间权重矩阵 Wdist。权重元素的设置方法为：

$$w_{ij} = \frac{1/D_{ij}}{\sum_{j=1}^{N} D_{ij}}$$。其中，D_{ij} 表示省份 i 和 j 省会之间的铁路里程，具体数据来源于"中国火车网"中的铁路里程与票价查询系统，使用省份间最短的铁路里程数据。

③经济距离型空间权重矩阵 Wpergdp。权重元素的设置方法为：

$$w_{ij} = \frac{1/|\overline{GDP_i} - \overline{GDP_j}|}{\sum_{j=1}^{N} 1/|\overline{GDP_i} - \overline{GDP_j}|}$$。其中，$\overline{GDP_i}$ 表示省份 i 在样本年度里以 2000 年为基期的实际人均 GDP 的平均值。

6.3.2 数据与变量

本书使用中国 2000~2011 年 30 个省（区、市）（西藏除外）的面板数据进行实证检验。原始数据主要来源于历年《中国统计年鉴》《中国环境统计年鉴》《中国能源统计年鉴》等。由于存在的通货膨胀因素，本书对涉及价格指数的指标均调整为以 2000 年为基期的不变价格。

6.3.2.1 CO_2 排放量

CO_2 排放量的具体测算方程参见本书第 5 章，这里不再赘述。

6.3.2.2 环境规制

众所周知，"环境规制"并不存在直接测度的指标，正是由于数据获取的困难性阻碍了实证研究的进一步发展。既有文献均使用替代指标衡量环境规制强度，而替代指标的多样性造成了差异化的环境规制指标。总的来看，替代指标的构造无外乎两类：投入型指标和绩效型指标。投入型指标衡量了企业遵循环境规制的直接成本和政府、环保机构为实施规制、保证规制效果所付出的成本。具体地，投入型指标包括污染减排成本（Kneller & Manderson，2012；Yang et al.，2012）、污染治理投资（Ederington & Minier，2003）、监督检查次数（Costantini & Mazzanti，2012）、政府环保支出（Leiter et al.，2011）。其中，最常使用的是污染减排成本（pollution abatement cost，PAC），但在实证研究中，研究者常常根据研究目的对 PAC 进行简单修正，例如，拉诺伊等（Lanoie et al.，2008）、张成等（2011）以污染减排成本占产业增加值或总成本的比例衡量环境规制强度。

对于投入型指标而言，正如既有文献（Jaffe & Palmer，1997）所指出，污染减排成本并不是衡量环境规制强度的严格外生变量，因为减排水平依赖产业的自身属性。具体到本书中，一个地区的污染减排成本越高，蕴含该地区的工业比重相对更高，从而越有可能排放更多的 CO_2，即碳排放水平可能影响一个地区的污染减排成本，因此以 PAC 为基础构造环境规制强度，可能出现反向因果关系，进而造成严重的内生问题，导致估计结果的偏误问题。

理想中，衡量环境规制强度最理想的变量为污染物或环境投入的影子价格（Jaffe et al.，2002）。因此，根据本书的目的，CO_2 排放的影子价格是环境规制强度最合理的替代指标。然而遗憾的是，我们并不能轻易地观察 CO_2 的影子价格。鉴于投入型指标的内生性问题，本书从绩效型指标中寻求与 CO_2 排放最相关的变量。一些学者（Xing & Kolstad，2002）计算了 1970 ~ 1991 年美国 SO_2 排放量与 NOX、VOCS、CO、TSP、铅五种主要大气污染物排放量的相关系数。他们发现，除 NOX 外，SO_2 排放量与其他四种污染物排放量均呈现显著正相关关系，相关系数在 0.846 ~ 0.950 之间。因此，邢和科尔斯塔（Xing & Kolstad，2002）认为，SO_2 排放量能够表示整体的大气污染水平。受此启发，我们进一步计算了工业 SO_2 排放量和生产总量（生产总量 = 排放量 + 去除量）与 CO_2 排放量的相关系数分别为 0.7654 和 0.8432。这一结论有力地佐证 SO_2 与 CO_2 排放量高度正相关。此外，先前文献（Barla & Perelman，2005）利用 1980 ~ 1992 年 12 个 OECD 国家的 SO_2 排放减少量作为环境规制强度的代理变量以检验"波特假说"，并且认为 SO_2 排放变化能够反映一个国家改善环境的努力程度，是一个很好的代理变量。傅京燕和李丽莎（2010）、李怀政（2011）和李眺（2013）均使用工业 SO_2 去除率作为环境规制强度的代理变量。因此，在现有可获得数据的情况下，再加上 SO_2 与 CO_2 排放量高度正相关，从而本书选取工业 SO_2 去除率作为环境规制强度的代理指标。

需要说明的是，我们并没有断然放弃以 PAC 为基础而构造环境规制指标。为了佐证本书结论的说服力和"工业 SO_2 去除率"指标更强的适合性，我们以 PAC 为基础构造了三类环境规制强度的替代指标，以印证由于 PAC 指标内生性造成的偏误问题。这三类替代指标分别是：①单位工业产值污染治理成本：$ER_{1it} = P_{it}/G_{it}$，其中，P_{it} 表示第 i 省第 t 年的工业污染治理投资完成额，G_{it} 相应的工业产值；②在第一类指标的基础上消除各省份历年工业产业结构的异质性，即对单位 GDP 的工业产值 S_{it} 对 ER_{1it} 进行修正，从而 $ER_{2it} = ER_{1it}/S_{it}$；③单位工业 SO_2 排放量的污染治理投资：$ER_{3it} = P_{it}/SO_{2it}$。

6.3.2.3　地方政府竞争

"地方政府竞争"指的是某个区域内部政府利用包括税收、环境政策、教育、医疗福利等手段，吸引资本、劳动力和其他流动性要素进入，以增强经济体自身竞争优势的行为（Breton，1998）。具体到中国，地方政府竞争行为源于经济分权同垂直的政治管理体制紧密结合（傅勇、张晏，2007），目的在于争夺流行性要素。事实上，中国严格的户籍制度在很大程度上限制了人口的跨区域流动，同时，内资的流动也受到国内金融体制很大制约，在这个背景下，地方政府吸引流动性要素的竞争就更多地体现在竞争 FDI 上（陈刚，2009）。FDI 显著的经济效益、溢出效应及其流动性就使其具有"选票"的特性来激励地方政府之间的正向竞争行为（傅强、朱浩，

2013）。因此，地方政府竞争的主要焦点在于争夺FDI，并且FDI对地方政府竞争行为又具有反馈激励作用。张军等（2007）认为地方政府的标尺竞争集中体现在吸引外资的主导战略上，进而使用各省人均实际利用外商直接投资（FDI）来衡量地方政府竞争行为。此外，郑磊（2008）则选择各省实际利用FDI占全国当年的实际利用*FDI*总额的比重来衡量该指标。鉴于此，本书采用这两类指标进行实证分析。

6.3.2.4 其他变量

能源消费结构以煤炭消费量占能源消费总量的比重表示。产业结构以第二产业产值占地区生产总值的比重来衡量。技术水平以各省份的*R&D*经费支出与GDP之比来衡量。人均收入以人均实际GDP的对数表示，人口规模则为各地区的总人口的对数。所有变量的统计描述如表6-1所示。

表6-1　　　　　　　　各变量描述性统计分析

变量类型	符号	经济含义	单位	均值	标准差	最小值	最大值
被解释变量	$\ln C$	CO_2 排放总量的对数	万吨	9.96	0.84	6.98	11.76
核心解释变量	ER	工业 SO_2 去除量/（工业 SO_2 排放量 + 工业 SO_2 去除量）	%	39.19	21.65	0.39	82.67
	GB	实际利用 *FDI*/全国实际利用 *FDI* 总额	%	3.33	4.51	0.02	27.89
	GB_2	人均实际利用 *FDI* 的对数	元/人	5.35	1.49	1.69	8.26

续表

变量类型	符号	经济含义	单位	均值	标准差	最小值	最大值
其他解释变量	*Ener*	煤炭消费量/能源消费总量	%	64.20	16.73	25.20	96.71
	Indu	第二产业产值/GDP	%	46.39	7.75	19.80	61.50
	R&D	R&D 经费支出/GDP	%	1.26	1.07	0.15	6.79
	lnY	人均实际 GDP 的对数	元/人	9.44	0.63	7.94	10.93
	lnPOP	总人口的对数	人	8.13	0.77	6.25	9.26

资料来源：笔者整理。

6.4 "绿色悖论"的实证结果

6.4.1 空间相关性分析

为了进一步测算出省际碳排放在地理空间上的集聚程度，本书使用探索性空间数据分析技术，具体包括 Moran's I 指数和指数散点图，分别反映碳排放的全部和局部空间特征。

6.4.1.1 Moran's I 指数测算

首先我们采用全局 Moran's I 统计量进行检验，其定义为：

$$I = \frac{n}{\sum_{i=1}^{n}\sum_{j}^{n} w_{ij}} \cdot \frac{\sum_{i=1}^{n}\sum_{j}^{n} w_{ij}(x_i - \bar{x})(x_j - \bar{x})}{\sum_{i=1}^{n}(x_i - \bar{x})^2} \quad (6-10)$$

其中，$\bar{x} = \sum\limits_{i=1}^{n} x_i / n$，$x_i$ 表示第 i 个省份的碳排放，n 为省份总数。w_{ij} 选用二进制的地理邻接空间权重矩阵，即上文的 0—1 型空间权重矩阵。Moran's I 指数的取值范围为 [−1，1]，绝对值越大表示空间相关程度越大，值大于 0 表示碳排放空间正相关，小于 0 表示负相关，接近 0 时表示碳排放不存在空间相关性。

一般来说，为了保证统计准确性，确定全局 Moran's I 指数的显著性水平需要采用标准化统计量 $Z(I)$ 的 p 检验值。$Z(I)$ 的计算公式为：

$$Z(I) = \frac{I - E(I)}{\sqrt{\mathrm{var}(I)}} \qquad (6-11)$$

本书计算了 2000~2011 年各省份碳排放的全局 Moran's I 指数，结果如表 6−2 和图 6−4 所示。

表 6−2　　2000~2011 年省际碳排放 Moran's I 指数及其统计检验

年份	Moran's I	Z − value	P − value
2000	0.159	1.570	0.058
2001	0.185	1.779	0.038
2002	0.185	1.789	0.037
2003	0.175	1.714	0.043
2004	0.216	2.045	0.020
2005	0.249	2.339	0.010
2006	0.245	2.305	0.011
2007	0.247	2.336	0.010

续表

年份	Moran's I	Z – value	P – value
2008	0.257	2.417	0.008
2009	0.234	2.223	0.013
2010	0.226	2.165	0.015
2011	0.227	2.148	0.016

资料来源：笔者整理。

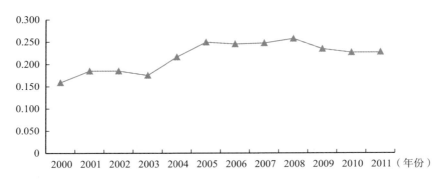

图6 – 4 2000～2011年省际碳排放的 Moran's I 指数演变

资料来源：笔者整理。

从表6 – 2中容易看出，2000～2011年，省际碳排放的 Moran's I 指数在5%的显著性水平上均为正值，意味着在地理相邻空间权重矩阵的设定下，省际碳排放在空间上并非表现出完全随机的状态，而是呈现出一定的空间集群现象。另外，图6 – 4显示，Moran's I 指数先增大后小幅下降，碳排放的空间正相关性逐渐增强，显著性也逐年提高。因此，碳排放的影响因素模型受空间相关性的干扰，下面探讨环境规制与碳排放的关系需要考虑空间相关性问题。

6.4.1.2 Moran's I 指数散点图描绘

由于全局 Moran's I 指数并不能反映不同地区碳排放的异质性，而 Moran's I 指数散点图（Moran's I Scatter Plot）恰恰弥补这一缺陷，其将区域碳排放集群现象分为四个象限的空间关联模型，以进一步说明碳排放在空间分布的局部特征。第一象限（HH）表示高碳排放省份被高碳排放省份所包围，第二象限（LH）表示低碳排放省份被高碳排放省份所包围，第三象限（LL）低碳排放省份被低碳排放省份所包围，第四象限（HL）表示高碳排放省份被低碳排放省份所包围。观测值分布在一、三象限为正空间自相关，而分布在二、四象限为负空间自相关。此外，Moran's I 指数就是该散点分布回归线的斜率。2000 年、2011 年各省份碳排放的 Moran's I 指数散点分布分别如图 6-5 和图 6-6 所示，大部分省份散落在一、三象限，意味着碳排放高被高包围、低被低包围的省份占据主导，换言之，碳排放呈现出空间上的集聚效应。具体而言，2000 年和 2011 年山东省、河北省、江苏省、山西省、河南省和辽宁省 6 个省份位于第一象限；2000 年，青海省、陕西省、重庆市、云南省、贵州省、湖南省、四川省、新疆维吾尔自治区、甘肃省、宁夏回族自治区和广西壮族自治区 11 个省份位于第三象限，2011 年又增加福建省和江西省共 13 个省份。整体上看，2000~2011 年，散落在各象限的省份并无较大变化，由此推断出，区域间碳排放的演化凸显出高度稳定的空间自相关性。

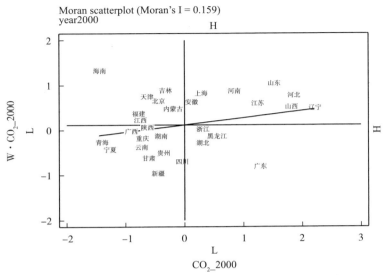

图 6－5　2000 年省域碳排放量 Moran's I 指数散点分布

资料来源：笔者整理。

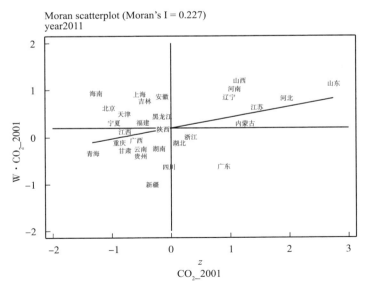

图 6－6　2011 年省域碳排放量 Moran's I 指数散点分布

资料来源：笔者整理。

6.4.1.3　空间面板模型的选定检验

前面证实了省域碳排放的空间依赖性，但具体到回归方程，需要进行传统面板回归残差项的空间计量检验，从而判别变量间是否存在空间自相关（见表6-3）。值得说明的是，本书也同时检验了地理距离和经济距离空间权重矩阵的模型，结论一致。可以看出，计量模型（6-7）和模型（6-8）的 Moran's I 指数均在5%的水平上显著，说明 OLS 估计的残差存在明显的空间自相关性，佐证模型设定考虑空间相关的正确性。此外，利用 LM-lag 检验与 LM-error 检验以及相应的稳健性检验来判断究竟采用 SLM 还是 SEM，同样以面板混合回归的残差项构造统计量。表6-3显示，计量模型（6-7）和模型（6-8）虽然均未通过 LM-lag 及其稳健性检验，但是在5%的显著性水平上通过 LM-error 及其稳健性检验，故应采用空间误差形式建立相应的空间面板模型。

表6-3　　　　　　　　OLS 残差的空间依赖性检验

指标	Moran's I	LM-lag	robust LM-lag	LM-error	robust LM-error
模型（6-7）	0.0935	0.3203	0.5555	5.8731	6.1083
P-value	0.0085	0.5714	0.4561	0.0154	0.0135
模型（6-8）	0.0752	0.4438	0.6615	3.7550	3.9727
P-value	0.0331	0.5053	0.4160	0.0527	0.0462

资料来源：笔者整理。

6.4.2　实证结果解读

表6-4报告了基于地理邻接、地理距离和经济距离三种空间权重矩阵的环境规制与地方政府竞争影响碳排放的空间计量检验结

果。我们首先观察三种空间权重矩阵下动态空间面板模型的各种检验：其一，当控制空间误差项之后，残差的 Moran's I 检验表明其不再存在空间自相关性，意味着引入空间误差项可以较好地控制观测个体之间的空间自相关性；其二，作为一致估计，动态面板模型成立的前提是，扰动项的一阶差分仍将存在一阶自相关，但不存在二阶乃至更高阶的自相关，由表 6－4 可知，所有模型均通过 AR 检验，并且 Sargan 检验不能拒绝"所有工具变量均有效"的原假设，即本书采用的工具变量合理有效。

无论在何种空间权重矩阵设定下，所有模型的空间误差系数均在 1% 的水平上显著为正，说明区域间碳排放存在明显的空间依赖性，也就是说相邻地区的碳排放水平越高，则本辖区的碳排放水平越高，邻近辖区的碳排放决策会"传染"到本地区，从而本地区在制定碳排放计划时会参照自己"邻居"的状况而设定一个合适水平，目的在于不落后于其他地区。同时，空间依赖性主要体现在地理位置和地理距离相邻、经济发展水平相近的省份间碳排放的随机误差项冲击上，主要受人文地理环境、市场开放度和政策因素等共同因素的影响，而这些因素又没有纳入模型，造成误差项的空间相关。结合各省份碳排放总量逐年递增的趋势，可以推断出区域间存在着碳排放的"竞次"现象。因此，在这种情况下，污染产业转移、"搭便车"等消极的产业及环保政策可能会是地方政府的首要选择（许和连、邓玉萍，2014）。此外，前期的碳排放和当期的碳排放显著正相关，表明碳排放是一个连续动态累积的调整过程，酿成一个恶性的自我强化集聚的后果，从而逐渐形成"锁定"效应，凸显碳排放的惯性依赖特征，并且这一结论相吻合于李锴和齐绍洲（2012）的研究。

表6-4 环境规制、地方政府竞争对碳排放影响的空间计量检验结果

解释变量	地理邻接 W_{cont}			地理距离 W_{dist}			经济距离 W_{pergdp}		
$\ln C_{t-1}$	0.5420*** (0.0361)	0.5754*** (0.0240)	0.5320*** (0.0441)	0.5589*** (0.0329)	0.5992*** (0.0276)	0.5685*** (0.0472)	0.6284*** (0.0229)	0.6208*** (0.0232)	0.6062*** (0.0368)
ER	-0.0006* (0.0003)	-0.0017*** (0.0004)	-0.0009* (0.0005)	-0.0009** (0.0004)	-0.0025*** (0.0004)	-0.0015*** (0.0005)	-0.0019*** (0.0004)	-0.0027*** (0.0003)	-0.0022*** (0.0004)
$W \times ER$	-0.0005*** (0.0000)	—	-0.0006*** (0.0001)	-5.3×10^{-8}*** (9.9×10^{-9})	—	-3.7×10^{-8}*** (1.6×10^{-8})	-2.9×10^{-6}** (1.2×10^{-6})	—	-6.8×10^{-6}*** (1.5×10^{-6})
$ER \times GB$	—	0.0001*** (0.0000)	4.2×10^{-5}*** (2.5×10^{-5})	—	0.0001*** (0.0000)	0.0001*** (0.0000)	—	0.0001*** (0.0000)	0.0001* (0.0000)
$W \times (ER \times GB)$	—	—	0.0001*** (0.0000)	—	—	2.8×10^{-7}*** (1.0×10^{-7})	—	—	2.5×10^{-6}*** (6.7×10^{-7})
$W \times U$	0.0087*** (0.0018)	0.0056*** (0.0016)	0.0086*** (0.0017)	1.5×10^{-6}*** (3.5×10^{-7})	5.5×10^{-7}** (2.6×10^{-7})	1.1×10^{-6}* (6.4×10^{-7})	0.0001*** (0.0000)	0.0001** (0.0001)	0.0002** (0.0001)
AR (1)_P	0.0436	0.0155	0.0261	0.0425	0.0155	0.0411	0.0892	0.0148	0.0269
AR (2)_P	0.2630	0.2764	0.3078	0.2469	0.2764	0.3553	0.2293	0.2737	0.2675
Sargan_P	0.8627	1.0000	1.0000	0.9176	1.0000	1.0000	0.9166	1.0000	1.0000
Error's Moran's I_P	0.4129	0.2968	0.4700	0.5649	0.6366	0.5278	0.7545	0.7961	0.7361
Log L	436.2599	422.4592	441.336	436.4131	419.131	428.569	427.6869	421.7827	429.5555

注：①*、**、***分别表示10%、5%、1%的显著性水平，系数下方括号内数值为其标准误；②AR（1）、AR（2）分别表示一阶和二阶差分残差序列的Arellano-Bond自相关检验，Sargan检验为过度识别度检验，Error's Moran's I检验为残差的Moran's I检验，并且AR，Sargan和Error's Moran's I检验均只报告p值。③表格中省略了控制变量的估计结果。

资料来源：笔者整理。

由表 6 - 4 可知，所有模型中，就单纯的 ER 和 $W \times ER$ 而言，两个核心解释变量的系数均显著为负，表明本地区与相邻地区的环境规制有效地抑制碳排放，并且环境规制的空间策略互动表现为"竞争向上"型，即区域间相互学习与模仿，环境规制发挥棘轮效应，并没有发生绿色悖论效应，从而证实了 H6 - 1。实际上，周黎安（2009）认为环境规制的这种"竞争向上"行为是可能的，前提条件在于环境问题明确进入地方官员晋升的考核体系，从而在政治垂直体系中，通过排放指标层层分解的行政发包制和政治锦标赛模式激励形成"自上而下"的标尺竞争。然而，一旦环境规制受到地方政府竞争的影响，环境规制对碳排放的倒逼减排效应将烟消云散。由表 6 - 4 可以看出，ER 与 GB 的交叉项 $ER \times GB$ 交叉项的空间滞后因子 $W(ER \times GB)$ 的估计系数均显著为正，说明地方政府竞争影响下，本地区与相邻地区的环境规制对碳排放的作用发生逆转，显著地促进碳排放，导致环境规制的绿色悖论效应，进而佐证了 H6 - 2。为了提高本地经济发展速度并做出杰出的"表面政绩"，地方政府为争夺流动性资源而存在放松环境规制的动机，从而造成环境规制的"非完全执行"和"逐底竞争"现象，并且伴随着"对经济建设的过度支出和公共服务的有限投入"的财政支出结构现象。两种现象的相互融合能够在短期内更快地刺激经济增长，潜移默化地成为邻近地区竞相效仿的行为。这一结论与杨海生等（2008）的研究不谋而合，他们证实，中国的财政分权和基于经济增长的政绩考核体制，使地方政府当前的环境政策之间存在着相互攀比式的竞争，其目的在于争夺流动性要素和固化本地资源，而不是旨在解决本地区的环境问题。

此外，基于地理邻接的两项空间滞后因子 $W \times ER$ 和 $W(ER \times GB)$ 的估计系数要高于地理距离和经济距离的模型，意味着地方政府间在针对环境规制和环境规制竞争进行策略互动时，更关注的是与其地理位置相邻的地区，使得环境规制的"示范效应"和环境规制竞争的"逐底效应"发生在地理位置邻接的辖区。

6.4.3　稳健性检验

6.4.3.1　"地方政府竞争"替代指标的检验结果

为了进一步考虑前面结论的稳健性，本节使用各省人均实际利用外商直接投资来衡量地方政府竞争行为，以 GB_2 表示，回归结果如表 6-5 所示。容易判断，所有模型结果均通过残差的 Moran's I 检验、AR 检验和 Sargan 检验，证明模型控制了观测个体的空间相关性，并且工具变量设置较为合理，估计结果值得信赖。无论在何种空间权重矩阵设定下，ER 和 $W \times ER$ 的估计系数均显著为负，$ER \times GB_2$ 的估计系数在 5% 的显著性水平上为正，虽然 $W(ER \times GB_2)$ 的估计系数在基于地理相邻、地理距离的动态空间面板模型中为正，但在基于经济距离的模型中显著为正，再次验证了 H6-1 和 H6-2，有力地佐证了表 6-4 的结论。此外，省际存在碳库兹涅茨曲线的结论依然稳健。

表6-5 "地方政府竞争"替代指标的检验结果

解释变量	地理邻接 W_{cont}		地理距离 W_{dist}		经济距离 W_{pergdp}	
	系数	Z 值	系数	Z 值	系数	Z 值
$\ln C_{t-1}$	0.5348***	14.5641	0.5215***	8.3228	0.6131***	17.2958
ER	-0.0031***	-2.8807	-0.0023**	-2.5225	-0.0035***	-3.0239
$W \times ER$	-0.0007*	-1.7212	-1.2×10^{-7}***	-2.5620	-3.7×10^{-5}***	-3.7924
$ER \times GB_2$	0.0004**	2.5539	0.0003**	2.1082	0.0003**	1.7106
$W\,(ER \times GB_2)$	3.8×10^{-5}	0.5604	1.2×10^{-8}	1.4744	6.1×10^{-6}***	3.6429
$Ener$	0.0055***	11.2280	0.0065***	23.1273	0.0061***	13.2840
$Indu$	0.0019	1.0724	0.0009	0.4969	-4.3×10^{-5}	-0.0223
$R\&D$	-0.0189	-0.9203	-0.0082	-0.3128	0.0012	0.0493
$\ln Y$	1.2300***	3.9007	1.5756***	4.2473	1.2493***	3.7866
$(\ln Y)^2$	-0.0412**	-2.4312	-0.0602***	-3.4748	-0.0486***	-2.6919
$\ln POP$	0.3434***	10.7509	0.5818***	3.1523	0.4271***	13.4431
$\_cons$	-6.7026***	-4.5302	-10.3189***	-4.0088	-7.4368***	-4.8743

续表

解释变量	地理邻接 W_{cont}		地理距离 W_{dist}		经济距离 W_{pergdp}	
	系数	Z值	系数	Z值	系数	Z值
$W \times U$	0.0079***	4.5073	1.1×10^{-6}*	1.7828	0.0001***	3.1143
AR (1)_P	0.0679		0.0292		0.0865	
AR (2)_P	0.3221		0.3049		0.3516	
Sargan_P	0.9343		1.0000		1.0000	
Error's Moran's I_P	0.4138		0.4960		0.7275	
Log L	436.9506		431.0882		425.3328	

注：①*、**、***分别表示10%、5%、1%的显著性水平，系数下方括号内数值为其标准误；②AR（1）、AR（2）分别表示一阶和二阶差分残差序列的Arellano-Bond自相关检验，Sargan检验为过度识别检验，Error's Moran's I检验为残差的Moran's I检验，并且AR，Sargan和Error's Moran's I检验均只报告p值。下表同。

资料来源：笔者整理。

6.4.3.2 分时段的检验结果

中央政策变动及其引发的官员政绩考核体系变化，使得地方政府竞争的行为特征和作用形态有所改变，环境规制对碳排放的作用也有可能向积极方向运转。2006年中央政府首次将能源强度降低和主要污染物排放总量减少作为国民经济和社会发展的约束性指标，以促进当地经济增长和环境保护的协同发展。基于此，并遵循张文彬等（2010）和李胜兰等（2014）的思路，本书将全样本期以2006年年底为界分为两个阶段，旨在考察将节能减排等环境指标纳入政府绩效考核体系前后地方政府竞争影响下环境规制对碳排放作用的变化。

表6-6报告了2000~2005年和2006~2011年两个阶段分别估计的结果。另外，由于本节旨在检验政府绩效考核由"经济发展指标"转向"纳入环境因素的多元指标"下地方政府竞争行为的变化，因此表6-6的估计只使用基于经济距离的空间面板模型进行估计。两个时段相比较，可以发现地方政府竞争下环境规制对碳排放的作用形态发生了重要变化。一方面，$ER \times GB$ 的系数由显著的正数转变成不显著的负数，说明环境规制竞争不再表现为"逐底效应"；另一方面，地方政府竞争影响下，相邻地区的环境规制促进本地区碳排放的作用程度降低，由 2.6×10^{-6} 降至 7.8×10^{-7}，并且显著程度也明显下降。因此，在政府绩效考核体系中纳入"环境"因素后，地方政府竞争行为向良好方向发展，绿色悖论现象有所减弱。

表 6 - 6　　　　　　　　　　　分时段的检验结果

解释变量	2000～2005 年		2006～2011 年	
	系数	Z 值	系数	Z 值
$\ln C_{t-1}$	0. 4739 ***	4. 76	0. 4908 ***	14. 29
ER	- 0. 0021 ***	- 4. 6	- 0. 0010 ***	- 2. 66
$W \times ER$	$- 1.9 \times 10^{-5}$ **	- 3. 85	$- 2.5 \times 10^{-6}$ *	- 1. 68
$ER \times GB$	0. 0001 ***	4. 92	$- 2.8 \times 10^{-5}$	- 0. 49
$W(ER \times GB)$	2.6×10^{-6} ***	2. 7	7.8×10^{-7} *	1. 95
$Ener$	0. 0064 ***	9. 43	0. 0086 ***	35. 56
$Indu$	- 0. 0020	- 0. 82	0. 0023 *	1. 88
$R\&D$	- 0. 0669 **	- 2. 18	0. 0341 ***	4. 12
$\ln Y$	1. 5655 ***	3. 19	0. 6133	1. 61
$(\ln Y)^2$	- 0. 0442 *	- 1. 68	- 0. 0131	- 0. 7
$\ln POP$	0. 4537 ***	7. 98	0. 3795 ***	10. 84
$\_cons$	- 9. 4524 ***	- 4. 21	- 3. 3695 *	- 1. 86
$W \times U$	0. 0001 **	2. 56	0. 0001 **	2. 06
AR（1）_P	0. 2803		0. 0029	
AR（2）_P	0. 1914		0. 2739	
Sargan_P	0. 6831		0. 4273	
Error's Moran's I_P	0. 7213		0. 6685	
Log L	220. 0862		326. 1016	

资料来源：笔者整理。

6.5　本 章 小 结

基于地方政府竞争的视角，并考虑了地区间环境规制的策略互动行为，本章利用2000～2011 年中国省级面板数据，构造了地理邻接、地理距离和经济距离三种空间权重矩阵设定下的动态空间面板模型，尝试解答"绿色悖论"之谜。研究结果表明：①省域碳排放具有很强的外溢性，彰显了"局部俱乐部集团"现象，并且空间依赖性主要体现不可观测的随机误差项冲击上；②就纯粹的环境规制而言，本地区和相邻地区的环境规制有利于抑制碳排放，环境规制的空间策略互动表现为"竞争向上"型；而在地方政府竞争影响下，本地区和相邻地区的环境规制显著促进碳排放，引发环境规制竞争的"逐底效应"和绿色悖论现象；③环境规制的"示范效应"和环境规制竞争的"逐底效应"更容易发生在地理位置邻接的辖区；④2006 年之后，绿色悖论现象有所减弱，这与环境绩效考核作用的不断强化密不可分。一言以蔽之，"绿色悖论"之谜的谜底在于地方政府竞争，也就是说"绿色悖论"现象的发生存在一定的必要条件，一旦环境规制沦为地方政府争夺流动性资源的工具，那么地方政府将屈从于资本的意志，从而"俘获"环境规制，导致"绿色悖论"现象。

第7章

环境规制对碳排放绩效的
影响研究

7.1 引　言

　　如何在既定碳排放约束下提高碳排放绩效是建设"美丽中国"的内在诉求，也是形成经济、政治、文化、社会和生态文明"五位一体"总体布局的重要途径。"十二五"规划对碳排放强度提出明确要求，到 2015 年单位国内生产总值 CO_2 排放降低 17%，并将其作为约束性指标。2020 年 9 月，中国政府进一步提出"30·60"双碳目标。近年来，碳排放强度有所下降，以碳生产率（GDP 与 CO_2 排放的比值）来衡量，遵循潘家华和张丽峰（2011）的方法可以测算出，2000~2010 年，中国碳生产率从 0.80 万元/t 碳上升到 0.92 万元/t 碳。即便如此，与主要发达国家相比仍存在较大差距。根据美国能源部二氧化碳信息分析中心（CDIAC）和世界银行（WBG）公开的数据，2008 年，中国的碳生产率分别是美国的 22.9%、日本的 15.0%、德国的 12.4% 和英国的 11.3%，甚至低于同为发展中国家的印度，占其 84.6%。自提出"低碳经济"发展目标以来，如何提高碳排放绩效都是实务界和学术界共同关注的热点话题。王群伟等（2010）、屈小娥（2012）和查建平等（2013）的研究表明，能源消费结构、产业结构、技术创新、FDI 和市场化水平等因素显著影响了中国的碳排放绩效。

实际上，碳排放绩效指标可以划分为单要素碳排放绩效指标和全要素碳排放绩效指标。前者包括碳生产率、碳强度和碳指数，均由 CO_2 排放总量与某一变量的比值来衡量，从而忽略了经济发展、能源结构和要素替代的影响。后者恰恰弥补这一缺陷，其具有的综合多维度特征，受到研究者的青睐。而在探讨两类碳排放绩效的影响因素时，环境规制扮演的角色则少有问津。仅有的工作是由查建平等（2013）做出的，他们以单位工业产值的二氧化硫排放量环比比率作为环境规制的代理变量，证实中国省际层面的环境规制与工业碳排放绩效呈不显著的负相关关系，并将原因归结于环境规制主要以固体废弃物、废水、废气"三废"为重点，而对碳排放的关注相对较少。

虽然既有文献并没有眷注环境规制与碳排放绩效的关系，但本质上，碳排放绩效属于"技术"的范畴。所以，探讨环境规制与碳排放绩效的关系可以在环境规制与技术创新的文献中窥见一斑。实际上，关于环境规制影响技术创新的研究由来已久，两者之间的关系至今尚未达成共识。总体上可以归纳为三种观点：一是以新古典经济学理论为基础的传统学派，提倡"制约论"，认为环境规制通过污染外部性的内部化，使企业生产成本上升，不利于技术创新；

二是以波特（Poter & Van der Linde，1995）为代表的修正学派，其著名的"波特假说"认为，合适的环境规制能激发"创新补偿"效应，从而不仅能弥补企业的"遵循成本"，还能提高企业的生产率和竞争力（张成等，2011）；三是环境规制对技术创新的影响不确定性。那么，环境规制对碳排放绩效的作用如何？是否存在其他因素影响了环境规制对碳排放绩效的效力？

7.2　环境规制与碳排放绩效关系的理论与假说

如前所述，碳排放绩效属于"技术"的范畴。理论上，环境规制与技术创新的关系形成两种截然相反的理论：制约论与波特假说。由于"波特假说"所具有的现实意义引发了大量的研究，主题集中于环境规制对成本、利润、要素生产率以及生产率效率的影响。两者关系在理论上的分歧导致了经验研究的莫衷一是。一些学者（Kneller & Manderson，2012）使用英国25个制造业2000~2006年的数据，并将 R&D 活动分为环境 R&D 和非环境 R&D。他们发现，虽然更高的污染治理压力刺激了环境 R&D 和投资，但是环境规制对整个 R&D 或资本积累并没有正向影响，原因在于更严格的环境规制直接降低了非环境创新的最优支出，并且环境 R&D 挤出非环境 R&D。与此相反，杨等（Yang et al.，2012）运用中国台湾1997~2003年工业层面的面板数据，以污染治理费用作为环境规制的代理变量，研究揭示更强的环境规制导致更多的 R&D，并且显著地促进了工业生产率。此外，李树和翁卫国（2014）也得出了相似的结论。他们证实，中国实施严格的环境管制能够收获环境质量提高和生产率增长的双赢结果。

上述文献为验证环境规制对技术创新影响提供了有价值的线索，然而对两者关系的验证拘泥于简单线性关系，得出的结论更是"非正即负"，并不能较好地解释"创新补偿"效应和"遵循成本"效应同时存在及其如何演变的情形。张成等（2011）突破了这一限制，通过引入环境规制的平方项做出了有益尝试。他们对 1998～2007 中国 30 个省份的工业部门进行了检验，发现环境规制强度与生产技术进步之间呈 U 型关系。遵循类似的做法，李玲和陶锋（2012）基于产业层面数据的发现，环境规制强度与绿色全要素生产率的关系在中度和轻度污染产业中呈 U 型，而在重度污染产业中呈倒 U 型。同样，这种倒 U 型关系也出现在沈能（2012）的研究中，只不过研究对象换成环境规制与环境效率。可见，无论是 U 型，还是倒 U 型，均阐释了环境规制与技术创新的非线性关系，并且能够包容两种相左结论，具有更一般化的意义。至于具体呈何种形状，归根结底取决于"创新补偿"效应与"遵循成本"效应孰占主导。基于此，本书提出以下假说：

H7－1　由于环境规制对碳排放绩效的"创新补偿"效应与"遵循成本"效应可能反复演绎，因此两者间存在非线性关系。

从概念上讲，环境规制属于政府社会性规制的重要范畴。回归到环境规制的本源上，中国环境规制的制定者属于全国人大和中央政府，并且各省人民政府所在地的市人民代表大会及其常务委员会都可以依据当地的实际情况和需要制定和颁布地方性法规（李树、翁卫国，2014），环境规制的实施者则是各个地方政府（韩超等，2016）。

考虑到分权的背景，经济分权与垂直的政治治理体制相结合而产生的激励制度，再加上 20 世纪 80 年代初期实施的领导干部选拔和晋升标准的重大改革，使地方政府形成围绕 GDP 增长而进行的政治晋升（周黎安，2004）。在此制度安排下，地方政府存在财政支出结构偏向与环境规制竞争行为。一方面，政府竞争造就了地方政府公共支出结构呈现出"重基本建设、轻人力资本投资和公共服务"的特征（傅勇、张晏，2007）。吴等（Wu et al.，2013）佐证了上述结论，通过比较地方政府在交通设施投资和环境治理投资两方面的行为选择发现，基础设施投资带来财税收益与晋升利益，相比之下，环境治理投资虽然可以显著改善区域环境，但是会对地方官员的升迁带来负面影响。具体来说，环境治理投资占 GDP 比重每提升 0.36%，则地方官员的晋升机会降低 8.5%。另一方面，地方政府想要保持本地区经济相对于相邻地区的较快增长，并在财政乃至政治竞争中脱颖而出，将存在足够的激励去采用主动降低环境标准这种"逐底竞争"的方式吸引更多的外资等流动性要素（朱平芳等，2011）。同时，由于地方政府与中央政府的目标函数并不一致，以及中央政府在监管地方政府执行效率时面临着信息不对称以及有限能力的双重约束，地方政府为最大化自身效用就有动机不完全执行国家的环境政策（陈刚，2009）。这两种短视的政府行为对环境规制的碳排放绩效效应产生不利影响：一是，"重基建、轻公共服务"的公共支出结构导致较弱环境公共支出力度，从而缺乏足够的技术创新资金改善环保技术，强化了环境规制碳排放绩效的"遵循成本"效应；二是，环境规制的逐底竞争和非完全执行招致高污染高排放的低质量外资，从而弱化了环境规制碳排放绩效的"创新补

偿"效应。基于此,本章提出以下假说:

H7-2　财政分权弱化了环境规制碳排放绩效的"创新补偿"效应,使得环境规制不利于碳排放绩效的提升。

虽然朱平芳等(2011)的研究工作证实了中国分权框架下的环境规制具备"逐底竞争"的事实,但正如惠勒(Wheeler, 2001)所言,这种"逐底竞争"的世界在现实中是不可能存在的。原因在于:社会群体将会在正式环境规制缺失时履行惩罚污染者的职责;环境规制强度将会随着国民收入的增加而加强。地方政府作为中央政府和社会民众之间的桥梁,即使区域间的标杆竞争改变地方政府行为,但集权的中央政府与对环境质量需求日益上涨的民众使得地方政府不得不完成提供良好环境公共品的义务。实际上,中国环境污染治理投资额从 2003 年的 1627.7 亿元增加到 2012 年的 8253.5 亿元,增幅高达 431.6%,从侧面彰显中央政府与地方政府日益重视环境污染问题。此外,作为地方政府的代表,北京市政府在 2012 年率先发布《关于贯彻落实国务院加强环境保护重点工作文件的意见》,明确提出环境优先这一基本原则,并规定今后所有有关环境质量的指标,如污染物总量控制、PM2.5 环境质量改善情况等,都将作为各级政府领导的考核指标。可见,地方政府通过改变政府绩效考核指标、增加污染治理投资等途径扭转日益恶化的环境质量。理论上,环境污染治理投资包括老工业污染源治理、建设项目"三同时"、城市环境基础设施建设三个部分。地方政府通过污染治理投资鼓励企业进行环保技术创新,在一定程度上解决企业创新资金不足的问题,从而有效弱化了环境规制影响碳排放绩效的"遵循成本"效应。基于此,本章提出以下假说:

H7 - 3 污染治理投资弱化了环境规制碳排放绩效的"遵循成本"效应，使得环境规制有利于碳排放绩效的提升。

综上，环境规制对碳排放绩效的影响既可能是正向的"创新补偿"效应，也可能是负向的"遵循成本"效应，这两种相左的效应犹如拔河比赛的双方，孰占主导将决定环境规制影响碳排放绩效的作用方向。此外，拔河比赛的双方均有各自的"队友"，财政分权能够弱化"创新补偿"效应，助推"遵循成本"效应。相反，污染治理投资则软化了"遵循成本"效应，激励企业进行技术创新，从而有利环境规制对碳排放绩效的作用发挥"创新补偿"效应。

7.3 碳排放绩效测算及探索性空间相关性分析

7.3.1 生产率指数及其分解

本书采用序列 DEA - Malmquist 生产率指数测算碳排放绩效。一般情况下，采用 DEA 确定最佳生产前沿主要使用当期 DEA 和序列 DEA 两种方法，前者意为根据 t 期的观察值来确定 t 期的最佳生产前沿。相比之下，序列 DEA 则根据 t 期及之前所有的观察值来构造 t 期的最佳生产前沿，其优点在于：①技术利用具有记忆功能，从而排除技术退步的可能性，避免生产前沿向内偏移；②引入"追赶"思想，即后来者（latecomers）可以通过模仿学习领先者（leaders）所创造的技术达到追赶目的；③可排除产出的短期波动影响生产前沿的可能性（王恕立、胡宗彪，2012）。当然，为了处理非期望产出，我们采用常用于计算 Malmquist 生产率指数的方向距离函数（directional distance function，DDF）方法。本书的方法思想如下：

假定某生产系统有 n 个决策单元（DMU），每个单元利用 m 项投入生产 s_1 项期望产出、s_2 项非期望产出。定义矩阵 $X = (x_1, x_2, \cdots, x_n) \in R_+^{m \times n}$、$Y^g = (Y_1^g, Y_2^g, \cdots, Y_n^g) \in R_+^{s_1 \times n}$ 和 $Y^b = (Y_1^b, Y_2^b, \cdots, Y_n^b) \in R_+^{s_2 \times n}$ 分别为投入向量、期望产出和非期望产出。根据谢斯塔洛娃（Shestalova，2003）的序列 DEA 理论，每一期的生产集 $p^t(x) = (y^g, y^b)$ 在规模报酬不变（CRS）和投入的强度可处置性情况下的参考技术为：

$$p^t(x) = \{ y^g \leqslant Y_t^g \lambda, \ y^b \geqslant Y_t^b \lambda, \ x \geqslant X_t \lambda, \ \lambda \geqslant 0 \} \qquad (7-1)$$

每个 DMU 基于产出的距离函数为：

$$D_0^t(x, y) = \inf\{ \theta: y/\theta \in p^t(x) \} \qquad (7-2)$$

因此，基于序列 DEA 的线性规划可以写成：

$$\max D_0(x^t, y^t, b^t, g^t)$$
$$\text{s. t. } (y_{t_0}, y_{t_0+1}, \cdots, y_t)\lambda \geqslant (1+\beta)y;$$
$$(b_{t_0}, b_{t_0+1}, \cdots, b_t)\lambda \leqslant (1+\beta)b;$$
$$(x_{t_0}, x_{t_0+1}, \cdots, x_t)\lambda \leqslant x, \ \lambda \geqslant 0 \qquad (7-3)$$

更进一步，在此基础上根据钟等（Chung et al.，1997）与传统 Malmquist 生产率指数构造思想，考虑非期望产出的序列 DEA – Malmquist 生产率指数为：

$$ML(x^{t+1}, y^{t+1}; x^t, y^t) = EC(x^{t+1}, y^{t+1}; x^t, y^t) \cdot TC(x^{t+1}, y^{t+1}; x^t, y^t)$$
$$(7-4)$$

遵循谢斯塔洛娃（Shestalova，2003）的要义，当期与序列的 DEA – Malmquist 生产率指数存在以下关系：

$$ML^c = TC^s \times \frac{TC^c}{TC^s} \times EC^c \; ; \; ML^s = TC^s \times \frac{TC^s}{TC^c} \times EC^c \qquad (7-5)$$

其中，ML^c 和 ML^s 分别为当期 DEA 和序列 DEA 计算出来的 Malmquist 生产率指数。EC 为技术效率变化指数，衡量了各 DMU 从 t 期到 $t+1$ 期对最佳生产前沿的追赶程度（"追赶效应"）；TC 是技术进步指数，刻画了技术前沿从 t 期到 $t+1$ 期的移动情况（"增长效应"）。

7.3.2　投入产出指标

本书采用中国 2000～2011 年 30 个省（区、市）（西藏除外）的面板数据，参照王群伟等（2010）、屈小娥（2012）、查建平等（2013）和张宁（2022）的投入产出指标，相关数据来源于相应年份的《中国统计年鉴》《中国能源统计年鉴》《中国环境年鉴》。

（1）资本投入。资本投入以各省份的物质资本存量来衡量，具体地，采用通行的永续盘存法进行计算，即 $K_{it} = I_{it} + (1 - \delta_{it}) K_{it-1}$。$K_{it}$ 为 i 省第 t 期的资本存量；I_{it} 为 i 省第 t 期的实际固定资本形成总额，使用历年固定资产投资价格指数折算成 2000 年的不变价格；δ_t 为第 t 期资本折旧率。对应地，本书以 2000 年作为基年的资本存量，δ 取值为 9.6%。

（2）劳动投入。以各省份历年的三产就业人数总和来衡量。

（3）能源投入。以各省份历年的能源消费总量来衡量。

（4）实际 GDP 和 CO_2 排放量产出。其中，以各省份历年的实际 GDP 来衡量期望产出，而 CO_2 排放量作为非期望产出。由于各省份的 CO_2 排放量无法直接获取，所以必须进行相关测算。为了准确得到各地区 CO_2 排放量，本书采用 IPCC 公布的参考方法，测算了化石能源燃烧和水泥生产活动导致的 CO_2 排放（具体测算参照本书第 4 章）。表 7－1 报告了相关投入产出指标的描述性统计分析。

表 7－1 投入产出指标的描述性统计分析

指标类型	指标	单位	均值	标准差	最小值	最大值	样本量
投入指标	资本存量	亿元	18248.24	15227.94	1569.70	88323.18	360
	劳动力	万人	2309.19	1531.26	238.60	6182.70	360
	能源消费量	万吨标准煤	9119.35	6655.06	480.00	37132.00	360
产出指标	GDP	亿元	6355.44	5805.90	263.59	33049.86	360
	CO_2 排放量	万吨	25511.01	20366.80	1033.75	109795.80	360

资料来源：笔者整理。

7.3.3 测算结果与分析

基于以上方法和投入产出数据，本书测算得到中国省际层面的碳排放绩效及其分解值。值得注意的是，由于碳排放绩效属于动态效率，Malmquist 生产率指数为环比变动指数，因此，ML 指数反映的是碳排放绩效的增长率而非碳排放绩效本身，从而本书秉承邱斌等（2008）的做法，假设 2000 年的碳排放绩效为 1，然后根据计算出的 ML 指数累积相乘得到 2001～2011 年各地区的碳排放绩效。

表 7－2 报告了 2000～2011 年省际碳排放绩效指数的演变趋势。

可以发现，2000～2011 年碳排放 ML 指数年均增长 1.9%，技术进步率年均增长 2.9%，而技术效率却下降了 1.0%。由此可见，省际 ML 指数提升主要来源于技术进步的贡献，而技术效率却扮演相反的角色。这表明技术效率所代表的企业组织、管理和制度等因素导致了碳排放绩效的损耗，所以利用效率改善提高碳排放绩效还存在较大空间。具体到三大区域上，东部地区的技术效率高于中西部地区，并且技术进步率略低于中部地区但高于西部地区，从而 ML 指数与碳排放高于中西部。总体而言，中国东部、中部和西部地区碳排放绩效分布呈现梯度变化，这基本吻合于查建平等（2013）的结论。

表 7 - 2   　　　　2000～2011 年省际碳排放绩效指数及其分解

年份	技术效率	技术进步	ML 指数	碳排放绩效
2000～2001	0.987	1.071	1.057	1.057
2001～2002	0.993	1.049	1.042	1.102
2002～2003	0.983	1.059	1.041	1.149
2003～2004	0.995	1.027	1.021	1.176
2004～2005	0.983	1.040	1.023	1.204
2005～2006	0.978	1.029	1.006	1.212
2006～2007	0.988	1.019	1.007	1.220
2007～2008	0.997	1.007	1.005	1.225
2008～2009	0.980	1.008	0.988	1.210
2009～2010	1.004	1.008	1.012	1.225
2010～2011	0.998	1.006	1.004	1.231
全国平均	0.990	1.029	1.019	1.183
东部平均	0.994	1.031	1.025	1.225
中部平均	0.983	1.034	1.016	1.177
西部平均	0.990	1.024	1.014	1.144

　　注：①2000 年各地区各项指数为 1.000；②每年指数均是各地区的几何平均数；③表中的平均值为几何平均值。

　　资料来源：笔者整理。

时间维度上，呈现以下几个特征：①ML 指数基本上呈下降的趋势，波动较小，最高值出现在 2001 年，增幅达 5.7%。然而，2001 年之后，ML 指数一路滑坡；2007 年，短暂回升后继续下降，直至 2009 年降到波谷，此后呈小幅波动趋势。究其根源，中国 2001 年加入 WTO，改革开放进入新的高潮期，经济发展水平的提高带动了对研发创新的投资。再者，大量 FDI 迅速涌入，而承载先进技术的外资企业传播更为绿色清洁的生产技术和环保技术，从而有利于碳排放绩效的提升。而此后 ML 指数一直下行，不乏 2003 年的重工业重启因素，在财政分权和政治晋升等"为增长而竞争"的制度安排下，环境质量将让位于经济增长。考虑到政策的滞后性，2007 年 ML 指数的回暖可能与 2006 年中央政府首次将节能减排目标纳入国民经济发展规划纲要有关。2009 年 ML 指数降至谷底与中央政府的"4 万亿"救市项目不无关系，而大部分资金流向了"铁公基"为特征的基础设施上。②分解指数中，技术效率变化颇为频繁，但幅度甚微，在 −2% ~0.1% 之间波动；相比之下，技术进步经历了先下降后上升的迂回波动过程，波动较大，最高值达 7.1%，并且增长率一直为正，这也印证了技术进步对碳排放绩效提升的贡献。③2000 ~ 2011 年，碳排放绩效一直稳定增加，主要是因为碳排放绩效是 ML 指数累积得到，而 ML 指数除 2009 年之外，均处于增长态势。

7.3.4　空间相关性分析

通常来讲，省际碳排放绩效的空间相关性通过全局 Moran's I 指数进行检验。这里，我们选用二进制的地理相邻空间权重矩阵进行探索性分析。所谓0—1型空间权重矩阵，即如果两区域相邻，则对应权重元素为1，否则为0（见表7-3）。容易看出，2001~2011年，省际碳排放绩效的 Moran's I 指数除2001年外均为正值，虽然2004年之前 Moran's I 指数在统计意义上不显著，但2004年之后均通过5%的显著性水平检验，意味着在地理相邻空间权重矩阵的设定下，省际碳排放绩效在空间上并非表现出完全随机的状态，而是呈现出一定的空间集群现象。另外，就 Moran's I 指数的变化趋势而言，碳排放绩效的空间正相关性逐渐增强，显著性也逐年提高。因此，碳排放绩效的影响因素模型受空间相关性的干扰，下面探讨环境规制与碳排放绩效的关系需要考虑空间相关性问题。

表7-3　　　2001~2011年省际碳排放绩效 Moran's I 指数统计值

年份	Moran's I	Z - value	P - value
2001	- 0. 027	0. 059	0. 476
2002	0. 017	0. 422	0. 336
2003	0. 072	0. 882	0. 189
2004	0. 073	0. 888	0. 187
2005	0. 196	1. 896	0. 029
2006	0. 188	1. 892	0. 034
2007	0. 181	1. 760	0. 039
2008	0. 175	1. 716	0. 043
2009	0. 189	1. 844	0. 033
2010	0. 264	2. 490	0. 006
2011	0. 296	2. 804	0. 003

资料来源：笔者整理。

　　此外，由于全局 Moran's I 指数并不能反映不同地区碳排放绩效的异质性，而 Moran's I 指数散点图恰恰弥补这一缺陷，其将区域碳排放绩效集群现象分为四个象限的空间关联模型，以进一步说明碳排放绩效在空间分布的局部特征。第一象限（HH）表示高碳排放绩效省份被高碳排放绩效省份所包围；第二象限（LH）表示低碳排放绩效省份被高碳排放绩效省份所包围；第三象限（LL）表示低碳排放绩效省份被低碳排放绩效省份所包围；第四象限（HL）表示高碳排放绩效省份被低碳排放绩效省份所包围。观测值分布在一、三象限为正空间自相关，而分布在二、四象限为负空间自相关。图 7 - 1 以 2011 年为例描绘了局域 Moran's I 指数散点分布。从图 7 - 1 中可以看出，大部分省份散落在一、三象限，意味着碳排放绩效高被高包围、低被低包围的省份占据主导，换言之，碳排放绩

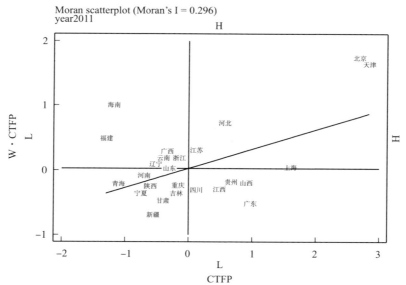

图 7 - 1　2011 年省际碳排放绩效 Moran's I 指数散点分布

资料来源：笔者整理。

效呈现出空间上的集聚效应。具体而言，北京市、天津市、上海市、江苏省和河北省5个省份位于第一象限，山东省、内蒙古自治区、吉林省等13个省份位于第三象限。由此可见，全国区域间碳排放绩效呈正向的空间自相关。

通过以上全局和局部空间自相关分析可以得出，中国省际层面的碳排放绩效存在显著的空间自相关性，传统有关碳排放绩效的实证研究可能是有偏误的，空间效应对某一个地区的碳排放绩效变化具有不可忽视的作用，因此下文使用空间面板数据模型探究环境规制对碳排放绩效的影响。

7.4　环境规制与碳排放绩效关系的研究设计

7.4.1　计量模型设定

7.4.1.1　静态空间面板模型

根据前面的分析，本节使用空间计量模型进行分析。为了验证H7-1，我们借用张成等（2011）的思路，引入环境规制的平方项以考察潜在的非线性影响，首先构建如下静态空间面板模型：

$$CTFP_{i,t} = \beta_0 + \lambda W \times CTFP_{i,t} + \beta_1 ER_{i,t} + \beta_2 ER_{i,t}^2 + \xi X_{i,t} + u_{i,t}$$

$$(7-6)$$

式（7-6）是空间滞后模型（SLM），主要探讨相邻地区的变量对整个系统内其他地区的影响。式（7-6）中，i 和 t 分别表示省份和年度；$CTFP_{i,t}$ 表示各省份碳排放绩效；$ER_{i,t}$ 表示环境规制；W 为空间权重矩阵；λ 为空间滞后系数，反映相邻地区的碳排放绩效对本地区的影响程度；待估参数 β_1 和 β_2 表示环境规制对碳排放绩效的影响。$X_{i,t}$ 是其他控制变量，参照屈小娥（2012）和查建平等（2013）的研究，选取能源消费结构、产业结构、研发强度、FDI、市场化水平、要素禀赋和人力资本水平。

当空间相关性体现在不可观测的误差项中时，则需要构建空间误差模型（SEM），即误差项 $u_{i,t}$ 满足：

$$u_{i,t} = \rho \times Wu_{i,t} + \varepsilon_{i,t} \qquad (7-7)$$

其中，ρ 为空间误差系数，反映了相邻地区关于碳排放绩效的误差冲击对本地区碳排放绩效的影响。对于 SLM 模型和 SEM 模型的选取，则可利用拉格朗日乘子（LM）进行判断。

7.4.1.2　动态空间面板模型

由于区域碳排放绩效可能存在惯性，我们将碳排放绩效的滞后一期值作为解释变量纳入回归模型中，从而构建动态空间面板模型，其优势在于可以充分考察模型中除被解释变量之外的其他因素对被解释变量的影响（李婧等，2010）。动态空间面板模型如下：

$$CTFP_{i,t} = \beta_0 + \tau CTFP_{i,t-1} + \lambda W \times CTFP_{i,t} + \beta_1 ER_{i,t}$$
$$+ \beta_2 ER_{i,t}^2 + \xi X_{i,t} + u_{i,t}; \qquad (7-8)$$
$$u_{i,t} = \rho \times Wu_{i,t} + \varepsilon_{i,t} \qquad (7-9)$$

其中，τ 为滞后乘数，表示前一期碳排放绩效对当期的影响情况。其他变量类似于静态空间面板模型。当 $\delta \neq 0$、$\eta \neq 0$、$\rho = 0$ 时，模型退化为动态面板空间滞后模型；当 $\delta = 0$、$\eta = 0$、$\rho \neq 0$ 时，模型退化为动态面板空间误差模型；当 $\delta = 0$、$\eta = 0$、$\rho = 0$ 时，模型退化为普通的动态面板模型。

7.4.1.3 影响环境规制碳排放绩效效应的模型

为了检验 H7 – 2 和 H7 – 3，我们分别构建包含环境规制与财政分权、污染治理投资的交叉项的动态空间面板模型：

$$CTFP_{i,t} = \varphi_0 + \tau CTFP_{i,t-1} + \lambda_1 W \times CTFP_{i,t} + \varphi_1 FD_{i,t} \times ER_{i,t} + \xi X_{i,t} + u_{i,t}$$

$$(7 - 10)$$

$$CTFP_{i,t} = \gamma_0 + \tau CTFP_{i,t-1} + \lambda_2 W \times CTFP_{i,t} + \gamma_1 Abate_{i,t} \times ER_{i,t} + \xi X_{i,t} + u_{i,t}$$

$$(7 - 11)$$

其中，$FD_{i,t}$ 表示各省份财政分权程度；$Abate_{i,t}$ 表示各省份污染治理投资水平。其他变量均一致于动态空间面板模型。如果系数 $\varphi_1 < 0$ 和 $\gamma_1 > 0$，那么 H7 – 2 和 H7 – 3 得证。

7.4.2 数据与变量

本书使用中国 2000 ~ 2011 年 30 个省（区、市）（西藏除外）的面板数据进行实证检验。原始数据主要来源于历年《中国统计年鉴》《中国区域经济统计年鉴》《中国财政统计年鉴》《新中国六十年统计资料汇编》等。考虑通货膨胀因素，本书对涉及价格指数的指标均调整为以 2000 年为基期的不变价格。前面已测算出碳排放绩效作为被解释变量，并且为避免估计系数太低，我们遵循邓明（2014）的做法，将碳排放绩效乘以 100。以下介绍解释变量的选取。

（1）环境规制。既有文献均使用替代指标衡量环境规制强度，主要包括投入型指标和绩效型指标。投入型指标主要以污染减排成本（PAC）及其相应的变换形式为主，而绩效型指标主要包括不同污染物的排放密度（Cole & Elliott，2003）、不同污染物的处理率（傅京燕、李丽莎，2010）。对于投入型指标而言，PAC 并不是衡量环境规制强度的严格外生变量，因为减排水平依赖产业的自身属性（Jaffe & Palmer，1997）。具体到本书中，一个地区的 PAC 越高，蕴含该地区的工业比重相对更高，从而导致较低的碳排放绩效水平，即碳排放绩效可能影响一个地区的 PAC，因此以 PAC 为基础构造环境规制强度，可能出现反向因果关系，进而造成严重的内生问题。基于此，本书前几章的思路，从绩效型指标中选取工业 SO_2 去除率测度环境规制强度，值越大意味着当地政府对于环境规制的努力程度越高。具体计算公式为：$ER = $ 工业 SO_2 去除量/（工业 SO_2 排放量 + 工业 SO_2 去除量）。

（2）财政分权。对财政分权的度量存在较大争议，既有财政收入指标，又有财政支出指标，既考虑总量又涉及人均。其中，使用较多的是收支指标，该指标用下级政府的财政收支份额来刻画分权程度。我们使用频率更高的支出法，并鉴于人均指标可以控制政府支出规模与人口数量之间的正向关系，选取人均财政支出指标来衡量财政分权。具体计算公式为：FD = 各省预算内人均本级财政支出/（各省预算内人均本级财政支出 + 中央预算内人均本级财政支出）。

（3）污染治理投资。不可否认，以钢铁、有色、建材、石油加工、化工和电力六大高耗能高排放行业为代表的工业行业是中国环境质量日益恶化的罪魁祸首。因此，工业污染治理投资额能够从侧面折射出各地方政府为提高环境质量和满足人们日益增长的环境需求所作出的努力。为排除工业产值的规模影响，我们以单位工业产值的工业污染治理投资额衡量。

（4）其他变量。能源消费结构以煤炭消费量占能源消费总量的比重衡量。产业结构以第三产业产值占地区生产总值的比重衡量。研发强度以 *R&D* 经费支出占 GDP 的比重衡量。*FDI* 以使用实际利用外商直接投资占 GDP 的比重衡量。市场化水平以国有企业员工占就业人数的比重衡量。要素禀赋以资本—劳动比衡量，其中，资本和劳动分别为上文投入指标的物质资本存量和三产就业人数总和。人力资本水平以人均受教育年限衡量，其中，小学为 6 年，初中为 9 年，高中为 12 年，大专以上学历为 16 年。

所有变量的统计描述如表 7 - 4 所示。

表 7 - 4　　　　　　　　各变量描述性统计分析

变量类型	符号	经济含义	单位	均值	标准差	最小值	最大值
被解释变量	*CTFP*	碳排放绩效×100	%	118.28	16.96	89.37	183.76
核心解释变量	*ER*	工业 SO_2 去除率	%	40.72	21.31	3.60	82.67
其他解释变量	*Ener*	煤炭消费量/能源消费总量	%	64.20	16.73	25.20	96.71
	Indu	第三产业产值/GDP	%	40.16	7.35	28.60	76.10
	R&D	R&D 经费支出/GDP	%	1.26	1.07	0.15	6.79
	FDI	实际利用 FDI/GDP	%	2.60	2.14	0.07	9.20
	Market	国有企业员工/就业人数	%	11.98	5.56	5.30	39.13
	K/L	（资本存量/劳动力）的对数	元/人	11.26	11.26	10.04	12.98
	Human	人均受教育年限的对数	年/人	2.10	0.11	1.79	2.45

变量类型	符号	经济含义	单位	均值	标准差	最小值	最大值
重要影响变量	*FD*	财政支出分权	%	50.86	11.07	24.50	80.92
	Abate	工业污染治理投资额/工业增加值	‰	4.56	3.38	0.36	26.92

资料来源：笔者整理。

7.4.3　空间权重矩阵的设置

我们认为，地理距离和经济距离是影响地区间碳排放绩效空间依赖的因素。究其原因：一是地理距离是影响技术溢出的关键因素，地理距离越近，区域间的碳排放绩效溢出作用越大。实际上，符淼（2009）认为，技术溢出效应随地理距离的增加而减弱。在一到两个省的范围或 800 公里内为技术的密集溢出区，800 公里以上为快速下降区。二是经济分权同垂直的政治管理体制紧密结合（傅勇、张晏，2007），在此背景下催生的地区间标杆竞争正是基于相对经济绩效的晋升考核制度。因此，经济发展状况越接近的地区越有可能通过各种政策吸引高质量的人力资本来促进本地区的经济，进而造成不利的碳排放绩效的"极化效应"；另外，经济发展水平相近的地区技术匹配度更高，产业间具有更强的前向与后向联系，从而更有利于发挥碳排放绩效的"涓滴效应"。至于在经济距离下会产生何种效应，还需具体检验。本章采用三种空间权重矩阵：0—1型空间权重矩阵 W_{cont}、地理距离型空间权重矩阵 W_{dist} 和经济距离型空间权重矩阵 W_{pergdp}。具体构造方法这里不再赘述，详细内容参见本书第 6 章相关内容。

7.5 环境规制与碳排放绩效关系的假说检验及讨论

7.5.1 空间面板模型的选定检验

前面证实了碳排放绩效的空间相关性,但具体到回归方程,需要进行传统面板回归残差项的空间计量检验,从而检验变量间是否存在空间自相关。表7-5仅仅报告了以地理相邻为空间权重矩阵的结果,我们同时也检验了地理距离和经济距离为空间权重矩阵的模型,结论一致。可以看出,静态和动态空间面板模型的 Moran's I 指数均在1%的水平上显著,说明 OLS 估计的残差存在明显的空间自相关性,佐证模型设定考虑空间相关的正确性。此外,利用 LM - lag 检验与 LM - error 检验以及相应的稳健性检验来判断究竟采用 SLM 还是 SEM,同样以面板混合回归的残差项构造统计量。表7-5显示,无论是静态模型,还是动态模型,LM - error 及其稳健性检验都通过了1%的显著性检验,而 LM - lag 检验未能通过,说明采用 SEM 更为合意。

表7-5   OLS 残差的空间依赖性检验

指标	Moran's I	LM - lag	robust LM - lag	LM - error	robust LM - error
静态模型 P - value	0.6907 (0.0000)	1.9404 (0.1636)	34.2890 (0.0000)	289.7534 (0.0000)	322.1024 (0.0000)

续表

指标	Moran's I	LM – lag	robust LM – lag	LM – error	robust LM – error
动态模型 P – value	0. 7009 （0. 0000）	2. 0845 （0. 1488）	37. 3404 （0. 0000）	296. 3097 （0. 0000）	331. 5656 （0. 0000）

资料来源：笔者整理。

7.5.2　静态空间面板模型的估计及结果分析

表 7 – 6 报告了环境规制影响碳排放绩效的静态空间面板模型的估计结果。根据埃洛斯特（Elhorst，2014）最新研究，静态空间面板模型分为五类：固定效应模型、随机效用模型、固定系数模型、随机系数模型和混合模型。一般在应用中，均使用前两类模型。针对静态空间面板模型中固定效应和随机效应的选择问题，穆特尔和普法弗尔（Mutl & Pfaffermayr，2011）认为，普通的 Hausman 检验无法判定，而只能运用空间 Hausman 检验。值得注意的是，空间 Hausman 检验统计量可能为负值，通常情况下取绝对值。从表 7 – 6 可知，空间 Hausman 检验统计量均在 10% 的水平上拒绝原假设，意味着采用固定效应模型比随机模型更为合适。而固定效应模型又分为个体固定、时间固定和个体时间双固定。对于这三种模型结果的优劣，学术界尚未统一判断标准。所以，在地理相邻、地理距离和经济距离的空间权重矩阵设定下，本书同时回归了三种固定效应模型，由于时间固定模型显著性较差，出于对篇幅布局考虑，表 7 – 6 中并未列出。从估计系数的显著性看，个体固定模型明显优于个体时间双固定模型。

表 7 - 6   环境规制影响碳排放绩效的静态空间面板模型的估计结果

解释变量	地理邻接 W_{cont}		地理距离 W_{dist}		地理邻接 W_{cont}	
	个体固定	双固定	个体固定	双固定	个体固定	双固定
ER	0.3635 *** (3.6991)	0.2931 ** (3.1063)	0.2960 *** (3.1812)	0.2713 *** (3.2081)	0.3488 *** (3.6211)	0.2839 *** (3.0164)
ER^2	− 0.0028 ** (− 2.3431)	− 0.0019 (− 1.6098)	− 0.0020 * (− 1.7692)	− 0.0012 (− 1.1592)	− 0.0022 * (− 1.8958)	− 0.0018 (− 1.5405)
Ener	− 0.0171 (− 0.3895)	− 0.0250 (− 0.5732)	− 0.0214 (− 0.5011)	− 0.0217 (− 0.5437)	− 0.0016 (− 0.0371)	− 0.0275 (− 0.6255)
Indu	− 0.1635 (− 0.9016)	0.0373 (0.2021)	0.0076 (0.0431)	0.0728 (0.4302)	− 0.2199 (− 1.1952)	0.0885 (0.4812)
R&D	9.5762 *** (4.8105)	8.1577 *** (4.0507)	9.4685 *** (5.0098)	8.6232 *** (4.9657)	9.8412 *** (4.9397)	8.1597 *** (4.1220)
FDI	− 0.3048 (− 0.7348)	0.3838 (0.9353)	0.0569 (0.1438)	0.8613 ** (2.2831)	0.0243 (0.0593)	0.5439 (1.3226)
Market	− 0.8715 *** (− 3.4746)	− 0.4069 (− 1.4928)	− 0.7451 *** (− 2.9923)	− 0.7782 *** (− 3.3027)	− 1.0789 *** (− 4.2228)	− 0.4556 * (− 1.6867)
K/L	− 6.1389 ** (− 2.2159)	− 15.5867 *** (− 4.1498)	− 8.0469 *** (− 3.0278)	− 17.4520 *** (− 5.1258)	− 7.8936 *** (− 2.9793)	− 16.5594 *** (− 4.4356)
Human	2.9580 (0.2195)	− 14.2764 (− 0.9119)	4.9685 (0.3710)	− 9.4694 (− 0.6657)	11.4727 (0.8405)	− 14.3602 (− 0.9156)
$W \times u$	0.3840 *** (6.2098)	0.1299 * (1.7947)	0.5690 *** (6.6489)	− 0.9090 *** (− 4.1765)	0.4000 *** (5.0535)	0.0492 (0.4945)
LR	− 1056.4427	− 1033.5303	− 1057.5144	− 1027.5052	− 1058.2849	− 1033.6538
Hausman test	− 105.5548 ***	82.0579 ***	− 78.4313 ***	− 17.9111 *	− 78.4313 ***	− 158.9673 ***

注：① * 、 ** 、 *** 分别表示10% 、5% 、1% 的显著性水平，系数下方括号内为渐进的 t 统计量；②固定效应模型分为个体固定、时间固定和个体时间双固定，由于时间固定模型估计结果显著性较差，表中未列出。

资料来源：笔者整理。

　　个体固定效应模型中，无论是在何种空间矩阵下，环境规制的一次方项系数显著为正，而二次方项系数显著为负，表明环境规制与碳排放绩效之间存在着显著的倒 U 型曲线关系，即环境规制对碳排放绩效的作用存在一个阈值，当一个地区的环境规制强度小于阈值时，增强环境规制强度有利于提升碳排放绩效，显示环境规制的"创新补偿"效应，体现"波特假说"论；而当环境规制强度大于阈值时，环境规制对碳排放绩效的抑制作用占据上方，"创新补偿"效应不能有效弥补"遵循成本"效应，从而体现新古典的环境规制"制约论"。两者间显著的倒 U 型关系验证了 H7 - 1，同时揭示了环境规制对碳排放绩效的作用存在"度"的限制，这一结论相吻合于沈能（2012）对环境规制和环境效率关系的论述。具体地，测算出三类个体固定模型的拐点，分别为 60.7%、74.0% 和 87.3%，而样本期间中国平均环境规制的强度为 40.7%，意味着环境规制强度位于倒 U 型曲线拐点的左侧，暗示进一步提升环境规制强度有利于提高碳排放绩效。

　　此外，空间误差系数在地理相邻和地理距离空间权重矩阵的设定下显著为正，说明相邻省份间碳排放绩效存在显著的空间依赖性，并且地理距离越近，越有利于发挥碳排放绩效的溢出效应，凸显"局部俱乐部"现象。同时，这种空间依赖性主要体现在地理位置和地理距离相邻省份间碳排放绩效的随机误差项冲击上，主要受人文地理环境、市场开放度和政策因素等共同因素的影响，而这些因素又没有纳入模型，造成误差项的空间相关。在经济距离空间权重矩阵的设定下，空间误差系数在个体固定中为显著正，而在双固定中并不显著。为了进一步检验碳排放绩效潜在惯性效应，以及充分考察模型中除碳排放绩效之外的其他因素对碳排放绩效的影响，下面引入动态空间面板模型，而上面静态空间面板模型的估计结果将作为参照，检验结论的稳健性。

7.5.3 动态空间面板模型的估计及结果分析

表7-7报告了环境规制影响碳排放绩效的动态空间面板模型的估计结果。作为一致估计，动态面板模型成立的前提是，扰动项的一阶差分仍将存在一阶自相关，但不存在二阶乃至更高阶的自相关。显然，无论是普通动态面板模型，还是三种动态空间面板模型，均通过 AR 检验，并且 Sargan 检验不能拒绝"所有工具变量均有效"的原假设，即本书采用的工具变量合理有效。

表7-7　环境规制影响碳排放绩效的动态空间面板模型的估计结果

解释变量	普通动态面板	动态空间面板		
		地理邻接 W_{cont}	地理距离 W_{dist}	地理邻接 W_{cont}
TFP_{t-1}	0.9106 *** (0.0127)	0.9291 *** (0.0961)	0.9033 *** (0.0445)	0.9180 *** (0.0529)
ER	0.0301 (0.0527)	0.2657 *** (0.0964)	0.3052 *** (0.0963)	0.3023 *** (0.1022)
ER^2	− 0.0010 ** (0.0005)	− 0.0024 ** (0.0011)	− 0.0027 ** (0.0011)	− 0.0028 ** (0.0012)
$Ener$	0.0434 *** (0.0152)	0.0152 (0.0403)	0.0568 (0.0401)	0.0667 ** (0.0398)
$Indu$	0.2739 *** (0.1177)	− 0.1072 (0.1440)	− 0.1768 (0.1417)	− 0.1405 (0.1455)
$R\&D$	− 0.2767 (1.4639)	4.1391 ** (1.8635)	5.4424 *** (1.8757)	4.3554 *** (1.6991)
FDI	− 0.3934 (0.4161)	− 0.4120 (0.3823)	− 0.3339 (0.3839)	− 0.6420 (0.3910)

续表

解释变量	普通动态面板	动态空间面板		
		地理邻接 W_{cont}	地理距离 W_{dist}	地理邻接 W_{cont}
Market	0.5622 *** (0.1600)	−0.8254 *** (0.2194)	−0.9003 *** (0.2077)	−0.9435 *** (0.1902)
K/L	−0.6214 (1.3766)	4.8740 * (2.8533)	1.8465 (3.0124)	4.9840 * (2.7087)
Human	19.6270 ** (7.8367)	19.0383 * (10.0533)	19.1586 * (10.0141)	30.1544 *** (10.2650)
_cons	−40.2192 ** (16.5036)	−7.7560 (27.0551)	−28.7612 (25.7377)	−5.3345 (24.3530)
$W \times u$	—	0.0350 *** (0.0103)	0.0000 *** (0.0000)	−0.0002 ** (0.0001)
AR（1）	0.0093	0.0065	0.0080	0.0127
AR（2）	0.6013	0.5887	0.5693	0.6097
Sargan	0.9843	0.9923	0.9441	0.9922
LR	—	−1204.355	−1199.584	−1204.3061

　　注：①***、**、*分别表示1%、5%、10%的显著性水平，系数下方小括号内数值为其标准误；②AR（1）、AR（2）分别表示一阶和二阶差分残差序列的 Arellano - Bond 自相关检验，Sargan 检验为过度识别检验，表中仅报告了相应统计量相应的 p 值。

资料来源：笔者整理。

　　四类模型中，环境规制的二次方项系数均在5%的显著性水平上为负，一次方项系数在空间模型中均显著为正，表明环境规制对碳排放绩效的影响轨迹为倒 U 型，与前面静态模型的估计结果一致。静态模型与动态模型的结论相互佐证，显示环境规制和碳排放绩效之间倒 U 型关系的稳健性。由于地理距离和经济距离权重矩阵下两者关系的拟合较为接近，因此本书只绘制了地理邻接和地理距离权重矩阵下的拟合图，分别如图7-2、图7-3所示。

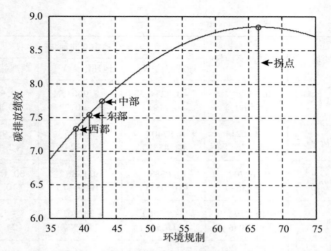

图 7 - 2　W_{cont} 权重下环境规制和碳排放绩效的拟合

资料来源：笔者整理。

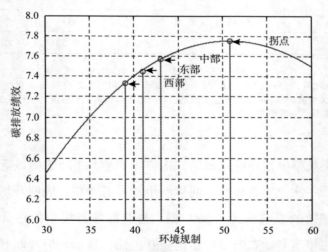

图 7 - 3　W_{dist} 权重下环境规制和碳排放绩效的拟合

资料来源：笔者整理。

　　由图 7 - 2 和图 7 - 3 可知，样本期内，中国平均环境规制强度位于倒 U 型曲线的左侧，意味着"创新补偿"效应占据主导地位，提升环境规制强度有利于促进碳排放绩效，印证前面结论。令人惊讶的是，中部地区的平均环境规制强度稍微高于东部，结合数据统计结果发现，2006 年之前，东部地区的环境规制强度低于西部，但2006 年之后，要显著高于中部地区。可能的解释在于，2001 年中国加入 WTO 之后，东部沿海地区受益于地理区位优势，为充分利用这一机遇，地方政府主要追求经济发展，导致环境规制强度偏低。但 2006 年中央政府首次将节能减排目标纳入国民经济发展规划纲要，此后东部地区为了满足社会公众与日俱增的环境质量诉求，提高了环境规制强度。总而言之，东中西部地区的环境规制强度尚未达到倒 U 型曲线的拐点，因此适当提升环境规制强度，有利于进一步提升碳排放绩效。

　　此外，无论在何种模型中，碳排放绩效滞后一期的回归系数均在 0.91 左右震荡，且通过 1% 的显著性水平检验，表明区域间碳排放绩效存在明显的连续性和黏滞性，即上一年碳排放绩效的提高导致下一年碳排放绩效进一步提升，形成一个良性的自我强化集聚过程，进而凸显碳排放绩效的路径依赖特征，恰恰验证了前文关于碳排放绩效存在滞后效应的理论推断。此外，对比四类模型可知，普通动态面板由于忽略碳排放绩效的空间依赖性，从而使回归结果出现了偏误，系数的显著程度也低于动态空间面板模型。

　　控制变量中，结合三类动态空间面板模型，能源消费结构与碳排放绩效的关系并不明晰，没有证据表明区域间通过优化能源消费结构提高了碳排放绩效。第三产业比重对碳排放绩效的影响为负，且不显著，说明通过优化产业结构促使产业结构高级化来提升碳排放绩效还存在较大空间。R&D 水平是促进碳排放绩效提高的重要诱因，符合经济直觉并一致于查建平等（2013）的研究。由于 FDI 对碳排放绩效的影响扮演着"天使"与"魔鬼"的双重角色，既可能是"污染光环"效应，也可能是"污染避难所"效应。回归结果表明 FDI 对碳排放绩效的作用为负，但不显著，意味着上述两种相左力量孰优孰劣孰占主导尚未清晰。以国有企业员工占就业人数的比例衡量的市场化水平是羁绊碳排放绩效提升的重要因素，暗示推进国有企业市场化改革与民营企业发展，促进经济结构与技术结构升级，是鞭策碳排放绩效提高的重要途径。一般而言，资本—劳动比的提高将导致资本密集型部门的产出提高，而资本密集型部门主要倾向于重污染产业，不利于提升碳排放绩效。然而，如果资本向高新技术产业流转，提高了资本深化质量，进而正向影响碳排放绩效。总体上，回归结果显示后者占据主导力量，从而资本—劳动比与碳排放绩效呈显著的正相关关系。促进碳排放绩效进步最明显的驱动力来自人力资本水平的提高。理论上，人力资本是知识的载体和技术进步的源泉，是内生增长理论的核心，其可以耦合先进技术、复杂知识不断进行创新以获取可持续的竞争优势和价值，提高碳排放绩效自然是题中之义。

7.5.4 影响环境规制碳排放绩效效应的因素检验

上面的实证研究探讨了环境规制与碳排放绩效的关系，并证实两者间存在倒 U 型曲线关系。接下来我们检验影响环境规制碳排放

绩效效应的因素，以验证 H7 - 2 和 H7 - 3。在回归方程中分别引入
环境规制与财政分权、污染治理投资水平的交叉项，如果某交叉项
的系数为正，则表明该因素强化了环境规制碳排放绩效的"创新补
偿"效应，弱化了"遵循成本"效应，反之亦然。表 7 - 8 报告了
影响环境规制碳排放绩效效应因素的估计结果。容易看出，所有模
型的估计结果均通过 AR 检验和 Sargan 检验，证明模型的设置比较
合理，估计结果值得信赖。

表 7 - 8　　　　　影响环境规制碳排放绩效效应的因素分析

解释变量	地理邻接 W_{cont}		地理距离 W_{dist}		地理邻接 W_{cont}	
TFP_{t-1}	0.9598 *** (0.0428)	0.9513 *** (0.0333)	0.9199 *** (0.0422)	0.9566 *** (0.0271)	0.9234 *** (0.0256)	0.9598 *** (0.0197)
$FD \times ER$	− 0.0010 *** (0.0002)	—	− 0.0000 *** (0.0000)	—	− 0.0005 *** (0.0002)	—
$Abate \times ER$	—	0.0076 ** (0.0032)	—	0.0024 ** (0.0012)	—	0.0090 *** (0.0034)
$Ener$	0.0116 (0.0407)	0.0043 (0.0404)	0.0477 (0.0408)	0.0472 (0.0408)	0.0644 (0.0403)	0.0541 (0.0398)
$Indu$	− 0.1298 (0.1453)	− 0.0796 (0.1429)	− 0.1721 (0.1425)	− 0.1735 (0.1423)	− 0.1677 (0.1470)	− 0.1274 (0.1444)
$R\&D$	4.0206 ** (1.8683)	3.9227 ** (1.8524)	5.4367 *** (1.8817)	5.4260 *** (1.8793)	4.2747 ** (1.7091)	3.9933 ** (1.6936)
FDI	− 0.4039 (0.3862)	− 0.3909 (0.3836)	− 0.3284 (0.3901)	− 0.3267 (0.3896)	− 0.6256 (0.3954)	− 0.6180 (0.3906)
$Market$	− 0.8365 *** (0.2198)	− 0.8982 *** (0.2147)	− 1.0526 *** (0.1997)	− 1.0516 *** (0.1995)	− 0.9772 *** (0.1900)	− 1.0576 *** (0.1805)
K/L	4.2848 (2.8527)	5.8819 ** (2.8355)	3.2973 (2.9763)	3.3956 (2.9744)	4.2723 (2.7215)	5.5545 ** (2.7087)

解释变量	地理邻接 W_{cont}		地理距离 W_{dist}		地理邻接 W_{cont}	
Human	20.8331 ** (10.1674)	22.7200 ** (10.0742)	23.5174 ** (10.1951)	23.7202 ** (10.1818)	32.4899 *** (10.3963)	34.0855 *** (10.2170)
$W \times u$	0.0358 *** (0.0102)	0.0348 *** (0.0100)	0.0000 *** (0.0000)	0.0000 *** (0.0000)	− 0.0002 ** (0.0001)	− 0.0002 ** (0.0001)
AR（1）	0.0090	0.0062	0.0075	0.0070	0.0095	0.0074
AR（2）	0.6789	0.5145	0.6447	0.4295	0.6152	0.4862
Sargan	0.9808	0.9740	0.9853	0.9285	0.9413	0.9804
LR	− 797.5830	− 1195.1981	− 1194.6384	− 1193.7424	− 1217.3918	− 1191.5025

注：① *** 、 ** 、 * 分别表示1%、5%、10%的显著性水平，系数下方小括号内数值为其标准误；②AR（1）、AR（2）分别表示一阶和二阶差分残差序列的 Arellano – Bond 自相关检验，Sargan 检验为过度识别检验，表中仅报告了相应统计量相应的 p 值。
资料来源：笔者整理。

就我们关心的两类交叉项而言，无论在何种空间权重矩阵设定下，财政分权与环境规制的交叉项系数均在1%的水平上显著为负，而污染治理投资水平与环境规制的交叉项系数均在5%的水平上显著为正，表明 H7 – 2 和 H7 – 3 在中国省际层面都是成立的。由此可见，一方面，财政分权滋生的地方政府竞争行为，使得地方政府存在强激励通过放松环境规制的方式吸引更多的流动性资源，从而环境规制具备"逐底竞争"的事实（朱平芳等，2011），弱化了环境规制影响碳排放绩效的"创新补偿"效应；另一方面，地方政府肩负满足本地居民良好环境质量需求的重任，即使存在环境政策的"非完全执行"现象，但地方政府并不会放任自由地让环境质量恶化，提供污染治理投资以弥补和减缓放松环境规制带来的不良后果，在一定程度上鼓励企业通过技术创新改进其生产工艺和提高治污能力，从而有助于提高环境规制对碳排放绩效的正向作用。此外，空间误差系数在基于地理相邻和地理距离的动态空间面板模型中显著为正，而在经济距离的回归方程中显著为负，与表 7 - 7 的结论一致，佐证了地理位置相邻和地理距离临近有利于发挥碳排放绩效的"涓滴效应"，而经济距离下，碳排放绩效的空间效应表现为负向的"极化效应"。至于其他控制变量，对于表 7 - 7，作用方向均一致，且作用强度变动幅度不大。

7.6　本 章 小 结

如何提高碳排放绩效一直是学术界所关心的热点话题，然而碳排放绩效的空间特征和环境规制的作用却被学术界所忽略。此外，地方政府的竞争行为使得环境规制普遍存在"逐底竞争"和"非完全执行"现象。因此，探究环境规制对碳排放绩效的关系有必要考虑地方政府行为。本书基于 2000～2011 年的省际面板数据，运用序列 DEA - Malmquist 生产率指数和方向性距离函数测算了区域层面的碳排放绩效，在此基础上，使用探索性空间相关性分析检验碳排放绩效的空间依赖性。更进一步，构造地理相邻、地理距离和经济距离三种空间权重，从而建立静态与动态空间面板模型检验了环境规制与碳排放绩效之间的关系。研究揭示：①时间维度上，碳排放绩效处于上升通道，但增长率一直下行，其主导因素是技术进步，并且技术效率一直羁绊碳排放绩效的提升，区域维度上，东部地区的碳排放绩效高于中西部地区；②碳排放绩效存在显著的空间依赖性，凸显"局部俱乐部集团"现象；③环境规制对碳排放绩效的影响轨迹呈倒 U 型曲线，即随着环境规制强度的增加，碳排放绩效先提高后降低，蕴含主导力量由"创新补偿"效应演变为"遵循成本"效应；同时，样本期内，中国环境规制强度位于倒 U 型曲线的爬坡阶段，暗示提升环境规制强度能够提升碳排放绩效；④在地理相邻和地理距离的空间权重矩阵设定下，碳排放绩效的空间溢出效应表现为"涓滴效应"，而在经济距离的空间权重矩阵中则表现为"极化效应"；⑤财政分权显著弱化了环境规制影响碳排放绩效的"创新补偿"效应，扮演"遵循成本"效应的助手，相比之下，污染治理投资则有效弱化了环境规制影响碳排放绩效的"遵循成本"效应，助推了"创新补偿"效应。

第 8 章

正式环境规制对碳排放的影响

——来自低碳城市试点政策的准自然实验

8.1 引　　言

温室气体浓度增加导致的全球变暖问题备受全世界瞩目，迫使人类同时暴露在经济发展阻滞、健康受损、食物和水资源短缺、极端天气频发、海平面上升等多重风险之下（段宏波、汪寿阳，2019），尤其对于中国这类气候更加易损的发展中国家而言更甚。第三次气候变化国家评估报告显示，中国气候变暖的速度快于全球平均水平，并且高的人口暴露度使其不得不面临更高的气候损失风险。为控制碳排放水平，中国政府在《巴黎协定》框架下提出了"双约束"的国家自主贡献目标：总量上，2030 年左右碳排放达到峰值，并争取尽早达峰；强度上，2030 年单位 GDP 碳排放比 2005年下降 60%～65%。为实现碳减排的双控目标，中国政府不仅一如既往地推动国家合作控排行动，而且不遗余力地开展国家、地区和行业层面的碳减排实践，如建设全国碳排放权交易市场、推行低碳城市试点等。那么，一个亟须回答的问题是，政府这类"自上而下"的正式环境规制是否取得预期的减排效果。

本书以"低碳城市"试点政策为研究对象，聚焦于探讨低碳城市建设的碳排放效应。2010 年国家发展和改革委员会发布了《关于开展低碳省区和低碳城市试点工作的通知》，开启了低碳省区和低碳城市的试点工作。随后，2012 年和 2017 年又分别确定了第二批和第三批低碳试点地区。在此背景下，本书探讨如下核心但却尚未得到很好回答的问题："低碳城市"试点政策是否有助于降低城市碳排放水平？如果答案是肯定的，那么这种影响是否存在时空差异？更进一步，"低碳城市"试点政策又通过什么途径影响碳排放？厘清上述问题，对于夯实低碳城市建设的前期发展成果以及拓展未来发展空间具有重要的实践价值，也为国家实现 2030 年碳总量达峰和碳强度下降的双控目标提供有益的政策启示。

本质上，"低碳城市"试点政策的有效性评估属于政府正式环境规制如何影响碳排放这一类议题。虽然既有文献（张华、魏晓平，2014；Zhang et al.，2017；Pei et al.，2019；Wang et al.，2019）关注了这类议题，但普遍面临环境规制的内生性问题。这一问题来源于三个方面：一是，环境规制指标的测量误差问题。由于环境规制强度并不存在直接量化的指标，因此通过环境规制的代理变量进行分析的文献不可避免地面临指标测量误差导致的内生性问题。在"好"的工具变量可遇不可求的情况下，这类问题往往最为棘手。

二是，遗漏变量问题。可能存在某些不可观测的遗漏变量同时影响环境规制与碳排放，即使采取面板数据并控制随时间不变的固体效应亦不能解决环境规制的内生性问题，从而导致环境规制的碳排放效应的估计偏误。三是，样本选择偏误问题。一些文献利用准自然实验的方法来避免前两类问题，但是由于处理组的选择并非随机，处理组和控制组本身就具有不同的属性特征，而这些不可观测的特征可能会对碳排放造成影响，从而导致估计结果存在偏差（宋弘等，2019）。

为了处理好文献中普遍面临的内生性问题，准确客观地识别出政府正式环境规制的政策效果，本书以 2010 年开始分地区逐步推行的低碳城市试点作为一次准自然实验，在控制城市固定效应、时间固定效应和省份时间趋势的基础上，利用渐进性的双重差分方法来缓解测量误差和遗漏变量对实证研究结果的不利影响。同时，在回归方程中控制某一城市是否为两控区城市、省会城市、经济特区城市、北方城市以及"胡焕庸线右侧"城市等城市属性变量与时间趋势多项式的交叉项，来缓解试点城市非随机选择造成的样本选择偏误问题。基于 2003～2016 年中国 285 个城市的面板数据，本书稳健地发现，低碳城市政策的确对城市碳排放水平具有显著的遏制作用，相比于非试点城市，低碳试点城市的碳排放量相对于样本均值降低了约 1.05 个百分点，表明低碳城市建设取得预期的碳减排效果。

与本书紧密关联的是关于低碳城市建设的政策效应评估的文献。宋弘等（2019）利用 2005～2015 年中国 119 个城市的面板数据，借助于双重差分方法，发现低碳城市建设显著降低 PM10 和 API 污染指数，提升了城市空气质量。类似地，王华星和石大千（2019）利用 2003～2016 年中国 280 个城市的面板数据，发现低碳城市建设显著降低 PM2.5 浓度。基于 2007～2016 年中国 194 个城市的面板数据，成等（Cheng et al.，2019）利用第二批低碳城市试点，发现低碳城市建设显著提升绿色全要素生产率。周迪等（2019）同样利用第二批低碳城市试点，采用 2012～2016 年中国 202 个城市的面板数据和倾向得分匹配－双重差分法（PSM－DID），发现低碳城市建设显著提升碳排放绩效。与上述文献聚焦于环境质量指标不同，龚梦琪等（2019）以外商直接投资为研究对象，利用 2004～2015 年中国 197 个城市的面板数据，发现低碳城市建设显著促进外商直接投资。梳理上述文献可知，既有关于低碳城市建设的政策效应评估的文献提供了重要思路和深刻洞见，但并没有直接关注低碳城市建设对碳排放的影响，而这为本书的研究提供了空间。

相比于以往文献，本书研究贡献主要体现在以下三个方面：第一，研究议题上，本书是国内较早从城市层面为低碳城市建设影响碳排放提供了实证证据的文献，拓展了碳排放的相关研究。虽然已有少数文献（Cheng et al.，2019；龚梦琪等，2019；王华星、石大千，2019；宋弘等，2019；王锋、葛星，2022）关注了低碳城市建设的政策效果，但研究焦点并不直接聚焦于碳排放。根据国家发展和改革委员会发布的文件可知，低碳城市试点政策的根本目的在于控制温室气体排放，而不是其他环境污染物等。虽然周迪等（2019）关注了低碳城市建设对碳排放绩效的影响，但忽略了第一批低碳试点的政策效果。第二，识别策略上，本书立足于双重差分法的估计框架，借助于低碳试点政策在不同城市、不同试点时间上的变异，通过比较先实施低碳试点的城市与后试点的城市，以及非试点城市之间碳排放水平的差异，得到"差分中差分"的结果。相比使用环境污染治理投资、污染物去除率等构造环境规制的代理变量的文献（张华、魏晓平，2014；Zhang et al.，2017；Pei et al.，2019），本书避免了测量误差导致的内生性问题。同时，本书还关注了低碳试点城市非随机选择导致的估计偏误问题。第三，实践意义上，为进一步扩大低碳城市的试点范围提供了实证证据，以及为国家完善碳减排的环境政策提供了科学依据。长期以来，对于"自上而下"、行政命令式的环境规制政策效果的质疑声不绝于耳，"阳奉阴违""上有政策，下有对策""有令不行，有禁不止"等环境政策执行偏差现象也屡见不鲜。本书的研究结论表明，低碳城市建设取得预期的碳减排效果，从而回击了这种质疑，未来碳减排的环境政策应更多关注政策效果的持续性。

8.2　政策背景与理论假说

8.2.1　政策背景

根据 BP 统计资料的数据，中国碳排放总量在 2006 年达到 6656 百万吨，超越美国的 6029 百万吨，成为世界上碳排放量最大的国家。面对与日俱增的国际减排舆论压力，中国政府在 2009 年哥本哈根气候大会上承诺到 2020 年单位国内生产总值碳排放比 2005 年下降 40%～45%。碳减排目标的提出既为中国未来的经济发展提出了挑战，同时也成为中国经济绿色低碳转型的重要机遇和杠杆（邵帅等，2019）。实际上，中央政府早在"十一五"规划中，就将能源强度降低 20% 作为国民经济和社会发展的约束性指标，并在 2007 年成立了应对气候变化领导小组。

在此背景下，为了实现 2020 年控制温室气体排放的行动目标，2010 年 7 月 19 日，国家发展和改革委员会发布了《关于开展低碳省区和低碳城市试点工作的通知》，对广东省、辽宁省、湖北省、陕西省、云南省 5 省和天津市、重庆市、深圳市、厦门市、杭州市、南昌市、贵阳市、保定市 8 市开展首批低碳试点工作。随后，2012 年 11 月 26 日，国家发展和改革委员会又发布了《关于开展第二批国家低碳省区和低碳城市试点工作的通知》，确定了北京市、上海市、海南省 3 个省份和石家庄市等 26 个省会或地级市共 29 个低碳试点地区。2017 年 1 月 7 日，第三批低碳试点名单公布，根据《关于开展第三批国家低碳城市试点工作的通知》文件，内蒙古自治区乌海市等 45 个城市（区、县）入选。

梳理三批低碳试点名单，并结合本书的研究期限和样本，可以发现，在本书 285 个样本城市中，低碳试点城市的数量为 96 个，非试点城市的数量为 189 个。在低碳试点城市中，东部、中部和西部的城市数量分别为 52 个、18 个和 26 个，分别占总试点城市的 54%、19% 和 27%；从低碳试点城市与非试点城市的比例来看，东部、中部和西部的试点比例分别是 51%、18% 和 31%。从低碳试点城市和非试点城市的地理位置分布上看，东部地区试点城市的数量最多，占试点城市总数的一半以上。这可能是由于，相比于中西部地区，东部地区经济总量和人口密度更高，导致能源消费量和碳排放量也更高，这意味着高碳经济增长路径的锁定效应与惯性效应也更强，因此东部地区是低碳试点政策的重点和核心区域。

为了比较低碳试点城市和非试点城市的碳排放水平，图 8－1 绘制了 2003～2016 年两类城市碳排放量和人均碳排放量的年平均值（均取对数）的变化趋势，数据来源参见下面。直观上，碳排放量与人均碳排放量的趋势图较为相似。从时间上看，2003 年以来，无论是低碳试点城市，还是非试点城市，碳排放水平整体上呈现出不断上升的趋势。这一趋势符合经济直觉，说明中国碳排放依然在持续增长，在 2030 年实现碳排放达峰的目标任重而道远。从处理组城市和控制组城市来看，试点城市的碳排放水平高于非试点城市的碳排放水平；2010 年之前，两类城市具有较为类似的碳排放水平的变化趋势；2010 年之后，两类城市的碳排放水平向上的趋势相较之前更为平坦，说明碳排放的增长率要低于 2010 年之前的增长率。由于试点城市和非试点城市在 2010 年之后均出现了碳排放增长率的下降趋势，因此图 8－1 尚不明证明低碳城市建设的碳减排效应，下面将从实证上进行严谨的识别。

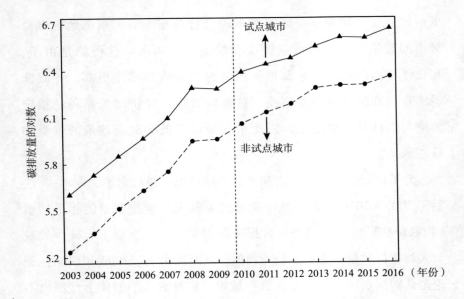

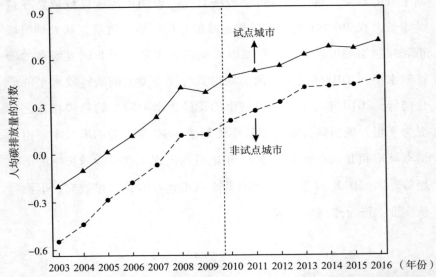

图 8-1   2003～2016 年低碳试点城市与非试点城市两类碳排放指标的变化趋势

资料来源：笔者整理。

8.2.2　理论假说

梳理低碳城市试点政策的相关文件可知，试点地区的具体任务主要包括五个方面：建立控制碳排放目标责任制、建立碳排放数据统计和管理体系、制定支持低碳发展的配套政策、建立低碳产业体系和倡导低碳绿色生活方式。根据上述要求，低碳试点地区需要结合本地区自然条件、资源禀赋和经济基础等方面情况，积极探索适合本地区的低碳绿色发展模式和发展路径。同时，根据先前文献（Grossman & Krueger，1995；Brock & Taylor，2005；Auffhammer et al.，2016）的研究，碳排放等环境污染物的影响途径主要包括规模效应（scale effect）、结构效应（composition effect）和技术效应（technology effect）三个方面。因此，本书认为低碳试点政策将通过降低能源消费（规模效应）、优化产业结构（结构效应）和提升技术创新水平（技术效应）等途径影响碳排放量。图 8 - 2 绘制了低碳城市试点政策影响碳排放的理论分析框架。具体如下。

第一，低碳城市试点政策能够降低能源消费量。在地方政府层面，低碳试点地区需要建立碳排放数据信息平台、编制碳排放清单等，建立完整的碳排放数据收集和核算系统，从而有助于地方政府官员更加了解本辖区的碳排放状况；在此基础上，地方政府建立低碳考评机制、实施总量控制与分解落实机制等，从而塑造地方政府官员的经济发展和环境保护的协调发展观，加强本地区的环境规制执行力度。在生产企业层面，迫于渐增的环境规制力度，企业认知自身不足，提高生产技术和环保技术，从而降低能源消费量。在社

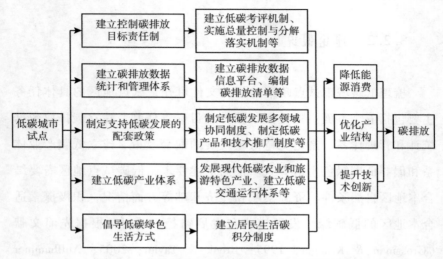

图 8 - 2 低碳城市试点政策对碳排放的影响机制

资料来源：笔者整理。

会公众层面，低碳试点地区尝试建立居民生活碳积分制度，推动个人和家庭践行绿色低碳生活理念，积极使用低碳产品和选择低碳出行方式。总之，通过地方政府、生产企业和社会公众的努力，低碳试点政策能够降低能源消费量，从而有利于降低碳排放水平。

第二，低碳城市试点政策能够优化产业结构。一方面，在低碳政策下，高污染、高耗能、高排放为特征的"三高"企业生产成本增加，利润被蚕食，从而很难在该试点地区存活（Cheng et al.，2019）。因此，这类企业可能选择迁移出试点地区或者选择低碳转型。如此，低碳政策将优化资本结构，促使产业结构由高投入、高排放型向清洁型、低碳型转变。另一方面，相关政策文件要求，试点地区要根据本地区的产业特色打造符合自身优势的低碳产业。具体而言，农业方面，积极发展现代低碳农业，建立低碳扶贫模式和制度，并且因地制宜建立精准农业、生态农业和循环农业等发展模式；工业方面，对于钢铁、有色、煤炭、电力、石油、化工、建材、纺织、造纸九大重点耗能行业采取相应的节能技术和节能产品，通过技术改造实现低碳化升级（宋弘等，2019），从而有效地降低工业能耗；服务业方面，积极发展低碳餐饮、低碳旅游、低碳金融、低碳交通、低碳建筑等行业，打造最小碳排放的现代服务业。总之，低碳试点政策能够通过优化产业结构而降低碳排放量。

第三，低碳城市试点政策能够提升技术创新水平。低碳试点政策通过"波特假说效应"促进低碳技术发展（Cheng et al.，2019）。波特假说认为，合适的环境规制强度不仅可以弥补企业的"环境遵循成本"，还能提高企业的生产率和竞争力（Porter & Van der Linde，1995），带来生产技术进步和低碳环保技术升级，从而有利于减少碳排放。同时，低碳试点地区设立低碳发展专项资金，通过资金配套、投资补助、贷款贴息、直接奖励和项目管理费对生产企业进行补贴，提高企业低碳技术研发支出。另外，既有文献（龚梦琪等，2019）表明，低碳试点政策显著促进外商直接投资。由于技术创新存在外溢效应，承载先进技术的外资企业向东道国传播更为绿色低碳的生产技术，提升其生产的环保水平。总之，低碳试点政策能够通过提升技术创新水平而降低碳排放量。

综上所述，本书提出如下研究假说：

H8-1　低碳城市试点政策有利于降低碳排放水平。

H8-2　低碳城市试点政策通过降低能源消费、优化产业结构和提升技术创新水平等途径抑制碳排放量。

8.3 实 证 设 计

8.3.1 识 别 策 略

本书将低碳城市试点政策的实施视为一次准自然实验，利用不同城市实施时间上的差异，使用渐进性的双重差分方法估计了低碳城市建设对碳排放的影响。本书的双重差异来自城市层面和年份层面，比较的是试点城市和非试点城市的碳排放水平在试点前后的差异。研究设计上，本书遵循既有文献（Wolff，2014；Gehrsitz，2017；Cheng et al.，2019；宋弘等，2019）的思路，设定如下计量模型：

$$Y_{it} = \alpha + \beta LCC_{it} + X'_{it}\gamma + u_i + \lambda_t + \delta_c trend_{pt} + \varepsilon_{it} \qquad (8-1)$$

其中，i，p 和 t 分别表示城市、省份和年份；被解释变量 Y_{it} 表示城市碳排放水平；核心解释变量 LCC_{it} 表示低碳城市试点的虚拟变量；X_{it} 表示一组控制变量，以控制其他因素对城市碳排放水平的影响。u_i 表示城市固定效应，以控制不同城市之间不随时间变化的因素，如地理因素和资源禀赋的差异等；λ_t 表示年份固定效应，以控制特定年份对所有城市造成影响的因素，如全国性的宏观调控政策等；$trend_{ct}$ 表示省份时间趋势，以控制不同省份具有不同的时间趋势。ε_{it} 表示随机误差项，为了控制潜在的异方差、时序相关和横截面相关等问题，本书将标准误聚类（Cluster）到城市层面。

本书最关心的主要解释变量是 LCC_{it}，表示低碳城市试点的状态，定义为某一城市低碳试点的当年及之后各年取值 1，否则为 0。这种定义自动产生了试点城市和非试点城市，以及试点前和试点后的双重差异，相当于传统双重差分法中处理对象变量和处理时间变量的交叉项。β 为双重差分统计量，捕捉了低碳城市建设影响碳排放的净效应。如果 $\beta < 0$ 且显著，则表明低碳城市建设显著降低碳排放水平，凸显出低碳城市试点政策的有效性；如果 β 不显著，则表明碳城市建设对碳排放的影响不明显。

8.3.2　样本与变量

本书采用的样本为 2003～2016 年 285 个城市的面板数据。所需数据来自国家发展改革委相关政策文件，以及历年《中国城市统计年鉴》《中国城市建设统计年鉴》《中国统计年鉴》等官方统计数据。同时，为了消除通货膨胀因素的干扰，所有名义指标根据各省各年的价格指数调整为以 2000 年为基期的不变价格。

8.3.2.1　碳排放量

本书参照吴建新和郭智勇（2016）、刘习平等（2017）的思路，将城市碳排放的来源分为直接和间接两大类：①直接碳排放来源包括天然气和液化石油气等消耗产生的碳排放，可以通过这类能源的终端消费量乘以 IPCC2006 提供的相关转化因子得到。②间接碳排放来源包括电能和热能等消耗产生的碳排放。其中，电能产生的碳排放量采用各区域电网基准线排放因子与城市电能消耗量相乘得到。由于国家发展和改革委员会气候司公布了历年华北、东北、华

东、华中、西北和南方共六大区域电网基准线排放因子，因此可将
各样本城市与六大区域相匹配进行相关计算。热能产生碳排放量的
计算方法为：首先利用供热量、热效率和原煤发热量系数计算出所
需原煤数量，再利用原煤折算标准煤系数（0.7143 千克标准煤/千
克原煤）计算出集中供热消耗的标准煤数量，最后利用 IPCC2006
提供的排放因子计算出热能消耗的碳排放量。供热量数据来源于
《中国城市建设统计年鉴》，城市热能主要有锅炉房供热和热电厂供
热两种，其原料多数以原煤为主。关于热效率的取值，采取吴建新
和郭智勇（2016）的做法，取值 70%，这是因为中国集中供热锅炉
以中小型燃煤锅炉为主，而《GB/T15317—2009 燃煤工业锅炉节能
监测》规定的燃煤工业锅炉热效率最低标准介于 65% ~78% 之间。
最后，将天然气、液化石油气、电能和热能产生的碳排放加总就得
到各个城市总的碳排放。需要提及，本书实证检验部分以碳排放总
量指标为主，以人均碳排放量指标为辅。

8.3.2.2 低碳城市试点

本书以虚拟变量来表示低碳城市试点这一政策变量，某一城市
实施低碳试点的当年及之后各年取值为 1，否则为 0。由前文政策背
景可知，国家发展和改革委员会分别于 2010 年、2012 年和 2017 年
开展了三批低碳城市试点工作。由于本书样本截至 2016 年，因此涉
及前两批试点城市。2010 年第一批试点范围为五省八市，2012 年
第二批试点为 3 省（市）和其余 26 个省会及地级市。值得注意的
是，两次试点名单存在交叉，即武汉市、广州市、昆明市和延安市
虽然属于第二批试点城市，但是其所属省份出现在第一批试点名单
中。本书参考宋弘等（2019）的做法，如果某一省份实施低碳试

点，那么其所辖城市也同时进行试点，并且实施时间定为更早的那次。同时，第二批试点城市的官方文件下达时间为 2012 年 11 月 26 日，并要求 2012 年 12 月 31 日之前将修订后的试点方案再次上报国家发展和改革委员会。由于该实施时间接近年底，因此文献中对第二批试点城市的实施时间存在争议。例如，宋弘等（2019）、周迪等（2019）将实施时间定义为 2013 年，而成等（2019）、龚梦琪等（2019）、王华星和石大千（2019）则将实施时间定义为 2012 年。考虑到政策执行可能存在的滞后性，本书实证检验部分对实施时间的定义以 2013 年为主，以 2012 年作为稳健性检验的内容。

8.3.2.3　其他变量

为了控制其他变量对碳排放的影响，本书参照先前文献（张克中等，2011；Auffhammer et al.，2016；严成樑等，2016；韩峰、谢锐，2017；黄向岚等，2018；邵帅等，2019），引入如下控制变量：人均收入的一次方项和平方项、产业结构、人口密度、FDI 比重、财政分权、科技支出与金融发展。关于控制变量的度量，人均收入以各地区人均实际 GDP 的对数衡量；产业结构以第二产业增加值占 GDP 的比重衡量；人口密度以各地区年末人口总数与辖区面积比值的对数衡量；FDI 比重以实际外商直接投资占 GDP 的比重衡量；财政分权以财政支出分权衡量，参考贾俊雪和应世为（2016）的做法，计算公式为支出分权 = 人均地级市财政支出/（人均地级市财政支出 + 人均省份财政支出 + 人均中央财政支出）；科技支出以预算内科技支出占预算内财政支出的比值衡量；金融发展以金融机构贷款余额占 GDP 的比重衡量。

表 8 - 1 报告了上述所涉及的主要变量的定义和描述性统计。可

以发现，相比于非试点城市，试点城市的碳排放水平更高，碳排放量的对数值高出 0.32 万吨，水平值高出 1.38 万吨；而人均碳排放量的对数值高出 0.27 吨/人，水平值高出 1.31 吨/人。控制变量中，试点城市的二产比重略低于非试点城市；而其余变量的均值在试点城市的样本中更高。同时，与已有文献相比，各变量的分布并未发现明显差异，均在合理范围之内，从而保证研究数据的可靠性。

表 8 – 1　　　　　　主要变量的定义和描述性统计分析

变量名称	观测值	非试点城市		试点城市	
		均值	标准差	均值	标准差
碳排放水平（碳排放量的对数，万吨）	3951	5.93	1.09	6.25	1.45
碳排放水平（人均碳排放量的对数，吨/人）	3948	0.09	1.21	0.36	1.37
低碳城市试点（试点城市为 1，非试点城市为 0）	3990	0.00	0.00	0.45	0.50
人均收入（实际人均 GDP 的对数，元/人）	3985	8.92	0.62	9.16	0.79
人均收入的平方（实际人均 GDP 平方的对数，元/人）	3985	79.88	11.27	84.43	14.85
产业结构（第二产业增加值占 GDP 的比重,%）	3985	49.21	11.35	47.60	10.30
人口密度（单位面积人口总数的对数，人/平方千米）	3987	5.68	0.94	5.79	0.85
FDI 比重（FDI 占 GDP 的比重,%）	3795	1.82	1.79	2.77	3.05
财政分权（财政支出分权）	3987	0.37	0.09	0.40	0.13
科技支出（科技支出占财政支出的比重,%）	3985	1.03	1.15	1.32	1.47
金融发展（金融机构贷款余额占 GDP 的比重）	3985	0.77	0.46	0.89	0.52

资料来源：笔者整理。

8.4　实证结果与分析

8.4.1　基准回归

低碳城市试点对碳排放影响的基准回归结果呈现在表 8 - 2 第（1）和第（2）列。不难发现，在控制了城市固定效应、时间固定效应以及省份时间趋势之后，不论模型是否包含控制变量，低碳城市试点的估计系数为负，并且通过 10% 的显著性水平检验，表明低碳城市建设总体上有助于减低碳排放水平，意味着低碳城市试点政策发挥了预期的碳减排效应，证实了研究 H8 - 1。这一结论与既有文献的观点较为一致，均肯定了低碳城市建设的积极作用。例如，低碳城市建设不仅有利于降低 PM2.5（王华星、石大千，2019）、PM10 和 API（宋弘等，2019）、碳排放绩效（周迪等，2019）以及城市绿色全要素生产率（Cheng et al.，2019）等环境质量指标，而且有利于增加外商直接投资（龚梦琪等，2019）。

表 8 - 2　　低碳城市试点对碳排放影响的基准回归结果

变量	全部城市		排除直辖市		排除直辖市、省会城市和计划单列市	
	（1）	（2）	（3）	（4）	（5）	（6）
低碳城市试点	- 0.0643 * （0.0348）	- 0.0633 * （0.0346）	- 0.0656 * （0.0358）	- 0.0635 * （0.0356）	- 0.0768 ** （0.0380）	- 0.0822 ** （0.0374）

续表

变量	全部城市		排除直辖市		排除直辖市、省会城市和计划单列市	
	(1)	(2)	(3)	(4)	(5)	(6)
人均收入	—	3.1313 ** (1.2452)	—	3.1185 ** (1.2501)	—	3.1948 ** (1.3222)
人均收入的平方	—	-0.1529 ** (0.0668)	—	-0.1521 ** (0.0671)	—	-0.1549 ** (0.0717)
二产占比	—	0.0040 (0.0033)	—	0.0040 (0.0033)	—	0.0027 (0.0036)
人口密度	—	0.5186 ** (0.2446)	—	0.5209 ** (0.2447)	—	0.7015 ** (0.2811)
FDI 比重	—	0.0037 (0.0047)	—	0.0038 (0.0047)	—	0.0054 (0.0051)
财政分权	—	0.7417 ** (0.3597)	—	0.7455 ** (0.3635)	—	0.6572 * (0.3921)
科技支出	—	-0.0015 (0.0078)	—	-0.0017 (0.0079)	—	-0.0019 (0.0088)
金融发展	—	0.0185 (0.0295)	—	0.0184 (0.0300)	—	0.0313 (0.0412)
常数项	6.0457 *** (0.0051)	-13.1530 ** (5.7865)	6.0020 *** (0.0051)	-13.1475 ** (5.8033)	5.8103 *** (0.0051)	-14.6686 ** (6.0634)
城市固定效应	是	是	是	是	是	是
年份固定效应	是	是	是	是	是	是
省份时间趋势	是	是	是	是	是	是
观测值	3951	3763	3895	3707	3464	3282
R^2	0.9557	0.9614	0.9514	0.9574	0.9401	0.9464

注:"( )"内数值为聚类到城市层面的稳健标准误,*、**、*** 分别表示10%、5%、1% 的显著性水平。

资料来源:笔者整理。

关于低碳城市试点估计系数的经济意义，在给定其他条件不变的情况下，相比于非试点城市，低碳试点城市的碳排放量平均降低6.33%。由于低碳城市试点政策开始于2010年，所以双重差分法一共捕捉了7年的平均处理效应，相当于低碳城市建设每年促使碳排放量降低0.90%（6.33%/7）。同时，本书还从样本均值的角度解读估计系数的经济意义。根据数据统计，样本城市的碳排放量（取对数）的均值为6.04，因此上述估计系数表明低碳试点城市的碳排放量相对于样本均值降低了约1.05个百分点。

在基准回归中，本书还进行了敏感性分析。一方面，考虑到北京、天津、上海和重庆四个直辖市在行政级别上高于一般地级市，这可能对结果产生干扰。本书排除了这四个直辖市重新回归，估计结果见表8－2第（3）列和第（4）列。可以发现，低碳城市试点的估计系数依然显著为负，并且系数大小接近于全部城市的估计结果。另一方面，考虑到省会城市和计划单列市拥有特殊的经济、财政和政治资源，城市属性与规模等方面与普通地级城市相比有较大差异，在排除直辖市的基础上，本书进一步删除这些城市的样本进行回归，估计结果见表8－2第（5）列和第（6）列。可以发现，低碳城市试点政策对碳排放仍然具有显著的抑制作用。上述结论显示，本书核心结论并未受到城市行政级别的影响。

关于控制变量的估计结果，本书以表8－2第（2）列全部城市样本的估计值进行解释。人均收入一次方项的估计系数显著为正，且平方项的估计系数显著为负，说明中国城市间存在碳排放的库兹涅茨倒U型曲线效应，即随着人均收入的提升，碳排放水平先上升后下降，一致于张等（Zhang et al.，2017）的研究结论。根据两类系数的估计值，可以计算出，倒 U 型曲线的拐点为 27993 元（2000年不变价格）。同时，本书样本期间人均收入的平均值为 8074 元（2000 年不变价格），这说明中国城市整体上倒 U 型曲线的爬坡阶段，碳排放量将随着人均收入的提升而增加。人口密度的估计系数在 5% 的水平上显著为正，这说明人口集聚度的提升显著加剧碳排放水平，这与既有文献（韩峰、谢锐，2017；Zhou & Wang，2018）的研究结论相同。财政分权的估计系数在 5% 的水平上显著为正，这说明财政分权显著促进了碳排放水平，一致于张克中等（2011）的研究结论。究其原因，财政分权反映了地方政府财政自主性的大小，财政分权程度越高，那么地方政府自主性越大。由于地方政府官员普遍存在"重基建、轻民生"的财政支出倾向，偏好于生产性公共品的投资，以直接、快速促进当地经济发展，因此，这不仅挤压了环保支出资金，还通过投资工业产业而促进能源消费，均不利于碳排放的治理。此外，其他控制变量的估计系数并没有通过显著性检验，对碳排放的影响尚未明晰。

8.4.2 异质性

不同区域城市在地理位置、经济规模、环保意识以及政策实施等方面具有较大差异，这些差异可能会导致不同城市对低碳试点政策产生不同反应。鉴于此，本书进一步检验低碳城市试点政策影响碳排放的地区差异。本书按照三种不同的思路进行考察：一是，将样本城市按照地理位置分为东部城市、中部城市和西部城市三个子样本；二是，根据实际人均 GDP 水平将样本城市分为三个等级，即低经济发展水平、中等经济发展水平和高经济发展水平；三是，参考胡艺等（2019）的做法，在方程中纳入"低碳城市试点×经度"这一交叉项。由表 8－3 可知，低碳城市试点的碳减排效应在西部城市和低经济发展水平城市的子样本中更加显著；同时，交叉项的估计系数显著为正，说明经度越大，越会削弱低碳城市试点的碳减排效应。上述结论的原因可能在于，地理位置上位于东部的城市，经度越大，其经济水平也越高，而这类城市经济总量和人口密度往往较高，能源消费量也越大，导致较高的碳排放水平，因此这类城市形成强烈的碳排放依赖性与碳锁定效应；相比之下，西部城市碳排放水平较低，碳锁定效应更弱，对低碳试点政策的反应速度更为灵敏和迅速，因此西部城市能够更加快速地发挥低碳试点政策的减排效应，政策更为有效。

表 8－3　　低碳城市试点对碳排放影响的异质性回归结果

变量	不同地理位置			不同经济发展水平			交叉项
	东部	中部	西部	低	中	高	
	（1）	（2）	（3）	（4）	（5）	（6）	（7）
低碳城市试点	－0.0399 （0.0390）	0.0360 （0.0541）	－0.1843* （0.0979）	－0.1610* （0.0893）	－0.0621 （0.0517）	0.0080 （0.0392）	－1.3642*** （0.5248）
低碳城市试点×经度	—	—	—	—	—	—	0.0113** （0.0044）
控制变量	是	是	是	是	是	是	是
城市固定效应	是	是	是	是	是	是	是
年份固定效应	是	是	是	是	是	是	是
省份时间趋势	是	是	是	是	是	是	是

变量	不同地理位置			不同经济发展水平			交叉项
	东部	中部	西部	低	中	高	
	(1)	(2)	(3)	(4)	(5)	(6)	(7)
观测值	1399	1385	979	1195	1295	1259	3763
R^2	0.9732	0.9541	0.9406	0.9094	0.9474	0.9743	0.9615

注："()"内数值为聚类到城市层面的稳健标准误，＊、＊＊、＊＊＊分别表示10%、5%、1%的显著性水平。

资料来源：笔者整理。

8.4.3　稳健性检验

（1）更换碳排放水平指标。前文基准回归使用碳排放总量度量碳排放水平，为了减轻指标度量问题对实证结论带来的影响，本节使用人均碳排放量重新回归，估计结果如表8－4第（1）列所示。可以发现，低碳城市试点的估计系数在10%的显著性水平上为负，支持前面结论。

表 8－4　　　　　　　　　　稳健性检验的回归结果

变量	(1) 人均碳排量	(2) 更换第二批低碳城市的试点年份	(3) 考虑观测值的异常值	(4) 所有解释变量滞后一期	(5) 考虑残差项的空间相关性	(6) 考虑碳排放权交易的影响
低碳城市试点	− 0.0599＊ (0.0345)	− 0.0677＊ (0.0365)	− 0.0555＊ (0.0299)	− 0.0639＊ (0.0336)	− 0.0633＊ (0.0357)	− 0.0621＊ (0.0347)
碳排放权交易	—	—	—	—	—	0.0277 (0.0298)

续表

变量	（1）人均碳排量	（2）更换第二批低碳城市的试点年份	（3）考虑观测值的异常值	（4）所有解释变量滞后一期	（5）考虑残差项的空间相关性	（6）考虑碳排放权交易的影响
控制变量	是	是	是	是	是	是
城市固定效应	是	是	是	是	是	是
年份固定效应	是	是	是	是	是	是
省份时间趋势	是	是	是	是	是	是
观测值	3763	3763	3763	3501	3767	3763
R^2	0.9623	0.9614	0.9606	0.9624	0.9614	0.9614

注：（1）"（）"内数值为聚类到地级市层面的稳健标准误，＊、＊＊、＊＊＊分别表示10%、5%、1%的显著性水平；（2）第（5）列采用 Conley（1999）提出的空间 HAC 标准误，并设定标准误在2°范围内存在空间相关性。为了避免估计结果受到先验设定的干扰，本书还设定标准误在1°、3°、4°和5°范围内存在空间相关性，发现相关结论依然成立（限于篇幅，这里并没有报告相关结果）。

资料来源：笔者整理。

（2）更换第二批低碳城市的试点年份。前面基准回归将低碳城市试点政策的实施时间定义为 2013 年，本节遵循成等（2019）、龚梦琪等（2019）、王华星和石大千（2019）的做法，将实施时间定义为 2012 年并重新回归，估计结果如表 8－4 第（2）列所示。可以发现，低碳城市试点的估计系数依然显著为负，并且在数值上与基本模型的估计系数较为接近，说明本书结论并未受到不同政策实施时间定义的影响。

（3）考虑观测值的异常值。为排除异常值的干扰，本书对被解释变量和控制变量最高和最低的 5% 样本进行缩尾法处理，重新回归后的估计结果如表 8－4 第（3）列所示。可以发现，低碳城市试点的估计系数依然显著为负，支持前面结论。

（4）所有解释变量滞后一期。考虑到低碳城市试点政策可能并非立即产生影响，本书对低碳城市试点这一核心解释变量进行滞后一期处理；同时，为了避免联立方程偏误，本书参考沈坤荣和金刚（2018）的做法，对所有控制变量也滞后一期，重新进行回归，估计结果如表 8 - 4 第（4）列所示。可以发现，本书相关结论依然成立。

（5）考虑残差项的空间相关性。风向等自然因素能够导致碳排放的扩散现象和空间外溢效应，促使某一城市的碳排放水平受到相邻城市的影响，从而导致残差项潜在的空间相关性。虽然前面基准回归对标准误进行了聚类处理，但并不能处理这类空间相关性问题。既有文献一般使用空间计量模型来处理变量间的空间相关性（Zhang et al.，2017；张华等，2017；Zhou et al.，2018），而碳排放等空气污染物的复杂性可能导致基于空间计量模型对政策处理效应的有偏估计（赵琳等，2019）。为此，本书参考既有文献（Nunn & Wantchekon，2011；沈坤荣、金刚，2018）的做法，采用空间 HAC 标准误。表 8 - 4 第（5）列模型设定标准误在 2°范围内存在空间相关性，可以发现，低碳城市试点政策依然具有显著的碳减排效应，支持前文结论。同时，为了避免估计结果受到先验设定的干扰，本书还设定标准误在 1°、3°、4°和 5°范围内存在空间相关性，发现相关结论依然成立。

（6）考虑碳排放权交易的影响。2011 年 10 月，国家发展和改革委员会正式批准北京市、天津市、上海市、重庆市、湖北省、广东省及深圳市开展碳排放权交易试点工作。其中，深圳市碳排放权交易所率先于 2013 年 6 月 18 日启动交易。根据中国碳交易网的统计数据，截至 2018 年 12 月 31 日，七省份试点碳市场配额累计成交量为 2.73 亿吨，累计成交额超过 54 亿元。关于碳排放权交易的碳排放效应，黄向岚等（2018）利用 2007～2015 年中国省级面板数据和双重差分法，发现碳排放权交易具有显著的碳减排效应，实现了环境红利；陈和许（Chen & Xu，2018）利用 1995～2015 年中国省级面板数据及合成控制法，发现碳排放权交易政策在湖北省和广东省显著降低了碳排放水平。为了控制碳排放权交易的影响，本书构造了"碳排放权交易"变量，定义为某一城市启动碳排放权交易的当年及之后各年取值 1，否则为 0。在基准回归模型中纳入这一虚拟变量，估计结果如表 8 - 4 第（6）列所示。可以发现，碳排放权交易的估计系数并不显著，说明样本期内碳排放权交易并未发挥显著的碳减排效应；同时，低碳城市试点的估计系数依然显著为负，支持前面结论。

8.4.4　基于 PSM - DID 方法的估计结果

为了克服低碳试点城市和非试点城市的变动趋势存在系统性差异，并提升"低碳城市试点政策有助于降低碳排放水平"这一核心结论的说服力，本书参考成等（2019）、王华星和石大千（2019）、周迪等（2019）的做法，进一步使用 PSM - DID 进行稳健性检验。在使用 PSM - DID 方法时，首先将城市是否实施低碳试点政策作为被解释变量，对控制变量进行 Logit 回归，得到倾向得分值；然后将倾向得分值最接近的城市作为试点城市的配对城市，即作为控制组；最后再利用双重差分法进行估计。这种方法的优势在于，依据可观测变量（控制变量）挑选控制组，从而最大限度地降低试点城市和非试点城市的系统性差异，有效缓解选择性偏差问题（石大千等，2018）。

表 8 - 5 报告了基于 PSM - DID 方法的低碳城市试点对碳排放影响的回归结果。本书使用的匹配变量是计量方程（1）的控制变量，匹配方法是卡尺内二阶近邻匹配。其中，第（1）~第（9）列分别使用的匹配数据是 2003 ~ 2009 年，以及 2003 ~ 2009 年的平均值和低碳城市试点前的平均值。不难发现，九类模型中，低碳城市试点的估计系数介于 - 0.0573 ~ - 0.0736 之间，并且除了第（3）列，其余模型的估计结果至少通过 10% 的显著性水平检验，特别是第（8）和第（9）列的估计结果一致于基准模型，再次证明低碳城市建设具有显著的碳减排效应，因此本书核心结论具有较强的稳健性。

8.4.5　安慰剂检验

为了排除低碳城市建设的碳减排效应受到遗漏变量干扰的可能性，本书参考既有文献（Li et al.，2016；宋弘等，2019），通过随机选择低碳试点城市进行安慰剂检验。在本书样本中，2010 ~ 2012 年共有 72 个低碳试点城市，2013 ~ 2016 年又增至 96 个，因此根据低碳城市试点年份随机选择处理组城市，并构造"虚假"处理变量 LCC_{it}^{false}，使用计量方程（1）的模型设定，对两类碳排放指标分别重复进行 1000 次和 2000 次回归。图 8 - 3 分别绘制了四次模拟中"虚假"处理变量 LCC_{it}^{false} 的回归系数和 P 值的分布图。

表 8－5　低碳城市试点对碳排放影响的回归结果：PSM－DID 方法

变量	(1)	(2)	(3)	(4)	(5)	(6)	(7)	(8)	(9)
	2003 年	2004 年	2005 年	2006 年	2007 年	2008 年	2009 年	2003～2009 年平均值	试点前平均值
低碳城市试点	-0.0711* (0.0373)	-0.0686* (0.0354)	-0.0573 (0.0358)	-0.0652* (0.0332)	-0.0677* (0.0361)	-0.0736** (0.0371)	-0.0668* (0.0366)	-0.0633* (0.0346)	-0.0633* (0.0346)
控制变量	是	是	是	是	是	是	是	是	是
城市固定效应	是	是	是	是	是	是	是	是	是
年份固定效应	是	是	是	是	是	是	是	是	是
省份时间趋势	是	是	是	是	是	是	是	是	是
观测值	3566	3610	3577	3625	3559	3557	3567	3763	3763
R^2	0.9565	0.9567	0.9568	0.9578	0.9596	0.9562	0.9572	0.9614	0.9614

注：（1）"（ ）"内数值为聚类到城市层面的稳健标准误，*、**、*** 分别表示 10%、5%、1% 的显著性水平；（2）本书使用的匹配变量是计量方程（1）的控制变量，匹配方法是卡尺内二阶近邻匹配。
资料来源：笔者整理。

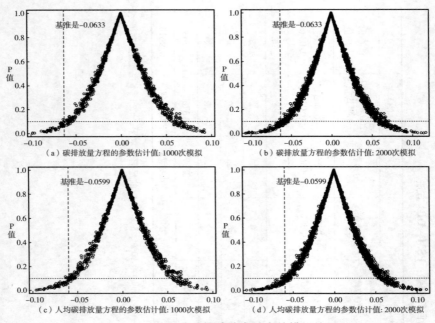

图 8 - 3   随机分配低碳试点城市的模拟结果

资料来源：笔者整理。

在碳排放方程中，基于随机样本估计得到的回归系数分布在 0 附近，进一步计算得到，两次模拟中回归系数的均值分别是 0.000280 和 0.000008，而本书的基准回归系数是 - 0.0633，小于绝大部分模拟值。从 P 值的角度上看，在 1000 次模拟中，有 56 个估计值小于 - 0.0633 且 P 值小于等于 0.1，这意味着此次模拟中的回归结果在 94.4%（1 - 56/1000）的概率上是正确的；在 2000 次模拟中，有 93 个估计值小于 - 0.0633 且 P 值小于等于 0.1，这意味着此次模拟中的回归结果在 95.4%（1 - 93/2000）的概率上是正确的。

在人均碳排放方程中，基于随机样本估计得到的回归系数分布在 0 附近，进一步计算得到，两次模拟中回归系数的均值分别是 0.000262 和 0.000006，而本书的基准回归系数是 - 0.0599，小于绝大部分模拟值。从 P 值的角度上看，在 1000 次模拟中，有 57 个估计值小于 - 0.0599 且 P 值小于等于 0.1，这意味着此次模拟中的回归结果在 94.3%（1 - 57/1000）的概率上是正确的；在 2000 次模拟中，有 100 个估计值小于 - 0.0599 且 P 值小于等于 0.1，这意味着此次模拟中的回归结果在 95.0%（1 - 100/2000）的概率上是正确的。综上所述，可以认为低碳城市建设的碳减排效应至少在 90% 的概率上并未受到遗漏变量的干扰。

8.5　拓 展 分 析

8.5.1　共同趋势检验

双重差分法有效的基本前提是，先实施低碳试点的城市与后试点的城市、非试点城市在试点之前碳排放的趋势不存在系统性差异，或者即使存在差异，差异也是固定的。这意味着试点城市与非试点城市在碳排放水平上具备共同趋势。如此，才可以认为后实施低碳试点的城市和非试点城市是试点城市合适的对照组。为检验这一共同趋势假设，本书参考先前研究（Li et al.，2016；Gehrsitz，2017；宋弘等，2019），利用事件分析法（event study）进行检验。具体构建如下计量模型：

$$Y_{it} = \alpha + \sum_{k \geqslant -6}^{6} \beta_k D_{it}^k + X_{it}'\gamma + u_i + \lambda_t + \delta_c trend_{pt} + \varepsilon_{it} \quad (8-2)$$

其中，i、p 和 t 分别表示城市、省份和年份。Y_{it} 包括碳排放量和人均碳排放量两类指标。D_{it}^k 表示低碳城市试点这一事件，是一个虚拟变量。D_{it}^k 的赋值如下：用 s_i 表示城市实施低碳试点政策的具体年份，如果 $t - s_i \leqslant -6$，则定义 $D_{it}^{-6} = 1$，否则 $D_{it}^{-6} = 0$；如果 $t - s_i = k$，则定义 $D_{it}^k = 1$，否则 $D_{it}^k = 0$（$k \in [-6, 6]$ 且 $k \neq 0$）。关于前后 6 期的设置，是因为试点当年设置为第 0 期，而第一批试点时间是 2010 年，因此 2016 年是试点后的第 6 年，即本书的样本范围中，k 的最大取值为 6；同时，试点前一共有 10 期，超过 6 期则设置为一个虚拟变量。此外，本书参考贝克（Beck et al.，2010）的做法，将低碳城市试点的当年作为基准年份，即式（8-2）中不包括 $k = 0$ 的虚拟变量。式（8-2）中其他变量的设定一致于基准模型（8-1）。本书主要关注参数 β_k，其反映了低碳城市试点前与试点后对城市碳排放水平的影响。根据共同趋势的假设条件，如果 $k < 0$ 时，参数 β_k 不显著异于零，那么满足共同趋势假设。此外，式（8-2）还具有一个优势，即可以估计低碳城市建设影响碳排放的动态变化；相比之下，式（8-1）的估计结果为低碳城市建设影响碳排放的平均效应，这个结果忽视了不同时期的动态特点。

为了更加直观地检验共同趋势的假设条件以及观察低碳城市建设对碳排放水平的动态影响，图 8-4 和图 8-5 分别绘制了碳排放量和人均碳排放量两类方程中参数 β_k 的估计值及其 95% 的置信区间。两幅图中，横轴表示低碳城市试点前与试点后的年份数，纵轴表示两类碳排放指标的变化差异。由图 8-4 和图 8-5 可知，无论是碳排放量方程，还是人均碳排放方程，参数 β_k 的估计值均不能拒

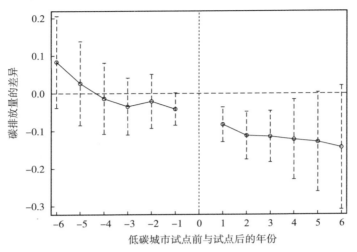

图 8 - 4　碳排放量在低碳城市试点前后的差异

注：小圆圈为估计系数，虚线为估计系数 95% 的置信区间。
资料来源：笔者整理。

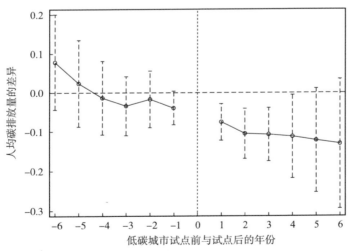

图 8 - 5　人均碳排放量在低碳城市试点前后的差异

注：小圆圈为估计系数，虚线为估计系数 95% 的置信区间。
资料来源：笔者整理。

绝为零的原假设，这表明处理组城市和控制组城市在低碳城市试点之前两类碳排放指标并不存在差异，证明了本书双重差分法满足共同趋势假设。

从动态效应上看，在低碳城市试点后的第一年至第四年，两类碳排放方程中参数 β_k 的估计值始终为负，并且通过5%的显著性水平检验，这说明低碳城市建设的碳减排效应出现在试点后的第一年至第四年，并且从数值大小上看，碳减排效应是逐年增大的；相比之下，在低碳城市试点后的第五年和第六年，两类碳排放方程中参数 β_k 的估计值并不显著，这说明低碳城市建设的碳减排效应在试点后的第五年和第六年消失。整体而言，低碳城市建设对碳排放的抑制效应在短期内是显著的，而随着时间推移，这种抑制效应可能消失，意味着未来政府需要强化低碳城市建设的碳减排效应的持续性。

8.5.2 低碳试点城市非随机选择的讨论

准确识别低碳城市试点的政策效应前提是，计量方程中"低碳城市试点"这一核心解释变量满足外生性要求。因此，最理想的情况是，低碳试点城市和非试点城市是随机选择的。然而，根据三次国家发展和改革委员会印发的相关政策文件，低碳试点城市的选择是基于"申报城市的工作基础、示范性和试点布局的代表性等因素"。也就是说，试点城市名单的确定并非随机，而是与城市的地理位置、经济发展、人口密度、环境约束和开放程度等固有属性密切相关。这些属性所导致城市之间的差异，可能随着时间推移对城

市的碳排放水平具有不同的影响，从而导致估计偏误。为了控制上
述城市属性对低碳城市试点政策造成的影响，本书遵循（Li et al.，
2016；Chen et al.，2018；宋弘等，2019）的思路，在基准回归模
型中加入城市属性与时间趋势多项式的交叉项。具体构建如下计量
模型：

$$Y_{it} = \alpha + \beta LCC_{it} + X'_{it}\gamma + S_c \cdot f(t) + u_i + \lambda_t + \delta_c trend_{pt} + \varepsilon_{it}$$

$$(8-3)$$

其中，S_c 表示城市属性。本书选取了五类变量作为城市属性这些先
决因素的代理变量，即该城市是否为 1998 年两控区城市、是否为省
会城市、是否为经济特区城市、是否为北方城市以及是否为"胡焕
庸线"右侧城市。$f(t)$ 表示时间趋势多项式，包括时间趋势的一次
项、二次项和三次项。因此，$S_c \cdot f(t)$ 控制了城市之间固有的属性
差异随着时间推移对碳排放的影响，在一定程度上缓解了低碳试点
城市和非试点城市非随机选择而造成的估计偏误。式（8-3）中其他
变量的设定一致于基准模型（8-1）。

　　表 8-6 报告了低碳试点城市非随机选择的回归结果。其中，
第（1）~第（3）列分别是在基准回归模型的基础上加入五类城市
属性的虚拟变量与时间趋势的一次方、二次方及三次方的交乘项。
可以发现，三类模型中，"低碳城市试点"这一核心解释变量的估
计系数介于 -0.0591 ~ -0.0607 之间，并且都在 10% 的水平上显
著。虽然系数大小略有差异，但系数的符号方向与显著性水平都与
前面保持一致，再次证明低碳城市建设有助于降低碳排放水平，同
时也表明在考虑到城市之间固有的属性差异可能的影响后，估计结
果依然稳健。

表 8 – 6 低碳试点城市非随机选择的回归结果

变量	(1)	(2)	(3)
低碳城市试点	– 0. 0607 * (0. 0357)	– 0. 0604 * (0. 0351)	– 0. 0591 * (0. 0356)
城市属性 × 时间趋势	是	是	是
城市属性 × 时间趋势的二次方	否	是	是
城市属性 × 时间趋势的三次方	否	否	是
控制变量	是	是	是
城市固定效应	是	是	是
年份固定效应	是	是	是
省份时间趋势	是	是	是
观测值	3749	3749	3749
R^2	0. 9631	0. 9633	0. 9634

注：（1）"（）"内数值为聚类到城市层面的稳健标准误，＊、＊＊、＊＊＊分别表示 10%、5%、1% 的显著性水平；（2）城市属性变量包括是否为两控区城市、是否为省会城市、是否为经济特区城市、是否为北方城市以及是否为"胡焕庸线"右侧城市共五类虚拟变量。其中，北方城市定义为秦岭—淮河线以北；"胡焕庸线"指的是，地理学家胡焕庸 1935 年提出的黑河（瑷珲）—腾冲线将中国分为面积大体相当、人口疏密悬殊的东南（右侧）和西北（左侧）两部分。

资料来源：笔者整理。

8.5.3 机制分析

前面研究表明，低碳城市试点显著降低了碳排放水平。那么，其具体的传导机制是什么呢，即政府低碳城市试点政策是通过影响哪些关键变量来降低碳排放水平？为了考察低碳城市试点对碳排放的影响机制，本书参照宋弘等（2019）的做法，设定如下计量模型：

$$M_{it} = \beta_0 + \beta_1 LCC_{it} + Z_{it}\xi + u_i + \lambda_t + \delta_c trend_{pt} + \varepsilon_{it} \tag{8-4}$$

其中，i、p 和 t 分别表示城市、省份和年份；M_{it} 表示机制变量，即低碳城市试点政策通过这些变量而影响碳排放；Z_{it} 表示一组控制变量；α_i、λ_t 和 $trend_{ct}$ 分别表示城市个体效应、年份效应和省份时间趋势；ε_{it} 表示随机误差项，并聚类到城市层面。关于机制变量的选取，本书根据前文理论机制的分析，选取了七类变量来衡量机制变量 M_{it}。这七类变量具体如下：①能源消费。由于城市层面缺乏能源消费的数据，并且考虑到电力消费与能源消费存在很高的相关性，参考李江龙和徐斌（2018）的做法，立足于城市电力消费视角，以人均电力消费量和电力消费总量（均取对数）进行考察。②结构效应。本书将结构效应分为产业结构和要素禀赋结构两类。前者以第一产业增加值占 GDP 的比重、第二产业增加值占 GDP 的比重、第三产业增加值占 GDP 的比重来衡量；后者以资本存量与劳动力的比值（取对数）来衡量。关于资本存量的计算，本书采用永续盘存法，即 $K_t = I_t + (1 - \delta_t) K_{t-1}$。其中，$K_t$ 为第 t 期的资本存量；I_t 为第 t 期消除通货膨胀因素的实际固定资产投资总额；δ_t 为第 t 期资本折旧率，本书取值 9.6%（张军等，2004）。由于前文样本数据均以 2000 年为基期，因此这里同样以 2000 年为基期，基期资本存量的计算表达式为 $K_{2000} = I_{2000} / (\delta + g)$，式中 g 为 2000～2010 年每个城市实际固定资产投资总额的年均增长率（Hall & Jones，1999）。③技术创新。技术创新以城市综合创新指数来衡量，数据来源于《中国城市和产业创新力报告》（寇宗来、刘学悦，2017）。同时，式（8-4）中纳入如下控制变量：人均收入、人口密度、FDI 比重、财政分权、科技支出和金融发展，这些变量的度量一致于前文。

　　低碳城市试点对碳排放的影响机制的回归结果在表 8 – 7 中呈现。其中，由第（1）列和第（2）列可知，低碳城市试点对人均电力消费量和电力消费总量的影响为负，并且通过 5% 的显著性水平检验，这说明低碳城市试点政策能够显著降低电力消费量。由第（3）~ 第（6）列可知，低碳城市试点对一产比重、二产比重、三产比重和资本劳动比并无显著影响，这说明低碳城市试点政策尚不能通过优化产业结构和要素禀赋结构而影响碳排放水平。由第（7）列可知，低碳城市试点显著提升城市创新指数约 19.8%，一致于宋弘等（2019）的研究结论。城市创新水平越高，越有利于促进环保技术和低碳技术的进步，从而有利于抑制碳排放。总之，以上结果表明低碳城市建设通过降低电力消费量和提升技术创新水平等途径抑制碳排放量，而产业结构这一条传导途径尚未发挥作用，证实了研究 H8 – 2 的部分内容。

表 8 – 7　　　　　　　　　机制分析的回归结果

变量	(1) 人均电力消费量	(2) 电力消费总量	(3) 一产比重	(4) 二产比重	(5) 三产比重	(6) 资本存量/劳动力	(7) 创新指数
低碳城市试点	– 0.0748 ** (0.0348)	– 0.0780 ** (0.0351)	0.4168 (0.2612)	– 0.0963 (0.4607)	– 0.3182 (0.4290)	– 0.0348 (0.0362)	0.1983 *** (0.0456)
人均收入	0.5775 *** (0.1078)	0.5104 *** (0.1126)	– 7.0975 *** (1.0611)	15.5903 *** (1.8316)	– 8.4937 *** (1.4089)	0.4524 *** (0.0975)	– 0.2117 * (0.1164)
人口密度	0.4355 (0.2819)	0.7532 *** (0.2571)	– 4.6967 ** (1.9322)	– 2.7051 (3.0402)	7.4150 *** (2.6538)	– 0.6462 ** (0.2826)	0.9816 ** (0.4330)
FDI 比重	0.0054 (0.0050)	0.0053 (0.0051)	– 0.0206 (0.0728)	0.1441 * (0.0830)	– 0.1234 * (0.0684)	0.0142 *** (0.0052)	– 0.0207 *** (0.0073)

变量	(1) 人均电力消费量	(2) 电力消费总量	(3) 一产比重	(4) 二产比重	(5) 三产比重	(6) 资本存量/劳动力	(7) 创新指数
财政分权	0.9326 *** (0.3551)	0.6483 * (0.3739)	− 12.5135 *** (3.6889)	14.4527 *** (4.9889)	− 1.9432 (4.0256)	0.8695 *** (0.2826)	− 3.0894 *** (0.4968)
科技支出	− 0.0147 ** (0.0072)	− 0.0073 (0.0080)	0.3779 *** (0.1205)	− 0.4693 ** (0.1884)	0.0911 (0.1071)	− 0.0136 (0.0089)	0.1044 *** (0.0296)
金融发展	0.0096 (0.0297)	0.0048 (0.0291)	0.0097 (0.1754)	− 0.5492 (0.4760)	0.5395 (0.4680)	− 0.0198 (0.0222)	0.0621 * (0.0372)
常数项	− 1.2134 (1.7910)	3.5629 * (1.8792)	109.8383 *** (15.4768)	− 81.0363 *** (25.3855)	71.1302 *** (20.8432)	12.3194 *** (1.7925)	− 1.8231 (2.5363)
城市固定效应	是	是	是	是	是	是	是
年份固定效应	是	是	是	是	是	是	是
省份时间趋势	是	是	是	是	是	是	是
观测值	3724	3724	3788	3789	3788	3789	3789
R^2	0.9556	0.9559	0.9609	0.9237	0.9185	0.9437	0.9512

注:"( )"内数值为聚类到城市层面的稳健标准误,* 、** 、*** 分别表示 10% 、5% 、1% 的显著性水平。

资料来源:笔者整理。

8.6 本 章 小 结

为了推动绿色低碳发展,确保实现碳排放"总量"和"强度"

的双控目标，中国政府分别于 2010 年、2012 年和 2017 年组织开展了三批低碳城市试点。准确客观地评估低碳城市建设的政策效果对于试点城市更好地开展低碳工作，以及进一步在全国范围内推广低碳城市建设具有重要的实践意义。鉴于此，本章将低碳试点政策在不同城市、不同时间的实施视为一次准自然实验，采用 2003 ~ 2016 年中国 285 个城市的面板数据，使用渐进性的双重差分方法估计了低碳城市建设对碳排放的影响及其作用机制。本章主要结论如下：（1）整体上，相比于非试点城市，试点城市的碳排放量相对于样本均值降低了约 1.05 个百分点，意味着低碳城市建设显著降低碳排放量，证实了低碳城市试点政策的有效性；（2）低碳城市建设对碳排放的影响存在异质性，碳减排效应在西部城市和低经济发展水平城市的子样本中更加显著；（3）试点城市与非试点城市的碳排放水平在试点之前满足共同趋势假设；同时，低碳城市建设的碳减排效应出现在试点后的第一年到第四年，而在试点后的第五年和第六年消失；（4）机制分析表明，低碳城市建设通过降低电力消费量和提升技术创新水平等途径抑制碳排放量。此外，本章讨论了低碳城市非随机选择的问题，并且利用 PSM – DID 方法、安慰剂检验等方式确保研究结论的稳健性。

第 9 章

正式环境规制对碳排放
绩效的影响

——来自创新城市试点政策的准自然实验

9.1 引　言

　　温室气体浓度渐增导致的全球变暖严重威胁人类健康和经济发展（Bai et al.，2019），已经成为人类社会可持续发展的严重威胁（Du & Li，2019）。作为全球最大的碳排放国家，中国面临巨大的碳减排压力。BP 统计资料显示，1978～2018 年中国碳排放总量由 14.19 亿吨增加至 94.29 亿吨，增幅高达 5.64 倍。理论上，提升碳排放绩效是治理气候变化最具成本效率的方式之一（Bai et al.，2019）。为此，在经济高质量发展的背景下探讨减缓气候变化和控制温室气体的问题，要从技术创新的视角出发，寻求提高碳排放绩效之路。中国政府积极实施创新型城市试点政策，旨在形成一批创新体系健全、创新绩效高、经济社会效益好、创新辐射引领作用强的区域创新中心。那么，一个亟须回答的问题是，以政府为主导的这类"自上而下"的政府创新政策是否有效提升了碳排放绩效？

本书以"国家创新型城市"试点政策为切入点，聚焦于探讨创新型城市建设的碳排放绩效效应。2008 年国家发展和改革委员会批准深圳成为全国第一个国家创新试点城市。此后，在深圳"先行先试"的基础上，进一步扩大创新型城市试点范围。根据 2016 年国家发展和改革委员会和科技部出台的《建设创新型城市工作指引》文件内容，截至 2016 年底，全国共有 61 个城市获批为国家创新试点城市。2018 年，又新增 17 个城市进行创新型城市试点。从试点进程上看，创新型城市建设是空间渐进的，由点及面逐步展开，经历了"试点—推广—趋同"的空间过程。与此同时，《建设创新型城市工作指引》明确将"绿色低碳"作为创新型城市建设的原则和目标。在此背景下，本书探讨如下核心但却尚未得到很好回答的问题：创新型城市试点政策是否有助于提升城市碳排放绩效？如果答案是肯定的，那么这种影响是否存在时空差异？更进一步，创新型城市试点政策又通过什么途径影响碳排放绩效？厘清上述问题，对于夯实创新型城市建设的前期发展成果以及拓展未来发展空间具有重要的实践价值，也为国家实现 2030 年碳排放的双控目标提供有益的政策启示。

与本书紧密关联的，主要有两方面的文献。第一类文献是碳排放绩效的相关研究，主要聚焦于测算不同地区的碳排放绩效水平与探寻碳排放绩效的影响因素（Zhou et al. , 2010；张华，2014；刘习平等，2017；马大来等，2017；李小胜等，2018；Du & Li，2019；Li & Wang，2019；Wang et al. , 2019a，2019b）。这类文献发展迅

速、方兴未艾，成为碳排放领域重要的研究议题之一。第二类文献
重点关注创新型城市建设的政策效应评估。李政和杨思莹（2019）
利用 2003～2016 年中国 269 个城市的面板数据，借助于双重差分
法，发现创新型城市建设显著提升了城市创新水平。类似地，王保
乾和罗伟峰（2018）利用 2008～2015 年中国"长三角"24 个城市
的面板数据，发现创新型城市建设有利于促进城市创新绩效水平。
不同于上述研究的宏观视角，刘佳等（2019）利用 2008～2016 年
上市公司的面板数据，发现创新型城市建设显著促进企业实质性创
新产出，为评估创新型城市试点政策提供了微观企业层面的证据。
与此同时，聂飞和刘海云（2019）以 *FDI* 质量为研究对象，利用
2003～2015 年中国 266 个城市的面板数据和 PSM – DID 方法，发现
创新型城市建设通过"回路效应"提升了 *FDI* 质量。梳理上述文献
可知，既有文献在研究设计和研究方法等方面为评估创新型城市建
设的政策效应提供了重要思路，但并没有关注创新型城市建设对碳
排放绩效的影响，而这为本书的研究提供了空间。

为了准确客观地识别出创新型城市建设对碳排放绩效的影响，
本书将 2008 年开始分地区逐步推行的创新型城市试点政策视为一次
准自然实验，在控制城市固定效应、时间固定效应和省份时间趋势
的基础上，利用渐进性的双重差分法来缓解遗漏变量对实证研究结
果的不利影响。同时，为了处理创新试点城市由于非随机选择而导
致的内生性问题，本书采取了控制城市属性法和工具变量法。基于
2005～2016 年中国 285 个城市的面板数据，稳健地发现，创新型城
市试点政策的确对碳排放绩效具有显著的促进作用，相比于非试点
城市，创新试点城市的碳排放绩效平均增加 2.47%。经过共同趋

势、工具变量、PSM – DID 方法、安慰剂等一系列稳健性检验后，上述结论依然成立。本书的研究为在全国范围内推广创新型城市建设提供了经验证据，并为打造创新、低碳等新型特色城市提供了政策参考。

相比于以往文献，本书研究贡献主要体现在以下三个方面：第一，研究议题上，本书可能是国内首篇从绿色低碳发展的角度探讨创新型城市试点政策效应的文献，为在全国范围内推广创新型城市建设提供了经验证据，并且丰富了碳排放绩效的相关研究。既有文献主要从宏观和微观维度考察了创新型城市试点政策的创新效应（王保乾、罗伟峰，2018；李政、杨思莹，2019；刘佳等，2019；Gao & Kang）和能效效应（Yang et al.，2022；Yu et al.，2022），而"绿色低碳"作为创新型城市建设的原则和目标，因此分析创新型城市建设对碳排放绩效的影响是评估该政策效应不可或缺的内容。第二，识别策略上，本书立足于双重差分法的估计框架，借助于创新型城市试点政策在不同城市、不同试点时间上的变异，通过比较先实施创新试点的城市与后试点的城市、非试点城市之间碳排放绩效的差异，得到"差分中差分"的结果。通过使用这类准自然实验的方法，可以有效地避免遗漏变量导致的内生性问题。同时，从非期望产出和期望产出的角度出发，探求了创新型城市建设对碳排放绩效的影响机制。第三，关注并处理了创新试点城市由于非随机选择而导致的内生性问题。一方面，本书在回归方程中纳入城市属性变量与时间趋势多项式的交叉项，城市属性变量包括是否为两控区城市、经济特区城市、北方城市以及"胡焕庸线"右侧城市，以控制城市之间固有的属性差异随着时间推移对碳排放绩效的影响；另一方面，本书以各城市的高校数量为基础构造工具变量，进一步解决上述问题。

9.2　政策内容概要与理论假说

9.2.1　政策内容概要

城市不仅是科技创新活动的空间载体还是创新资源和要素的集聚地（李政、杨思莹，2019），更是区域经济社会发展的中心，对区域和国家全局发展影响重大。为了促进城市经济发展由传统要素驱动向创新驱动转变，并提高自主创新能力，中国政府着力推行创新型城市建设工作。创新型城市建设的目标是，将试点城市建设成自主创新能力强、科技支撑引领作用突出、经济社会可持续发展水平高、区域辐射带动作用显著的城市。这一政策决定意义重大，既是加快实施创新驱动发展战略和完善国家创新体系的必然要求，还是经济高质量发展下培育新动能、发展新经济的内在需要，更是党的十九大报告所提出的"到 2035 年，我国跻身创新型国家前列"这一目标的重要举措。

为了加快和推进创新型城市建设工作，2008 年在深圳市成为首个国家创新试点城市之后出台了一系列政策文件。2010 年 1 月，国家发展和改革委员会印发《关于推进国家创新型城市试点工作的通知》，指出要扩大试点范围，同意大连市、青岛市等 16 个城市开展新一轮创新型城市试点。同年 4 月，科技部出台《关于进一步推进创新型城市试点工作的指导意见》，该文件较为详细，并附带了相关指导意见和监测评价指标。从评价指标上看，共有创新投入、企业创新、成果转化、高新产业、科技惠民和创新环境 6 个一级指标以及 25 个二级指标。2016 年 12 月，国家发展和改革委员会和科技部共同印发《建设创新型城市工作指引》，进一步修订了相关指导意见和指标体系，并公布了 61 个创新试点城市的具体名单。2018年 4 月，国家发展和改革委员会和科技部又共同印发《关于支持新一批城市开展创新型城市建设的函》，批准吉林市、徐州市等 17 个城市进行新一轮试点。上述政策作为创新型城市建设的纲领文件，规划和设计了创新型城市的建设原则、发展目标、重点任务和政策保障等，并鼓励试点城市因地制宜探索差异化的创新发展路径，支持其进行相关的创新活动。

梳理创新型城市试点名单，并结合本书的研究期限和样本，可以发现，在本书 285 个样本城市中，创新试点城市的数量为 59 个，剩下的 226 个城市为非试点城市。在创新试点城市中，东部、中部和西部的城市数量分别为 31 个、14 个和 14 个，分别占创新试点城市总数的 51%、24% 和 24%；从创新试点城市与非试点城市的比例来看，东部、中部和西部的试点比例分别是 31%、14% 和 17%。可见，东部地区创新试点城市的数量最多，占试点城市总数的一半以上。这可能是由于，相比于中西部地区，东部地区创新基础条件较好，经济社会发展水平较高，因此东部地区是创新型城市试点政策的重点和核心区域。试点城市的地理位置分布符合《建设创新型城市工作指引》的文件要求，即结合国家创新驱动发展的整体部署，统筹东、中、西部区域布局，积极支持和推动城市创新发展。综上所述，相比于非试点城市，创新试点城市享受到相关的政策红利，并分布在不同的地理位置，这为构造"准自然实验"并使用双重差分法来识别创新型城市建设对碳排放绩效的"净效应"创造了条件。

9.2.2　理论假说

梳理和总结 2010 年、2016 年和 2018 年国家发展和改革委员会与科技部出台的相关文件可知，试点城市的重点任务主要包括四个方面：加大创新政策支持、促进创新要素集聚、增加创新投入和优化创新环境。根据上述政策要求，试点城市需结合本地区资源禀赋、产业特征、区位优势、发展水平等基础条件，因地制宜制定适合本地区的创新型城市建设的发展模式和发展路径。这些措施有利于试点城市加快技术创新进步、助力产业结构优化升级和驱动经济发展方式转变，从而进一步促进城市经济发展和抑制碳排放水平。由下文碳排放绩效的指标构建可知，经济发展对应于期望产出，而碳排放水平则对应于非期望产出，因此增加期望产出和减少非期望产出有利于提升碳排放绩效。图 9 - 1 绘制了创新型城市试点政策影响碳排放绩效的理论分析框架。

具体地，就创新型城市建设重点任务来看：①加大创新政策支持。根据政策要求，国家相关部门需加强统筹支持和政策指导，对符合条件的科研任务、创新基地和研发平台、科技人才、创新政策和改革试点等给予积极支持。同时，试点城市所在省份需要制定出台支持创新型城市建设的系列政策，并且各种金融机构为当地具有

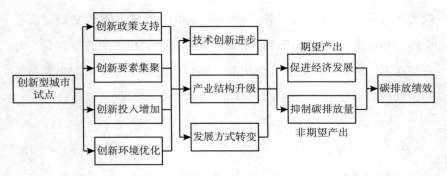

图 9-1 创新型城市试点政策对碳排放绩效的影响机制

资料来源：笔者整理。

创新潜能的企业研发活动提供必要的贷款资金支持（聂飞、刘海云，2019）。②促进创新要素集聚。试点城市集聚国内外高端人才、资金、技术和信息等创新资源，培育壮大研发组织，并且以市场需求为导向，构建产业技术创新联盟，形成创新的吸附效应、聚合效应和规模效应。同时，布局各类创新基地和服务平台，充分开展国际交流与合作，加强科研成果的传播与共享（李政、杨思莹，2019）。③增加创新投入。《建设创新型城市工作指引》明确要求，进一步加大地方财政科技投入，促进政府引导性投入稳步增长、企业主体性投入持续增长。一方面，加强科技创新载体建设，将国家自主创新示范区和高新技术产业开发区作为重要平台，打造区域创新示范引领高地；另一方面，完善创新人才激励，包括实施重大人才工程、优化创新人才培养和引进模式以及改进创新型人才流动和服务保障模式等。④优化创新环境。试点城市需完善政府创新治理制度，加快优化服务改革，构建科技管理基础制度，形成多元参与、协同高效的创新治理格局。同时，培育公平有序的创新市场环境，如加强知识产权保护、破除限制新技术的不合理准入障碍、打破相关行业垄断等，从而完善全社会创新创业的政策环境。

上述创新型城市试点政策将从两个方面有利于提升碳排放绩效。一方面，创新型城市试点政策有利于促进城市经济发展。这种促进作用可以通过三种途径实现：第一，创新型城市试点政策能够加快技术创新进步。毋庸置疑，创新型城市建设的直接目的是提高试点城市的自主创新能力。由前面相关文献可知，王保乾和罗伟峰（2018）、李政和杨思莹（2019）、刘佳等（2019）利用中国城市和企业层面的数据，证实了创新型城市建设有利于促进创新水平，彰显了政府创新政策的有效性。第二，创新型城市试点政策能够优化产业结构。《建设创新型城市指标体系》文件中，明确了创新指标要求，如国家和省级高新技术产业开发区营业总收入占地区 GDP 比重、知识密集型服务业增加值占地区 GDP 比重等。试点城市只有在建设期结束前完成相关指标考核，才能通过验收评估。因此，指标考核将促使试点城市更加注重发展高新技术产业，这有利于优化产业结构。第三，创新型城市试点政策能够转变经济发展方式。党的十九大报告指出，创新是引领发展的第一动力，是建设现代化经济体系的战略支撑。创新型城市建设要求将创新驱动发展作为城市经济社会发展的核心战略，培育新动能、发展新经济，这有利于促进城市经济发展由传统要素驱动转向创新驱动。总之，创新型城市试点政策能够通过加快技术创新进步、优化产业结构和转变经济发展方式等途径促进经济发展。另一方面，创新型城市试点政策有利于抑制城市碳排放水平。在《建设创新型城市指标体系》文件中，明确要求将碳排放强度作为特色指标，并且将万元 GDP 综合能耗作为基础指标。这种政策指标考核要求，有利于试点城市将绿色低碳技术研发作为技术创新的重要发展维度，从而驱动环保技术和低碳技术的进步。同时，创新型城市试点政策要求创新驱动发展，积极发展高新技术产业，而这类产业是属于知识、技术密集型产业，具有绿色、清洁、低碳等特征，在促进产业结构升级的同时有助于遏制碳排放。另外，创新型城市要求将创新作为城市发展的第一动力，有别于传统的粗放型发展方式，实现高污染、高耗能、高排放的"三高"产业低碳化运营，推动城市低碳经济发展和可持续发展。总之，创新型城市试点政策能够通过促进绿色低碳技术、优化产业结构和转变经济发展方式等途径抑制碳排放水平。

综上所述，本书提出如下研究假说：

H9 – 1 创新型城市试点政策有利于提升碳排放绩效。

H9 – 2 创新型城市试点政策通过促进经济发展和降低碳排放水平而提升碳排放绩效。

9.3 实 证 设 计

9.3.1 计 量 模 型 设 定

本书将创新型城市试点政策的实施视为一次准自然实验，利用不同城市在试点时间上的变异，使用渐进性的双重差分法估计了创新型城市建设对碳排放绩效的影响。本书的双重差异来自城市层面和年份层面，比较的是创新试点城市和非试点城市的碳排放绩效在试点前后的差异。研究设计上，参考李政和杨思莹（2019）的思路，设定如下计量模型：

$$CEP_{it} = \alpha + \beta IC_{it} + \gamma X_{it} + u_i + \lambda_t + \delta_c trend_{pt} + \varepsilon_{it} \qquad (9-1)$$

其中，i、p 和 t 分别表示城市、省份和年份；被解释变量 CEP_{it} 表示城市碳排放绩效水平；核心解释变量 IC_{it} 表示创新型城市试点的虚拟变量；X_{it} 表示一组控制变量，以控制其他因素对城市碳排放绩效水平的影响。u_i 表示城市固定效应，以控制不同城市之间不随时间变化的因素，如地理因素和资源禀赋的差异等；λ_t 表示年份固定效应，以控制特定年份对所有城市造成影响的因素，如全国性的宏观调控政策等；$trend_{pt}$ 表示省份时间趋势，以控制不同省份具有不同的时间趋势。ε_{it} 表示随机误差项，为了控制潜在的异方差、时序相关和横截面相关等问题，本书将标准误聚类（Cluster）到城市层面。

　　本书最关心的主要解释变量是 IC_{it}，表示某一城市实施创新试点的状态，定义为该城市创新试点的当年及之后各年取值 1，否则为 0。这种定义自动产生了创新试点城市和非试点城市，以及试点前和试点后的双重差异，相当于传统双重差分法中处理对象变量和处理时间变量的交叉项。β 为双重差分统计量，捕捉了创新型城市建设影响碳排放绩效的净效应。如果 $\beta > 0$ 且显著，则表明创新型城市建设显著提升碳排放绩效；如果 β 不显著，则表明创新型城市建设对碳排放的影响不明显。

9.3.2 样本与变量

本书采用的样本为 2005~2016 年 285 个城市的面板数据。所需数据来自国家发展和改革委员会和科技部发布的相关政策文件，以及历年《中国城市统计年鉴》《中国城市建设统计年鉴》《中国统计年鉴》等官方统计数据。同时，为了消除通货膨胀因素的干扰，所有名义指标根据各省各年的价格指数调整为以 2000 年为基期的不变价格。

9.3.2.1 碳排放绩效

参考周等（Zhou et al., 2010）的思路，以生产理论为基础，利用数据包络分析（DEA）构建碳排放绩效指标。其定义为：全要素生产框架下，理想排放水平与实际排放水平的比值；该比值越大，表明碳排放绩效水平越高，反之亦然。为更好阐述碳排放绩效指标的现实含义，本书通过绘制生产函数图加以证明。如图 9-2 所示，横坐标 c 为二氧化碳排放，纵坐标 y 为经济产出。对于生产者 A 而言，其实际的二氧化碳排放为 OB。然而，由于它距离真正的有效生产前沿面还有一段距离，其在生产前沿面上的投影点为 A'，即生产者 A 的理想二氧化碳排放水平应该为 OC。在全要素生产框架下，生产者 A 的碳排放绩效定义为理想二氧化碳排放水平与实际二氧化碳排放水平的比值，即 OC/OB。不难看出，该比值处于 0~1 之间，比值越大表明生产者 A 与有效生产前沿面越接近，碳排放绩效水平越高，反之亦然。

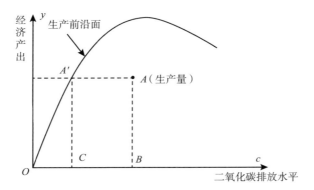

图 9 - 2　碳排放绩效图解

资料来源：笔者整理。

　　为从数值上计算出碳排放绩效，本书参考周等（Zhou et al.，2010）的思路，以生产理论为基础，利用数据包络分析。假设有 K 个决策单元（decision - making units，DMU），x 为生产投入，y 为期望产出，c 为非期望产出二氧化碳，则碳排放绩效（Carbon emission performance，CEP）可以表示为：

$$
\begin{cases}
CEP = \min\vartheta \\
s.t. \displaystyle\sum_{k=1}^{K} z_k x_k \leqslant x \\
\displaystyle\sum_{k=1}^{K} z_k y_k \geqslant y \\
\displaystyle\sum_{k=1}^{K} z_k c_k = \vartheta c \\
z_k \geqslant 0, \ for\, k = 1, \cdots, K
\end{cases}
\tag{9 - 2}
$$

　　关于投入产出指标的选取，本书遵循既有文献（马大来等，2017；李小胜等，2018；Lin & Chen，2019）的一般做法，选取资本、劳动力和能源作为投入要素，选取各城市生产总值（GDP）作为期望产出，选取碳排放量作为非期望产出。关于投入指标：①资本以资本存量表示，本书采用永续盘存法计算，即 $K_t = I_t + (1 - \delta_t)K_{t-1}$。其中，$K_t$ 为第 t 期的资本存量；I_t 为第 t 期消除通货膨胀因素的实际固定资产投资总额；δ_t 为第 t 期资本折旧率，本书取值 9.6%（张军等，2004）。由于前面样本数据均以 2000 年为基期，因此这里同样以 2000 年为基期，并遵循霍尔和琼斯（Hall & Jones，1999）的思路，基期资本存量的计算表达式为 $K_{2000} = I_{2000}/(\delta + g)$，式中 g 为 2000～2010 年每个城市实际固定资产投资总额的年均增长率。②劳动力以年末单位从业人员数来衡量。③由于城市层面缺乏能源消费的数据，并且考虑到电力消费与能源消费存在高度的相关性，本书参考李江龙和徐斌（2018）的做法，以城市电力消费量间接衡量。最后，碳排放量的计量参照第八章。

9.3.2.2 创新型城市试点

本书以虚拟变量来表示创新型城市试点这一政策变量，某一城市实施创新试点的当年及之后各年取值为 1，否则为 0。

9.3.2.3 控制变量

为了控制其他变量对碳排放绩效的影响，本书参考张华（2014）、刘习平等（2017）、马大来等（2017）、李小胜等（2018）、杜和李（Du & Li，2019）、邵帅等（2022）的研究设计，引入如下控制变量：实际人均 GDP、产业结构、人口密度、FDI 比重、财政分权、科技支出与金融发展。关于控制变量的度量，实际人均 GDP 以各地区实际 GDP 与年末人口总数比值的对数衡量；产业结构以第二产业增加值占 GDP 的比重衡量；人口密度以各地区年末人口总数与辖区面积比值的对数衡量；FDI 比重以实际外商直接投资占 GDP 的比重衡量；财政分权以财政支出分权衡量，参考贾俊雪和应世为（2016）的做法，计算公式为支出分权＝人均地级市财政支出/（人均地级市财政支出＋人均省份财政支出＋人均中央财政支出）；科技支出以预算内科技支出占预算内财政支出的比值衡量；金融发展以金融机构贷款余额占 GDP 的比重衡量。

与此同时，为了解决创新试点城市由于非随机选择而导致的内生性问题，本书采取了两种方法：控制城市属性法和工具变量法。前者遵循既有文献（Li et al.，2016；Chen et al.，2018；宋弘等，2019）的思路，在方程中分别控制了四类城市属性，包括是否为两控区城市、是否为经济特区城市、是否为北方城市以及是否为"胡焕庸线"右侧城市；后者以各城市的高校数量为基础，构造了五类工具变量，分别是各城市的高校数量、各城市的高校数量×创新型城市试点前后的虚拟变量、各城市 1984 年的高校数量×创新型城市试点前后的虚拟变量、各城市 1993 年的高校数量×创新型城市试点前后的虚拟变量、各城市 2004 年的高校数量×创新型城市试点前后的虚拟变量。相应详细内容，以及工具变量的相关性和外生性论述请见下面讨论。

表 9-1 报告了上述所涉及的主要变量的定义和描述性统计。可以发现，相比于非试点城市，创新试点城市的碳排放绩效更高，平均值高出 0.016。控制变量中，创新试点城市的二产比重略低于非试点城市，而其余控制变量的均值在创新试点城市的样本中更高。关于城市属性，相比于非试点城市，创新试点城市的两控区城市占比更高，而经济特区城市占比、北方城市占比以及"胡焕庸线"右

侧城市占比则更低。关于工具变量，创新试点城市的平均高校数量要明显多于非试点城市，表明高校数量越多，人力资本水平越高，则技术创新水平越高，相应的碳排放绩效也越高，显现出两者之间的正相关性，初步验证了工具变量的相关性要求。

表 9 – 1　　　　　　各变量的定义和描述性统计分析

变量名称	观测值	非试点城市		试点城市	
		均值	标准差	均值	标准差
碳排放绩效	3420	0.056	0.101	0.072	0.079
创新型城市试点（实施创新试点及之后为1，否则为0）	3420	0.000	0.000	0.521	0.500
实际人均 GDP（实际人均 GDP 的对数，元/人）	3418	8.858	0.611	9.664	0.584
二产比重（第二产业增加值占 GDP 的比重,%）	3418	49.280	11.430	48.190	8.593
人口密度（单位面积人口总数的对数，人/平方千米）	3420	5.590	0.928	6.241	0.624
FDI 比重（FDI 占 GDP 的比重,%）	3241	1.659	1.696	3.429	2.455
财政分权（财政支出分权）	3420	0.368	0.091	0.468	0.112
科技支出（科技支出占财政支出的比重,%）	3419	1.029	1.132	2.149	1.600
金融发展（金融机构贷款余额占 GDP 的比重）	3418	0.679	0.329	1.260	0.679
两控区城市（是否为两控区城市，是为1，否为0）	3420	0.496	0.500	0.797	0.403
经济特区城市（是否为经济特区城市，是为1，否为0）	3420	0.031	0.173	0.220	0.415

变量名称	观测值	非试点城市		试点城市	
		均值	标准差	均值	标准差
北方城市（是否为北方城市，是为1，否为0）	3420	0.478	0.500	0.441	0.497
"胡焕庸线"右侧城市（是否为胡焕庸线右侧城市1，是为，否为0）	3408	0.902	0.297	0.898	0.302
工具变量1（高校数量，所）	3337	3.380	2.783	25.330	22.350
工具变量2（高校数量×试点前后，所）	3337	0.000	0.000	15.240	22.650
工具变量3（1984年高校数量×试点前后，所）	2256	0.000	0.000	6.089	10.069
工具变量4（1993年高校数量×试点前后，所）	2604	0.000	0.000	6.878	11.221
工具变量5（2004年高校数量×试点前后，所）	3240	0.000	0.000	11.220	16.770

资料来源：笔者整理。

9.4　实证结果与分析

9.4.1　基准回归

创新型城市试点对碳排放绩效影响的基准回归结果在表 9 - 2 中呈现。作为参考，第（1）列和第（2）列模型控制了城市固定效应和年份固定效应；在此基础上，第（3）列和第（4）列模型进一步控制了省份时间趋势，即计量方程（9-1）的估计结果。容易发现，四类模型中，创新型城市试点的估计系数为正，并至少通过10%的显著性水平检验，表明创新型城市建设总体上有助于提升碳排放绩效，证实了H9-1。从估计系数的经济意义上看，在给定其他条件不变的情况下，相比非试点城市，创新试点城市的碳排放绩效平均提升2.47%。由于创新型城市试点政策开始于2008年，所以双重差分法一共捕捉了9年的平均处理效应，相当于创新型城市建设每年促使碳排放绩效提升0.27%（2.47%/9）。上述结论一致于既有文献的观点，均肯定了创新型城市建设的积极作用。例如，在企业层面，创新型城市建设推动了地区高新技术企业的创新产出向实质性创新调整（刘佳等，2019）；在局部地区层面，创新型城市建设促进了长三角城市群的创新绩效（王保乾、罗伟峰，2018）；在全国层面，创新型城市建设提升了城市创新水平（李政、杨思莹，2019）和 FDI 质量（聂飞、刘海云，2019）。

表9-2　创新型城市试点对碳排放绩效影响的基准回归结果

变量	(1)	(2)	(3)	(4)
创新型城市试点	0.0180 * (0.0095)	0.0167 * (0.0100)	0.0258 *** (0.0082)	0.0247 *** (0.0088)
人均实际 GDP	—	0.0927 *** (0.0338)	—	0.1280 *** (0.0350)
二产比重	—	-0.0006 (0.0006)	—	-0.0010 (0.0008)
人口密度	—	-0.0654 (0.0773)	—	-0.0564 (0.0786)

续表

变量	（1）	（2）	（3）	（4）
FDI 比重	—	0.0030 ** （0.0014）	—	0.0015 （0.0019）
财政分权	—	−0.1116 （0.0781）	—	−0.1101 （0.1001）
科技支出	—	−0.0004 （0.0017）	—	0.0024 * （0.0013）
金融发展	—	0.0077 * （0.0041）	—	0.0051 （0.0035）
常数项	0.0575 *** （0.0010）	−0.3386 （0.4732）	0.0567 *** （0.0009）	−0.6911 （0.5637）
城市固定效应	是	是	是	是
年份固定效应	是	是	是	是
省份时间趋势	否	否	是	是
观测值	3420	3240	3420	3240
R^2	0.6179	0.6418	0.6397	0.6670

注："（）"内数值为聚类到城市层面的稳健标准误，*、**、*** 分别表示 10%、5%、1% 的显著性水平。

资料来源：笔者整理。

关于控制变量的估计结果，以表 9 - 2 第（4）列模型的估计值进行解释。可以发现，人均实际 GDP 的估计系数在 1% 的水平上显著为正，这说明人均收入水平是促进碳排放绩效提升的重要驱动力，这与李和王（Li & Wang，2019）的研究结论相同。一般而言，人均收入对碳排放绩效的影响存在正负两个方面：正的方面，随着人均收入水平的提高，技术水平随之提高，环保等绿色技术水平亦得以进步，这有利于降低能源消费量和碳排放量，从而提升碳排放绩效；负的方面，经济发展也会加剧能源消费，恶化环境质量和增加碳排放水平，这不利于提升碳排放绩效。本书结论表明，人均收入对碳排放绩效正向作用占据上风。科技支出的估计系数显著为正，这说明增加科技支出对提升碳排放绩效具有积极作用，一致于刘习平等（2017）、马大来等（2017）、白等（Bai et al.，2019）的研究结论。理论上，增加科技支出有利于提升技术水平，技术水平又通过提升能源效率、碳捕获与封存技术，以及优化产业结构和增加人力资本积累等方式降低碳排放量和促进经济增长，从而提升碳排放绩效（Du & Li，2019）。此外，其他控制变量的估计系数并没有通过显著性检验，对碳排放绩效的影响并不显著。

9.4.2 异质性

9.4.2.1 地理位置

考虑到中国幅员广阔，不同地理位置的城市在经济规模、政策实施等方面存在较大差异，这些差异可能会导致不同城市对创新型城市试点政策产生不同反应。表 9 - 3 第（1）~第（3）列的回归结果显示，创新型城市试点的估计系数在东部城市的子样本中并不显著，而在中部和西部城市的子样本中显著为正。一般而言，相比于中西部城市，东部城市拥有更先进的减排技术和更高效的管理制度等优势，这将有利于发挥创新型城市试点政策的效力。但事实并非如此，究其原因，碳锁定（Carbon Lock-in）理论表明，碳基技术体制的演化具有路径依赖和自我强化等特征，而长期主导现代经济社会的发展路径阻碍了低碳技术的应用与扩散（李宏伟，2013）。换言之，碳锁定是由于技术锁定和制度路径依赖的驱动，使得摆脱原有路径的成本越来越高昂，从而长时间趋于维持稳定状态，形成"锁定"效应。由于东部城市经济总量和人口密度往往较高，能源消费量也越大，相应碳排放水平也越高，因此这类城市形成强烈的碳排放依赖性与碳锁定效应，这将不利于发挥创新型城市试点政策的效力。上述两种相左的力量决定了政策效力的地区异质性。回归结果表明，后一种力量占据主导，意味着中部和西部城市碳排放水平较低，碳锁定效应较弱，对创新型城市试点政策的反应速度更为灵敏和迅速，因此中部和西部城市能够更加快速地发挥创新型城市试点政策对碳排放绩效的提升效应，政策更为有效。

9.4.2.2　资源禀赋

考虑到碳排放主要来源于煤炭、石油、天然气等化石能源的燃烧，而矿产型城市主要以煤炭等化石能源开采、加工为主导产业，天然区别于非矿产型城市，因此有必要考察创新型城市建设对碳排放绩效的影响是否在这两类城市中存在差异。表 9 - 3 第（4）列和第（5）列的回归结果显示，相比于矿产型城市，创新型城市建设对碳排放绩效的促进效应在非矿产型城市的子样本中更为显著。这可能是因为，矿产型城市的最大禀赋优势是矿产资源较为丰裕，地区发展主要依托于矿产资源等相关产业，产业也以工业为主，这导致地方政府对环境因素考虑不足，并不注重提升碳排放效率，使得创新型城市试点政策并不能有效提升碳排放绩效。

表 9 – 3   创新型城市试点对碳排放绩效影响的异质性回归结果

变量	不同地理位置			不同资源禀赋		不同环境约束	
	东部城市	中部城市	西部城市	矿产型城市	非矿产型城市	环保城市	非环保城市
	(1)	(2)	(3)	(4)	(5)	(6)	(7)
创新型城市试点	0.0179 (0.0146)	0.0205 * (0.0105)	0.0591 ** (0.0232)	0.0332 (0.0228)	0.0247 ** (0.0104)	0.0165 ** (0.0072)	– 0.0213 (0.0325)
控制变量	是	是	是	是	是	是	是
城市固定效应	是	是	是	是	是	是	是
年份固定效应	是	是	是	是	是	是	是
省份时间趋势	是	是	是	是	是	是	是
观测值	1212	1192	836	1218	2022	1300	1940
R^2	0.7284	0.6009	0.6417	0.6411	0.7191	0.8160	0.6480

注："( )"内数值为聚类到城市层面的稳健标准误，*、**、*** 分别表示10%、5%、1% 的显著性水平。
资料来源：笔者整理。

9.4.2.3   环境约束

中国各地区面临的环境约束并非同质，如国家环境保护重点城市是环境污染综合防治的重点区域。考虑到温室气体与大气污染等环境污染物具有同根、同源、同步的特征（傅京燕、原宗琳，2017），本书考察了创新型城市建设对碳排放绩效的影响是否在环保城市和非环保城市中存在差异。表9 – 3第（6）列和第（7）列的回归结果显示，相比于非环保城市，创新型城市建设对碳排放绩效的促进效应在环保城市的子样本中更为显著。这可能是因为，环保城市是生态文明建设示范区和环保模范城市的重点建设对象，中央政府对环保城市的环保工作要求远远高于非环保城市，地方政府也更加重视环保低碳技术的研发，这更加有利于发挥创新型城市试点政策的效力。

9.4.3　机 制 分 析

基准回归结果表明创新型城市建设有效提升了碳排放绩效，那么这种政策效应又是通过何种机制实现的呢？从碳排放绩效的指标构建可知，在投入要素给定的情况下，期望产出的值越大，而非期望产出的值越小，那么碳排放绩效则越高。基于上述角度，设定如下计量模型来考察创新型城市建设对碳排放绩效的影响机制：

$$M_{it} = \beta_0 + \beta_1 IC_{it} + \xi Z_{it} + u_i + \lambda_t + \delta_c trend_{pt} + \varepsilon_{it} \qquad (9-3)$$

其中，i、p 和 t 分别表示城市、省份和年份；M_{it} 表示机制变量，即创新型城市试点政策通过这些变量而影响碳排放绩效；Z_{it} 表示一组控制变量；u_i、λ_t 和 $trend_{pt}$ 分别表示城市固定效应、年份固定效应和省份时间趋势；ε_{it} 表示随机误差项，并聚类到城市层面。关于机制变量的选取，本书从期望产出和非期望产出和角度出发，选取了五类变量来衡量机制变量 M_{it}。这类变量具体如下：①期望产出。本书的期望产出为各城市 GDP，为保持研究结论的稳健性，以实际 GDP、人均实际 GDP 和人均实际 GDP 增长率进行衡量。②非期望产出。本书的非期望产出为碳排放量，为保持研究结论的稳健性，以碳排放量的对数和人均碳排放的对数进行衡量。同时，式（9-3）中的控制变量一致于式（9-1），但期望产出模型中的控制变量并不包括人均实际 GDP。

基于期望产出和非期望产出角度，创新型城市试点对碳排放绩

效的影响机制的回归结果在表9-4中呈现。由第（1）列和第（3）
列可知，在以实际GDP、人均实际GDP和人均实际GDP增长率为
被解释变量的三个方程中，创新型城市试点的估计系数均不显著，
说明创新型城市建设尚未形成城市经济发展的驱动力，并未有效提
升期望产出水平。由第（4）列和第（5）列可知，无论被解释变量
是碳排放还是人均碳排放，创新型城市试点的估计系数均为负，并
且至少在5%的水平上显著，说明创新型城市建设有利于抑制碳排
放水平。总之，以上结果表明创新型城市建设通过降低碳排放水平
这一传导途径降低非期望产出水平，从而提升碳排放绩效；相比之
下，创新型城市通过增加期望产出水平这一传导途径尚未发挥作
用，证实了H9-2的部分内容。

表9-4　　机制分析的回归结果：基于期望产出和非期望产出角度

变量	期望产出			非期望产出	
	Log（实际GDP）	Log（人均实际GDP）	人均实际GDP增长率	Log（碳排放）	Log（人均碳排放）
	(1)	(2)	(3)	(4)	(5)
创新型城市试点	0.0121 (0.0129)	0.0062 (0.0107)	-0.0114 (0.0125)	-0.0820** (0.0344)	-0.0888*** (0.0336)
人均实际GDP	—	—	—	0.3180** (0.1382)	0.4569*** (0.1286)
二产比重	0.0114*** (0.0011)	0.0120*** (0.0010)	0.0088*** (0.0012)	0.0035 (0.0033)	0.0025 (0.0032)
人口密度	0.1894* (0.1000)	-0.0481 (0.1430)	0.0007 (0.1431)	0.6552*** (0.2409)	0.4243* (0.2439)
FDI比重	-0.0007 (0.0021)	-0.0013 (0.0019)	-0.0054** (0.0024)	-0.0042 (0.0056)	-0.0046 (0.0052)

续表

变量	期望产出			非期望产出	
	Log（实际 GDP）	Log（人均实际 GDP）	人均实际 GDP 增长率	Log（碳排放）	Log（人均碳排放）
	（1）	（2）	（3）	（4）	（5）
财政分权	0. 4434 *** (0. 1254)	0. 8382 *** (0. 1448)	0. 5420 *** (0. 1251)	0. 4665 (0. 3740)	0. 7476 ** (0. 3549)
科技支出	0. 0095 ** (0. 0048)	0. 0053 * (0. 0031)	0. 0020 (0. 0026)	− 0. 0012 (0. 0062)	− 0. 0063 (0. 0058)
金融发展	− 0. 0323 * (0. 0177)	− 0. 0346 ** (0. 0172)	− 0. 0309 ** (0. 0143)	0. 0023 (0. 0260)	0. 0049 (0. 0277)
常数项	13. 1394 *** (0. 6022)	8. 4271 *** (0. 8460)	8. 4190 *** (0. 8470)	− 0. 8298 (1. 9569)	− 6. 7155 *** (1. 7303)
城市固定效应	是	是	是	是	是
年份固定效应	是	是	是	是	是
省份时间趋势	是	是	是	是	是
观测值	3240	3240	2969	3216	3216
R^2	0. 9950	0. 9921	0. 9909	0. 9643	0. 9655

注："（ ）"内数值为聚类到城市层面的稳健标准误，＊、＊＊、＊＊＊分别表示 10%、5%、1% 的显著性水平。

资料来源：笔者整理。

根据图 9-1 的理论框架，进一步从技术创新、产业结构和转变经济发展方式等角度分析创新型城市建设对碳排放绩效的影响机制。为此，本书选取了六类变量替代式（9-3）的被解释变量。具体如下：①技术创新。以城市综合创新指数来衡量，数据来源于《中国城市和产业创新力报告》（寇宗来、刘学悦，2017）。②产业结构。以第一产业增加值占 GDP 的比重、第二产业增加值占 GDP 的比重、第三产业增加值占 GDP 的比重来衡量。③转变经济发展方式。以第三产业增加值与第二产业增加值的比值、资本存量与劳动力的比值（取对数）来衡量，分别反映产业结构和要素禀赋结构的变化。

上述回归结果在表 9 – 5 中呈现。其中，由第（1）列可知，创新型城市试点对创新指数的影响为正，并且通过 1% 的显著性水平检验，这说明创新城市建设能够显著促进技术创新进步，一致于李政和杨思莹（2019）的结论。由第（2）~ 第（4）列可知，创新型城市试点显著增加一产比重，显著降低二产比重，对三产比重的影响不显著，这说明创新城市建设促进了第一产业发展，而抑制了第二产业发展，尚未影响第三产业。这可能是因为，城市在获批创新型城市后积极培育符合自身特色的产业，塑造产业核心竞争力（曾婧婧、周丹萍，2019）。根据 2016 年国家发展和改革委员会和科技部出台的《建设创新型城市工作指引》文件要求，要依靠创新促进城乡区域协调发展，加强农业现代化，并将"国家和省级农业科技园区营业总收入占地区 GDP 比重"纳入考核体系中。这一政策形成创新型城市建设对第一产业的推动力。相比于第一产业，以战略性新兴产业为代表的第三产业科技程度更高、技术创新与成果转化的周期更长，因此虽然创新型城市试点对第三产业的影响为正，但并不显著。过往相当长时间内，第二产业一直被标榜以"高投入、高消耗、高污染、低产出、低效益"等特征，而创新型城市建设"培育新动能、发展新经济"的总体要求势必对粗放型发展的第二产业形成冲击。由第（5）列和第（6）列可知，创新型城市试点显著增加三产与二产的比值，而显著降低资本存量与劳动力的比值，一致于霍春辉等（2020）的研究结论，这说明创新城市建设能够优化产

业结构，促使要素禀赋结构由资本密集型向知识密集型转变。根据
知识密集型产业的特征，单位劳动力所占用的资金比资金密集型产
业更少，更加强调更多高素质的劳动力。总之，上述结论表明创新
型城市试点政策能够通过促进技术创新、优化产业结构和转变经济
发展方式等途径提升碳排放绩效。

表 9 - 5　　　　　机制分析的回归结果：拓展分析（Ⅰ）

变量	（1）创新指数	（2）一产比重	（3）二产比重	（4）三产比重	（5）三产/二产	（6）资本存量/劳动力
创新型城市试点	0.5715 *** （0.0475）	1.1328 *** （0.2909）	- 1.4274 *** （0.4452）	0.3027 （0.4149）	0.0542 *** （0.0198）	- 0.1567 *** （0.0350）
人均实际GDP	- 0.2753 ** （0.1138）	- 7.6170 *** （1.0686）	20.2261 *** （1.8808）	- 12.6104 *** （1.5518）	- 0.5991 *** （0.0770）	0.3985 *** （0.1077）
人口密度	0.3329 （0.2912）	- 5.5595 *** （1.5055）	4.1225 （2.7558）	1.4640 （2.8108）	0.0551 （0.1105）	- 0.2920 （0.2640）
FDI 比重	- 0.0027 （0.0074）	- 0.0455 （0.0459）	0.1188 （0.0956）	- 0.0727 （0.0727）	- 0.0032 （0.0040）	0.0087 （0.0056）
财政分权	- 1.9942 *** （0.3652）	- 7.2829 ** （3.0959）	5.5638 （4.4514）	1.7172 （3.8188）	- 0.0134 （0.1784）	0.4072 （0.2550）
科技支出	0.0587 *** （0.0211）	0.1938 ** （0.0850）	- 0.2516 * （0.1407）	0.0571 （0.0947）	0.0078 （0.0053）	- 0.0027 （0.0064）
金融发展	0.0878 ** （0.0370）	0.0663 （0.1216）	- 0.5642 （0.3727）	0.4978 （0.3794）	0.0450 ** （0.0208）	- 0.0472 ** （0.0195）
常数项	2.1555 （1.8205）	117.3026 *** （13.9098）	- 159.1330 *** （24.3907）	141.6823 *** （22.4737）	5.8852 *** （0.9277）	11.1614 *** （1.7616）
城市固定效应	是	是	是	是	是	是
年份固定效应	是	是	是	是	是	是
省份时间趋势	是	是	是	是	是	是
观测值	3240	3239	3240	3239	3239	3240
R^2	0.9704	0.9725	0.9442	0.9437	0.9335	0.9346

　　注："（）"内数值为聚类到城市层面的稳健标准误，＊、＊＊、＊＊＊分别表示10%、5%、1%的显著性水平。
　　资料来源：笔者整理。

由上文图 9 - 1 可知，创新型城市建设主要通过创新政策支持、创新要素集聚、创新投入增加和创新环境优化四条途径发挥作用。为了量化这四条途径，本书设定如下计量模型进行检验：

$$CHAN_{it} = \beta_0 + \beta_1 IC_{it} + \xi Z_{it} + u_i + \lambda_t + \delta_c trend_{pt} + \varepsilon_{it} \quad (9-4)$$

其中，i、p 和 t 分别表示城市、省份和年份；$CHAN_{it}$ 表示四条渠道变量；Z_{it} 表示一组控制变量；u_i、λ_t 和 $trend_{pt}$ 分别表示城市固定效应、年份固定效应和省份时间趋势；ε_{it} 表示随机误差项，并聚类到城市层面。关于渠道变量的度量，参考李政和杨思莹（2019）的做法，具体如下：①创新政策：以政府财政支出中科技支出所占比重进行衡量；②创新要素：以非农产业就业人口占城市总人口的比重来衡量，该指标反映城市人才集聚状况；③创新投入：以城市全社会固定资产投资与城市行政区域土地面积的比值来衡量，该指标反映城市投资的集聚程度；④创新环境分为软环境和硬环境。软环境以政府财政收入占 GDP 的比重来衡量，该指标反映政府部门提供公共服务的能力、质量与水平；硬环境以每万人国际互联网用户数来衡量，该指标反映地区信息化发展水平。控制变量大部分一致于式（9 - 1），包括实际人均 GDP、产业结构、人口密度、FDI 比重、财政分权与金融发展。

表 9 - 6 报告了式（9 - 4）的估计结果。可以发现，五类模型中，创新型城市试点的估计系数均为正，并且通过显著性检验，这说明创新型城市建设有利于强化创新政策支持和提高创新要素集聚，并显著增加创新投入，优化创新软环境和硬环境，一致于李政和杨思莹（2019）的研究结论。

表 9 - 6　　　　　　　机制分析的回归结果：拓展分析（Ⅱ）

变量	创新政策	创新要素	创新投入	创新环境	
				软环境	硬环境
	（1）	（2）	（3）	（4）	（5）
创新型城市试点	0.2947 *** (0.0976)	2.2762 *** (0.5570)	0.0561 *** (0.0085)	0.2965 ** (0.1370)	3.0334 * (1.6341)
人均实际 GDP	0.7121 ** (0.3188)	1.0885 (2.4788)	0.0677 ** (0.0281)	- 1.5082 *** (0.5100)	5.2258 ** (2.3836)
二产比重	- 0.0201 ** (0.0080)	- 0.0663 (0.0465)	- 0.0016 *** (0.0006)	0.0103 (0.0124)	- 0.2253 *** (0.0749)
人口密度	0.3660 (0.8196)	10.7271 (7.2909)	0.2726 ** (0.1130)	2.4827 ** (1.2544)	2.3289 (5.9397)
FDI 比重	- 0.0170 (0.0220)	0.0740 (0.1706)	0.0034 ** (0.0014)	0.1514 *** (0.0351)	0.2212 (0.1915)
财政分权	- 3.3416 *** (0.7647)	- 11.7926 * (6.6784)	- 0.2549 *** (0.0614)	17.1425 *** (2.5236)	- 16.4692 ** (6.7626)
金融发展	0.0736 (0.0503)	0.7025 ** (0.3373)	0.0053 (0.0043)	0.1882 * (0.1008)	- 1.4797 (1.9538)
常数项	- 5.0304 (4.7630)	- 53.6740 (41.4701)	- 1.9424 *** (0.5779)	- 1.5284 (8.4523)	- 29.5973 (36.7628)
城市固定效应	是	是	是	是	是
年份固定效应	是	是	是	是	是
省份时间趋势	是	是	是	是	是
观测值	3240	3241	3240	3241	3225
R^2	0.7382	0.8749	0.9289	0.8871	0.7333

　　注："（）"内数值为聚类到城市层面的稳健标准误，*、**、***分别表示10%、5%、1%的显著性水平。

　　资料来源：笔者整理。

9.5 稳健性检验

9.5.1 共同趋势检验

式（9-1）需要满足如下条件，先实施创新试点的城市与后试点的城市、非试点城市在试点之前碳排放绩效的趋势不存在系统性差异，或者即使存在差异，差异也是固定的。这意味着创新试点城市与非试点城市在碳排放绩效上具备共同趋势。如此，才可以认为后实施创新试点的城市和非试点城市是创新试点城市合适的对照组。为检验这一共同趋势假设，本书利用事件分析法（event study）进行检验。具体构建如下计量模型：

$$CEP_{it} = \alpha + \sum_{k \geqslant -4}^{6} \beta_k D_{it}^k + \gamma X_{it} + u_i + \lambda_t + \delta_c trend_{pt} + \varepsilon_{it}$$

$$(9-5)$$

其中，i、p 和 t 分别表示城市、省份和年份。CEP_{it} 表示城市碳排放绩效水平。D_{it}^k 表示创新型城市试点这一事件，是一个虚拟变量。D_{it}^k 的赋值如下：用 s_i 表示某一城市开展创新试点的具体年份，如果 $t-s_i \leqslant -4$，则定义 $D_{it}^{-4} = 1$，否则 $D_{it}^{-4} = 0$；如果 $t-s_i = k$，则定义 $D_{it}^k = 1$，否则 $D_{it}^k = 0(k \in [-3, 5]$ 且 $k \neq 0)$；如果 $t-s_i \geqslant 6$，则定义 $D_{it}^{6+} = 1$，否则 $D_{it}^{6+} = 0$。同时，本书参考贝克等（Beck et al., 2010）的做法，将创新型城市试点的当年作为基准年份，即式（9-5）中

不包括 $k=0$ 的虚拟变量。式（9-5）中其他变量的设定一致于基准式（9-1）。因此，本书主要关注参数 β_k，其反映了创新型城市试点前与试点后对城市碳排放绩效的影响。根据共同趋势的假设条件，如果 $k<0$ 时，参数 β_k 不显著异于零，那么满足共同趋势假设。

为了更加直观地检验共同趋势的假设条件以及观察创新型城市建设对碳排放绩效的动态影响，图 9-3 绘制了参数 β_k 的估计值和 95% 的置信区间。图 9-3 中，横轴表示创新型城市试点前与试点后的年份数，纵轴表示碳排放绩效的变化差异。由图 9-3 可知，在创新型城市试点之前，参数 β_k 的估计值均不能拒绝为零的原假设，这表明处理组城市和控制组城市在创新型城市试点之前碳排放绩效并

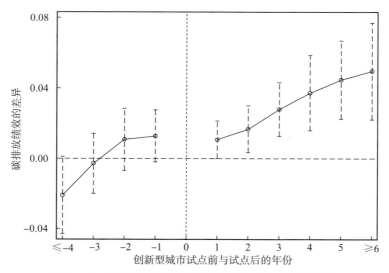

图 9-3 碳排放量绩效在创新型城市试点前后的差异

注：小圆圈为估计系数，虚线为估计系数 95% 的置信区间。
资料来源：笔者整理。

不存在差异，证明了双重差分法满足共同趋势假设。在创新型城市试点之后，参数 β_k 的估计值始终为正，并且至少通过 5% 的显著性水平检验，这表明创新型城市建设对碳排放绩效具有显著的助推作用。同时，从估计系数的数值上看，这种助推效应随着时间的推移而越来越大。具体而言，当处理组城市开展创新型城市建设后的第一年，碳排放绩效提升 1.07%；而当处理组城市开展创新型城市建设后的第六年，这一效应提高到 4.95%。整体而言，创新型城市建设对碳排放绩效的提升效应不仅具有持续性，而且随时间不断增强。

9.5.2 创新试点城市非随机选择的讨论

双重差分法作为类似自然实验的一种，其最理想的情况是，实验组与控制组是随机选择的（宋弘等，2019）。具体到本书中，如果创新试点城市和非试点城市是随机选择的，那么计量式（9 – 1）中"创新型城市试点"这一核心解释变量满足外生性要求，从而确保参数估计的无偏性。然而，根据 2010 年国家科学技术部出台的《关于进一步推进创新型城市试点工作的指导意见》，创新试点城市的选择是基于"创新基础条件好、经济社会发展水平高、对周边带动作用大"等因素。也就是说，创新试点城市名单的确定并非随机，而是与城市的创新基础、经济发展、地理位置等固有属性密切相关。这些属性所导致城市之间的差异，可能随着时间推移对城市的碳排放绩效具有不同的影响，从而导致估计偏误。为了控制上述城市属性对创新型城市试点政策造成的影响，本书遵循既有文献

（Li et al. ，2016；Chen et al. ，2018；宋弘等，2019），在基准回归模型中加入城市属性与时间趋势多项式的交叉项。具体构建如下计量模型：

$$CEP_{it} = \alpha + \beta IC_{it} + \gamma X_{it} + S_c \cdot f(t) + u_i + \lambda_t + \delta_c trend_{pt} + \varepsilon_{it}$$

$$(9-6)$$

其中，S_c 表示城市属性。本书选取了四类变量作为城市属性这些先决因素的代理变量，即该城市是否为 1998 年两控区城市、是否为经济特区城市、是否为北方城市以及是否为"胡焕庸线"右侧城市。$f(t)$ 表示时间趋势多项式，包括时间趋势的一次项、二次项和三次项。因此，$S_c \cdot f(t)$ 控制了城市之间固有的属性差异随着时间推移对碳排放绩效的影响，在一定程度上缓解了创新试点城市和非试点城市非随机选择而造成的估计偏误。式（9-6）中其他变量的设定一致于基准式（9-1）。

创新试点城市非随机选择的回归结果在表 9-7 中呈现。第（1）~第（4）列模型中，城市属性变量分别为是否为两控区城市、是否为经济特区城市、是否为北方城市以及是否为"胡焕庸线"右侧城市的虚拟变量；第（5）列将上述四类城市属性的虚拟变量均放入方程中。可以发现，五类模型中，创新型城市试点的估计系数介于 0.0214~0.0256 之间，并且至少通过 5% 的显著性水平检验，同时与本书基准回归的估计系数（0.0247）非常接近。这表明，在考虑到城市之间固有的属性差异可能的影响之后，创新型城市建设对碳排放绩效的影响依然显著为正，证明了前面结论的稳健性。

表 9 - 7　　　　　　　　　创新试点城市非随机选择的回归结果

变量	(1) 两控区城市	(2) 经济特区 城市	(3) 北方城市	(4) "胡焕庸线" 右侧城市	(5) 四类城市 属性变量
创新型城市试点	0.0216** (0.0085)	0.0233** (0.0091)	0.0247*** (0.0089)	0.0256*** (0.0089)	0.0214** (0.0089)
城市属性×时间趋势	是	是	是	是	是
城市属性×时间 趋势的二次项	是	是	是	是	是
城市属性×时间 趋势的三次项	是	是	是	是	是
控制变量	是	是	是	是	是
城市固定效应	是	是	是	是	是
年份固定效应	是	是	是	是	是
省份时间趋势	是	是	是	是	是
观测值	3240	3240	3240	3228	3228
R^2	0.6688	0.6675	0.6677	0.6742	0.6768

注：(1)"( )"内数值为聚类到城市层面的稳健标准误，*、**、***分别表示10%、5%、1%的显著性水平；(2)第(1)~第(4)列模型中，城市属性变量分别为是否为两控区城市、是否为经济特区城市、是否为北方城市以及是否为"胡焕庸线"右侧城市的虚拟变量；第(5)列将上述四类城市属性的虚拟变量均放入方程中。

资料来源：笔者整理。

9.5.3　工具变量回归

虽然前面通过控制城市属性变量以缓解创新试点城市非随机选择所造成的估计偏误，但是这种控制方法并不能从根本上解决"创新型城市试点"这一核心解释变量潜在的内生性问题。也就是说，由于创新试点城市并非随机选取，而是受到某些因素影响，当这些因素又同时影响到某一城市的碳排放绩效时，则会导致上述问题。为此，本书进一步采用工具变量法检验前面结论的稳健性。

本书以各城市的高校数量为基础而构造工具变量。理论上，合理的工具变量需要满足两个要求：相关性和外生性。从相关性来说，由于某一城市高校招生均以本省份生源为绝对或相对多数，所以某一城市拥有的高校数量越多，则该城市新增就业人口中大学生毕业人数就越多。即使是外地生源，由于大学生毕业后考虑到生活习惯、社会关系和工作信息等因素，往往留在毕业地工作（陈斌开，张川川，2016）。因此，某一城市拥有的高校数量越多，该城市常住人口中高人力资本人口比重就越高，越具有良好的创新基础，越有可能被挑选为创新试点城市。从外生性来说，某一城市拥有的高校数量与该城市的政治地位、经济发展、地理区位、自然禀赋等因素相关，而与该城市是否为创新试点城市没有关系。

表 9 - 8 报告了工具变量法的回归结果。其中，第（1）～第（5）列模型的工具变量分别为各城市的高校数量、各城市的高校数量×创新型城市试点前后的虚拟变量、各城市的 1984 年高校数量×创新型城市试点前后的虚拟变量、各城市 1993 年的高校数量×创新型城市试点前后的虚拟变量、各城市 2004 年的高校数量×创新型城市试点前后的虚拟变量。同时，为了增强工具变量的外生性，本书利用了 1984 年、1993 年和 2004 年高校数量的信息，这部分信息独立于研究样本时间之外，并且 1984 年和 1993 年高校数量的信息前置于 1999 年高校扩招的冲击之前。

表 9 - 8　　　　　　　　　　工具变量的回归结果

变量	(1) 高校数量	(2) 高校数量× 试点前后	(3) 1984年高校 数量×试点 前后	(4) 1993年高校 数量×试点 前后	(5) 2004年高校 数量×试点 前后
Panel A（IV 第二阶段）：被解释变量为"碳排放绩效"					
创新型城市试点	0.0596*** (0.0178)	0.0413*** (0.0099)	0.0362*** (0.0105)	0.0406*** (0.0108)	0.0370*** (0.0095)
观测值	3185	3185	2231	2560	3121
R^2	0.6534	0.6574	0.7337	0.7064	0.6670
Panel B（IV 第一阶段）：被解释变量为"创新型城市试点"					
工具变量	0.0377*** (0.0048)	0.0193*** (0.0015)	0.0464*** (0.0058)	0.0420*** (0.0047)	0.0266*** (0.0020)
工具变量 F 值	61.846	168.617	63.690	78.715	172.556
观测值	3185	3185	2231	2560	3121
R^2	0.7151	0.8442	0.8374	0.8378	0.8475

　　注：（1）"（）"内数值为聚类到城市层面的稳健标准误，*、**、***分别表示10%、5%、1%的显著性水平；（2）Panel A 和 Panel B 方程中均包括控制变量、城市固定效应、年份固定效应和省份时间趋势；（3）第（1）~第（5）列模型中，工具变量分别为各城市的高校数量、各城市的高校数量×创新型城市试点前后的虚拟变量、各城市的1984年高校数量×创新型城市试点前后的虚拟变量、各城市1993年的高校数量×创新型城市试点前后的虚拟变量、各城市2004年的高校数量×创新型城市试点前后的虚拟变量。此外，本书还利用了各城市的1985年（1989年、1990年、1991年、1997年、1998年和2000年）高校数量×创新型城市试点前后的虚拟变量作为工具变量，发现相关结论依然成立。

　　资料来源：笔者整理。

　　由表9-8的回归结果可知，无论何种工具变量，在 IV 第一阶段回归中，工具变量的估计系数均在1%的水平上显著为正，这说明如果某一城市拥有的高校数量越多，那么该城市被挑选为创新试点城市的概率就越高，从而验证了工具变量的相关性。五类模型设定的第一阶段 F 值分别为 61.846、168.617、63.690、78.715 和 172.556，均大于 10，表明并不存在弱工具变量的可能。在 IV 第二阶段回归中，创新型城市试点的估计系数均在 1% 的水平上显著为正，一致于前文的结论。从估计系数的数值上看，工具变量的估计结果要高于基准模型，但处于同一个数量级上。究其原因，IV 估计所识别的处理效应是局域平均处理效应（LATE），即由工具变量引致的内生变量变化所带来的处理效应。因此，表 9-7 估计结果的经济含义可以理解为，某一城市拥有的高校数量越多，则该城市被挑选为创新试点城市的概率越高，进而越可能提高该城市的碳排放绩效。综上所述，即使考虑了"创新型城市试点"这一核心解释变量潜在的内生性问题，本书的研究结论依然稳健。

9.5.4　考虑碳排放政策的干扰

尽管前面初步的稳健性检验确保了基准回归结论的可靠性，但考虑到现实经济社会系统的复杂性，任何政策的实施将不可避免地受到其他相关政策的冲击，进而影响目标政策效果的评估。鉴于此，在本书研究时间区间内，考虑两类影响碳排放绩效的政策冲击，即碳排放权交易和低碳城市试点政策。

9.5.4.1　考虑碳排放权交易政策的干扰

2011 年 10 月，国家发展和改革委员会正式批准北京市、天津市、上海市、重庆市、湖北省、广东省及深圳市开展碳排放权交易试点工作。其中，深圳排放权交易所率先于 2013 年 6 月 18 日启动交易。根据中国碳交易网的统计数据，截至 2018 年 12 月 31 日，7 省（市）试点碳市场配额累计成交量为 2.73 亿吨，累计成交额超过 54 亿元。既有文献研究了碳排放权交易对碳排放的影响。例如，黄向岚等（2018）利用 2007 ~ 2015 年中国省级面板数据和双重差分法，发现碳排放权交易具有显著的碳减排效应，实现了环境红利；陈和许（Chen & Xu, 2018）利用 1995 ~ 2015 年中国省级面板数据和合成控制法，发现碳排放权交易政策在湖北省和广东省显著降低了碳排放水平；刘传明等（2019）利用合成控制法，发现广东省、天津市、湖北省、重庆市等试点省（市）碳排放权交易的碳减排效果较为明显。吴茵茵等（2021）利用 2006 ~ 2017 年中国 283 个城市的面板数据，借助于 DID 和 PSM – DID 方法，发现碳排放权交易显著降低了碳排放量和碳排放强度。

表 9 – 9 中第（1）列和第（2）列报告了相关结果。其中，第（1）列模型中纳入"碳排放权交易"这一政策虚拟变量，定义为某一城市实施碳排放权交易的当年及之后各年取值为 1，否则为 0；第（2）列模型剔除了实施碳排放权交易试点的城市样本。可以发现，两类模型中，创新型城市试点的估计系数显著为正，并且在数值上与基准模型的估计系数较为接近，说明在考虑了碳排放权交易政策的干扰之后，本书结论依然稳健。同时，碳排放权交易显著降低了碳排放绩效，相悖于政策设计的初衷，一致于辛恩（2008）关于绿色悖论的论述，即旨在限制气候变化的环境政策的实施，却加剧了碳排放量，意味着"好的政策不总是引起好的行为"。

表9-9   考虑碳排放政策干扰的回归结果

变量	考虑碳排放权交易政策的干扰		考虑低碳城市试点政策的干扰	
	(1)	(2)	(3)	(4)
创新型城市试点	0.0246 *** (0.0088)	0.0222 ** (0.0096)	0.0224 *** (0.0086)	0.0107 * (0.0056)
碳排放权交易	-0.0201 ** (0.0097)	—	—	—
低碳城市试点	—	—	0.0199 ** (0.0079)	—
控制变量	是	是	是	是
城市固定效应	是	是	是	是
年份固定效应	是	是	是	是
省份时间趋势	是	是	是	是
观测值	3240	2474	3240	2116
R^2	0.6676	0.6473	0.6682	0.6567

注："( )"内数值为聚类到城市层面的稳健标准误，*、**、***分别表示10%、5%、1%的显著性水平。

资料来源：笔者整理。

9.5.4.2 考虑低碳城市试点政策的干扰

在本研究时间区间内，国家一共进行了两批低碳城市试点工作。第一批是，2010年7月19日，国家发展和改革委员会将广东省、辽宁省、湖北省、陕西省、云南省5省和天津市、重庆市、深圳市、厦门市、杭州市、南昌市、贵阳市、保定市8市作为首批低碳试点地区；第二批是，2012年11月26日，国家发展和改革委员会又确定了北京市、上海市、海南省3个省（市）和石家庄市等26个地级市共29个低碳试点地区。既有文献中，周迪等（2019）利用第二批低碳城市试点，采用2012～2016年中国202个城市的面板数据和倾向得分匹配－双重差分法（PSM－DID），发现低碳城市建设显著提升碳排放绩效。表9－9第（3）和第（4）列报告了相关结果。其中，第（3）列模型中纳入"低碳城市试点"这一政策虚拟变量，定义为某一城市实施低碳城市试点的当年及之后各年取值为1，否则为0；第（4）列模型剔除了实施低碳城市试点的城市样本。可以发现，在考虑低碳城市试点政策的干扰之后，创新型城市建设依然显著提升碳排放绩效，支持前文结论。同时，低碳城市试点的估计系数显著为正，说明低碳城市建设有助于促进碳排放绩效，一致于周迪等（2019）、余和张（Yu & Zhang，2021）的研究结论。

9.5.5　PSM－DID方法估计

为了克服创新试点城市和非试点城市的变动趋势存在系统性差异，并提升"创新型城市建设有助于提升碳排放绩效"这一核心结论的说服力，本书参考聂飞和刘海云（2019）的做法，进一步使用PSM－DID进行稳健性检验。在使用PSM－DID方法时，首先将某一城市是否实施创新试点作为被解释变量，对控制变量进行Logit回归，得到倾向得分值；然后将倾向得分值最接近的城市作为创新试点城市的配对城市，即作为控制组；最后再利用双重差分法进行估计。这种方法的优势在于，依据可观测变量（控制变量）挑选控制组，从而最大限度地降低创新试点城市和非试点城市的系统性差异，有效缓解选择性偏差问题（石大千等，2018）。

基于PSM－DID方法的创新型城市试点对碳排放绩效影响的回

归结果在表 9 - 10 中呈现。其中，第（1）～第（5）列分别使用的匹配数据是 2005 年、2006 年、2007 年、2005～2007 年的平均值和创新型城市试点前的平均值；匹配变量是计量式（9 - 1）的控制变量，匹配方法是卡尺内二阶近邻匹配。由表 9 - 10 可知，五类模型中，创新型城市试点的估计系数介于 0.0243～0.0257 之间，并且均在 1% 的水平上显著，尤其是第（4）列和第（5）列的估计结果一致于基准模型，再次证明创新型城市建设对碳排放绩效具有显著的促进效应，因此本书核心结论具有较强的稳健性。

表 9 - 10　　　　　创新型城市试点对碳排放绩效影响的
回归结果：PSM - DID 方法

变量	（1） 2005 年	（2） 2006 年	（3） 2007 年	（4） 2005～2007 年平均值	（5） 试点前 平均值
创新型城市试点	0.0257 *** （0.0090）	0.0243 *** （0.0089）	0.0249 *** （0.0089）	0.0247 *** （0.0088）	0.0247 *** （0.0088）
控制变量	是	是	是	是	是
城市固定效应	是	是	是	是	是
年份固定效应	是	是	是	是	是
省份时间趋势	是	是	是	是	是
观测值	3155	3188	3203	3238	3240
R^2	0.6650	0.6671	0.6680	0.6669	0.6670

注：（1）"（）"内数值为聚类到城市层面的稳健标准误，*、**、*** 分别表示 10%、5%、1% 的显著性水平；（2）本表使用的匹配变量是计量式（9 - 1）的控制变量，匹配方法是卡尺内二阶近邻匹配。

资料来源：笔者整理。

9.5.6 安慰剂检验

虽然前面已经采用了多种方式进行稳健性检验，但为了进一步排除创新型城市建设对碳排放绩效的提升效应受到遗漏变量干扰的可能性，本书参考先前文献（Cai et al.，2016；Li et al.，2016；Chen et al.，2018）的做法，通过选择创新试点城市进行安慰剂检验。具体思路是，根据每年开展创新试点城市的数量随机选择相同数量的城市作为处理组，并构造"虚拟的人为设定"的处理变量 IC_{it}^{false}，使用计量式（9－1）的模型设定，分别重复进行 500 次和 1000 次回归。图 9－4 分别绘制了两次模拟中"假的"处理变量 IC_{it}^{false} 回归系数的分布图。容易看出，基于随机样本估计得到的回归系数分布在 0 附近，并且符合正态分布。进一步计算得到，两次模拟中回归系数的均值分别是 － 0.000191 和 － 0.000193，而本书的基准回归系数是 0.0247（图中垂直虚线所示），大于绝大部分模拟值，可被视为极

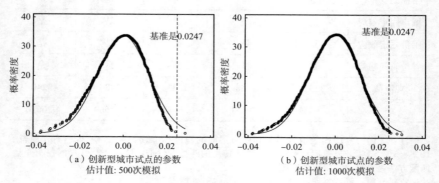

（a）创新型城市试点的参数
估计值：500次模拟

（b）创新型城市试点的参数
估计值：1000次模拟

图 9－4　随机分配创新型试点城市的模拟结果

资料来源：笔者整理。

端值。这意味着，由于其他因素碰巧得到基准回归估计结果属于小概率事件，所以可以认为创新型城市建设对碳排放绩效的提升效应并未受到遗漏变量的干扰。

9.5.7　其他稳健性检验

为了进一步保证回归结果的稳定性和可靠性，本书还进行如下稳健性检验。第一，参考刘习平等（2017）和周迪等（2019）的做法，使用单位 CO_2 产生的 GDP（碳生产率）衡量碳排放绩效指标，结果见表 9-11 第（1）列。第二，为排除异常值的干扰，对被解释变量和控制变量最高和最低的 5% 样本进行缩尾法处理，结果见表 9-11 第（2）列。第三，考虑到创新型城市建设可能并非立即产生影响，对核心解释变量进行滞后一期处理；同时，为了避免联立方程偏误，遵循沈坤荣和金刚（2018）的做法，对所有控制变量也滞后一期，结果见表 9-11 第（3）列。第四，考虑到政策实施前的预期反应会干扰对政策实际效果的评估，本书在方程中加入创新试点城市的虚拟变量与政策实施前一年虚拟变量的交叉项，结果见表 9-11 第（4）列。第五，考虑到误差项可能存在空间相关性，将标准误聚类到"城市—年份"的联合维度，结果见表 9-11 第（5）列。另外，参考既有研究（Nunn & Wantchekon，2011）的做法，采用空间 HAC 标准误，并将模型设定标准误在 2° 范围内存在空间相关性，结果见表 9-11 第（6）列。可以发现，上述六类模型中，创新型城市试点的估计系数显著为正，表明创新型城市建设有利于提升碳排放绩效，支持前面结论。

表 9 – 11   稳健性检验的回归结果

变量	（1）单位碳排放量产生的 GDP	（2）考虑观测值的异常值	（3）所有解释变量滞后一期	（4）预期效应	（5）标准误聚类到"城市－年份"层面	（6）考虑残差项的空间相关性
创新型城市试点	0. 1634 *** (0. 0477)	0. 0133 ** (0. 0060)	0. 0225 *** (0. 0081)	0. 0296 *** (0. 0094)	0. 0247 * (0. 0133)	0. 0247 ** (0. 0101)
试点城市×政策实施前一年	—	—	—	0. 0197 *** (0. 0061)	—	—
控制变量	是	是	是	是	是	是
城市固定效应	是	是	是	是	是	是
年份固定效应	是	是	是	是	是	是
省份时间趋势	是	是	是	是	是	是
观测值	3216	3240	2975	3240	3240	3240
R^2	0. 4957	0. 7668	0. 6626	0. 6675	0. 6670	0. 6670

注：（1）"（）"内数值为聚类到地级市层面的稳健标准误，*、**、*** 分别表示 10%、5%、1% 的显著性水平；（2）第（6）列采用康利（Conley，1999）提出的空间 HAC 标准误，并设定标准误在 2°范围内存在空间相关性。为了避免估计结果受到先验设定的干扰，本研究还设定标准误在 1°、3°、4°和 5°范围内存在空间相关性，发现相关结论依然成立。

资料来源：笔者整理。

9.6　本章小结

创新型城市建设能提升碳排放绩效吗？《建设创新型城市工作指引》文件中明确将"绿色低碳"作为创新型城市建设的原则和目标。因此，对于上述问题的回答是评估创新型城市建设的政策效果时不可忽略的话题，这对于在全国范围内推广这一试点政策具有重要意义。鉴于此，本书将创新型城市试点政策在不同城市、不同时间的实施视为一次准自然实验，采用 2005～2016 年中国 285 个城市的面板数据，使用渐进性的双重差分法检验了创新型城市建设对碳排放绩效的影响。

　　本章主要结论如下：（1）相比于非试点城市，创新试点城市的碳排放绩效平均增加 2.47%，意味着创新型城市建设显著提升碳排放绩效，证实了创新型城市建设有利于推动绿色低碳发展；（2）创新型城市建设对碳排放绩效的影响存在异质性，在中西部城市、非矿产型城市和环保城市的子样本中，正向效应更加显著；（3）创新试点城市与非试点城市的碳排放绩效在试点之前满足共同趋势假设；同时，创新型城市建设对碳排放绩效的提升效应具有持续性，并且随时间不断增强；（4）机制分析表明，创新型城市建设通过降低碳排放水平而提升碳排放绩效。此外，本章通过控制城市属性变量和利用工具变量方法来缓解创新试点城市非随机选取而导致的内生性问题。为了确保研究结论的稳健性，还利用 PSM－DID 方法、安慰剂检验等手段，并且考虑了碳排放权交易和低碳城市试点政策的冲击。

第 10 章

非正式环境规制对碳排放的影响

——来自环境信息公开的准自然实验

10.1　引　　言

温室气体浓度渐增导致的全球变暖问题备受全世界瞩目，而作为全球最大的碳排放国家，中国面临巨大的碳减排压力。BP 公司统计资料显示（见图 10-1），1968～2017 年中国碳排放总量由 4.89 亿吨增加至 92.33 亿吨，增幅高达 17.88 倍；从增长率来看，2000 年之前呈波动式增长，2000 年之后呈 M 型增长，增速较为平缓。党的十九大报告要求，引导应对气候变化国际合作，成为全球生态文明建设的重要参与者、贡献者、引领者。为控制碳排放水平，中国政府在《巴黎协定》框架下提出了"双约束"的国家自主贡献目标：总量上，2030 年左右碳排放达到峰值，并争取尽早达峰；强度上，2030 年单位 GDP 碳排放比 2005 年下降 60%～65%。为了完成 2030 年的长期目标，《"十三五"控制温室气体排放工作

方案》进一步明确当前双控指标，2020 年碳强度比 2015 年下降
18%，碳排放总量得到有效控制。因此，要想如期实现上述碳减排
的双控任务，进而推进绿色低碳发展和生态文明建设，很大程度上
依赖于一系列合理的环境规制。

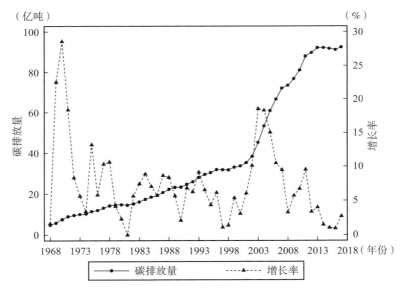

图 10 - 1　1968～2017 年中国碳排放量与增长率的变化趋势

资料来源：笔者整理。

　　理论上，环境规制形成生产厂商节能减排的倒逼机制，从而在
碳减排的重任中扮演不可或缺的角色。一般而言，环境规制可以分
为以政府为主导的正式环境规制以及依靠社会公众和社会组织参与
的非正式环境规制（李欣、曹建华，2018）；正式环境规制又分为
命令控制型（command and control）和市场导向型（market-based）
两类，前者主要指碳减排在内的环保法律法规，后者主要包括碳

税、碳排放权交易等市场手段。就目前而言，中国政府主要采取自上而下的正式环境规制来控制碳排放。比如，命令控制型的手段："十二五"规划和《"十二五"控制温室气体排放工作方案》首次将碳排放强度作为一种约束性指标；"十三五"规划和《"十三五"控制温室气体排放工作方案》进一步加强，确定了碳减排的"双约束"目标。市场导向型的手段：2011 年国家发展和改革委员会决定北京市、天津市、上海市、重庆市、湖北省、广东省及深圳市 7 省（市）率先开展碳排放权交易试点工作，随后 2013 年陆续正式启动，并且 2017 年启动全国碳排放权交易市场。总体来看，由于碳排放权交易市场尚未成熟，目前中国推行的是以政府为主导、以命令控制为主的正式环境规制手段来控制碳排放。

不可否认，传统的正式环境规制方式在碳减排甚至污染治理中发挥了积极的推动作用，但其本身也存在一定的局限性，导致规制流于形式、规制效果大打折扣。正式环境规制低效的原因包括以下两个方面：一是，正式环境规制普遍存在非完全执行的现象。正式环境规制的制定者是中央政府，实施者是各个地方政府，而两者的目标函数并不一致。这导致地方政府可以选择符合自身利益的规制强度，甚至地方政府之间为了吸引流动性资源以达到快速发展本辖区经济的目的，竞相降低规制强度，导致陷入环境竞次的囚徒困境中。同时，中国环境管理采取的是"条块结合，以块为主，分级管理"的属地管理体制，地方环保部门面临独立性缺失的现实约束。具体表现为，地方环保部门在人事、经费等方面受制于地方政府，从而被迫执行地方政府的指令（Cai et al. , 2016）。二是，正式环境规制的实施成本较高而效率较低，尤其是命令控制型规制。由于规制方是政府，而规制对象是污染企业，因此存在信息不对称问题，导致规制的实施成本高于实施收益，效率较为低下。同时，地方行政部门可能受到资金、立法等约束，不能有效地监测污染企业的排放状况（李欣、曹建华，2018），并且地方行政人员可能与污染企业形成合谋，导致"规制俘获"的现象。

鉴于正式环境规制在实践中存在的局限和问题，非正式环境规制应运而生，成为环境保护的重要力量。非正式环境规制被认为是继政府主导的命令控制型和市场导向型规制方式之后的第三次规制浪潮，主要由社会公众或团体（非政府组织）推动（Tietenberg，1998）。这一推动力量来自社会公众对环境污染的关注度（公众环保诉求）和非政府组织对环境污染信息披露的透明度（环境信息公开）。无论是公众环保诉求还是环境信息公开都在无形中给地方政府和污染企业施加了巨大压力，而这种压力则演变成一股影响越来越大的非正式环境规制（徐园，2014）。与正式环境规制相比，非正式环境规制通过社会公众和团体参与的方式直接监管污染企业的排放状况（李欣等，2017），在一定程度上降低了信息不对称程度，从而有利于降低规制实施成本和提高规制效率。

作为非正式环境规制的重要类型之一，从世界各国的经验来看，环境信息公开被视为环境管理必不可少的手段和工具。例如，在发达国家，美国早在 1986 年就建立了污染物排放与转移登记制度以及有毒物质排放清单制度；在发展中国家，印度尼西亚也在 1995 年实施了污染控制、评价与分级制度。那么，需要思考的是，在当前国家对绿色低碳发展高度重视的背景下，以环保非政府组织为代表的非正式环境规制是否在碳减排中扮演了重要角色？环境信息公开是否有助于降低碳排放？如果答案是肯定的，那么这种影响是否存在时空差异？以及环境信息公开又通过什么机制影响碳排放？厘清上述问题，有利于深层次理解非正式环境规制与碳排放之间的关系与影响机制，这对于完成2030年碳强度下降和碳总量达峰目标，以及完善多元碳排放治理体系和推进绿色低碳发展具有重要的理论和现实意义。

相比于以往文献，本书可能的边际贡献主要体现在：其一，借助于环境信息公开这一具有"准自然实验"性质的事件，避免了直接度量非正式环境规制带来的内生性问题。既有少数相关文献（张翼、卢现祥，2011；郑思齐等，2013；徐圆，2014；于文超等，2014；Tian et al.，2016；Zhang et al.，2018）立足于社会公众或非政府组织的视角，通过公众环保诉求或环境信息公开形成的社会压力度量非正式环境规制进行实证检验，但遗漏变量、测量误差等问题会进一步导致内生性问题。遵循李等（Li et al.，2018）的思路，利用环境信息公开在城市和时间上的变异，缓解了上述问题。其二，为温室气体和大气污染物的协同控制策略提供了实证证据。理论上，温室气体与大气污染物在驱动机制上具有同根、同源、同步的特征（傅京燕、原宗琳，2017；薛冰，2017），故各种减排政策要求加强两者的协同控制，但缺乏严谨的实证支撑。本书拓展了李等（2018）的研究结论，发现对废水和废气的信息公开也有助于降低碳排放水平，证实两者协同控制可以节约减排成本和产生附加收益。其三，为非正式环境规制的碳减排效应提供了实证证据，并检验了相应的内在影响机制。现有关于碳排放等环境治理的相关文献，绝大多数聚焦于政府自上而下的正式环境规制，如环保法律法规（包群等，2013；沈坤荣、金刚，2018）、碳排放权交易（Zhang et al.，2017；黄向岚等，2018）、污染治理投资（张华、魏晓平，2014）等，而非正式环境规制扮演的角色则很少问津。本书以环境信息公开为切入点，分析这一非正式环境规制对城市碳排放的影响，并从规模效应、结构效应和技术效应三个方面探求其中的影响机制，从而突破以往基于正式环境规制研究的单一视角，丰富了碳减排的理论与途径，也拓展了碳排放领域的研究范畴。

10.2　政策背景与理论假说

10.2.1　政策背景

相比于其他国家，中国将环境信息公开纳入环保法律法规的时间较晚。自 2003 年起，中央政府陆续出台一系列的环保法律法规，要求对环境信息进行公开。在企业层面，2003 年的《中华人民共和国清洁生产促进法》与 2004 年的《清洁生产审核暂行办法》对污染物超标排放或者污染物排放总量超过规定限额的单位规定了强制性的信息公开义务。在社会公众层面，2003 年的《中华人民共和国环境影响评价法》与 2006 年的《环境影响评价公众参与办法》规定社会公众在获得有关环境信息的基础上可以参与环评。国家层面，2005 年的《国务院关于落实科学发展观加强环境保护的决定》要求企业公开环境信息，实行环境质量公告制度，定期公布各省有关环境保护指标，及时发布污染事故信息，推动环境公益诉讼。同时，将环境保护纳入领导班子和领导干部考核的重要内容，并将考核情况作为干部选拔任用和奖惩的依据之一。此后，环境保护部于 2008 年出台并实施了《环境信息公开办法（试行）》，要求政府环保行政部门和企业应公开环境信息，从而维护公民、法人和其他组织获取环境信息的权益。这一条例首次为社会公众参与环境保护提供了法律依据，标志着较为全面的环境信息公开进入发展新阶段，具有里程碑意义。

虽然环境信息公开取得了一定进步，但实际上企业环境信息的公开程度明显滞后于政府环境信息的公开程度，难以满足社会公众的环境知情需求。鉴于此，环境保护部于 2013 年印发《国家重点监控企业自行监测及信息公开办法（试行）》，强制要求国家重点监控企业实时公开自动监测数据。随后，2014 年新修订的《中华人民共和国环境保护法》新增专章规定信息公开和公众参与，明确社会公众享有环境知情权、参与权和监督权。2015 年之后，"水十条""土十条"和"大气十条"等环保政策相继出台，一致强调对污染源头的严管严控，并且将国家重点监控企业为主体的污染源扩展到地市级层面的重点污染源。由此，企业层面的环境信息公开范围得到量的扩大。同时，这类环保政策也进一步强化了地方政府和社会公众的环境监督权。显然，这离不开对污染源监管信息的充分公开。

得益于国家在环境法律层面上的呵护，特别是 2008 年《环境信息公开办法（试行）》的实施，一些民间环保非政府组织逐渐出现在公众视野中。最具代表性的机构是成立于 2006 年的公众环境研究中心（IPE），其联合自然资源保护委员会，共同开发了污染源监管信息公开指数（PITI），首次对中国城市的环境信息进行评价，并于 2008 年发布首期报告，一直持续至今，体现了民间环保非政府组织参与环境治理的积极努力。从 PITI 的研究对象来看，2008～2012年，IPE 共对 113 个城市进行了环境信息公开，涉及 110 个环保重点城市与东莞、盐城、鄂尔多斯 3 个非环保重点城市，其中东部、中部和西部城市分别有 52 个、31 个和 30 个；2013 年及以后，环境信息公开城市增加至 120 个，涉及城市包括原有的 113 个城市和镇江市、三门峡市、自贡市、德阳市、南充市、玉溪市、渭南市 7 个新增城市，其中东部、中部和西部城市分别有 53 个、32 个和 35个。根据样本信息，共有 120 个环境信息公开城市和 165 个环境信息非公开城市。在环境信息公开城市中，东部、中部和西部城市分别占44%、27% 和 29%；同时，从环境信息公开城市与非公开城市的比例来看，东部、中部和西部的公开比例分别是 52%、32% 和 35%。

　　从 PITI 的评价指标来看，2008～2012 年评价指标主要包括污染源日常监管信息、集中整治信息、清洁生产审核信息、企业环境行为评价信息、信访投诉案件信息、环评文件受理和验收信息、排污收费信息和申请公开信息共八项。2013 年及以后，评价指标调整为环境监管信息、互动回应信息、企业排放数据信息和环境影响评价信息共四大类，新增了在线监测信息和企业年度排放数据公开信息，取消了集中整治行动信息。此外，从 PITI 的具体得分来看，2008 年 PITI 得分最高的城市是宁波，分数为 72.9，最低的城市是吉林和西宁，分数为 10.2；2016 年 PITI 得分最高和最低的城市分别是温州和临汾，分数分别为 78.1 和 23.6。总体而言，环境信息公开程度存在区域不平衡，东高西低的现象较为突出①。

-----

　　①　上述分析的数据来自历年《污染源监管信息公开指数》报告。

　　为了更好地描述近十几年来中国碳排放量的趋势，图 10-2 绘制了 2003~2016 年环境信息公开城市和非公开城市碳排放量的年平均值（城市层面碳排放量的计算参见下文第三部分的相关内容）。由图 10-2 可知，从时间上看，2003 年以来，无论是环境信息公开城市（处理组），还是环境信息非公开城市（控制组），碳排放水平整体上呈现出不断上升的趋势。从处理组和控制组城市上看，环境信息公开城市的碳排放水平高于非公开城市的碳排放水平；2008 年之前，两类城市具有较为类似的碳排放水平的变化趋势；2008 年之后，两类城市的碳排放水平向上的趋势较为平坦，即碳排放的增长率低于 2008 年之前的增长率。由于处理组城市和控制组城市在 2008 年之后均出现了碳排放增长率的下降趋势，图 10-2 尚不明证明环境信息公开的碳减排效应，因此下面将从实证上进行严谨的识别。

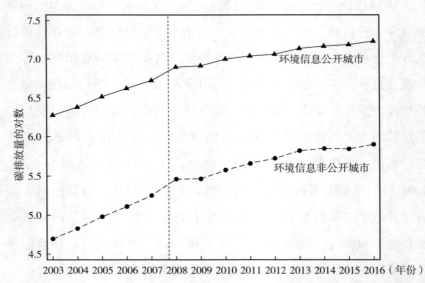

图 10-2　2003~2016 年环境信息公开城市与非公开城市碳排放水平的变化趋势

资料来源：笔者整理。

10.2.2　理论假说

从定义来看，非正式环境规制指的是，社会公众或团体在解决环境污染问题中的抗议、协商、谈判、上访和投诉等行为（李欣、曹建华，2018），通过这些行为形成的社会压力将环境意识和责任内化到污染企业的经营决策之中。与正式环境规制不同，非正式环境规制通常并不具备强制约束力，因为其参与主体是社会公众和非政府组织。同时，非正式环境规制的表现形式包括公众环保诉求、环境信息公开、自愿环境协议、环境标签和环境认证等，其基本原理是充分利用污染企业内部与外部的相关利益主体对企业治理污染提供激励和监督。

在碳减排等环保事业中，非正式环境规制是正式环境规制的重要补充，其作用表现为缓解信息不对称、降低规制实施成本和提高规制效率。尤其重要的是，非正式环境规制能够有效降低"规制俘获"的可能性。这是因为，一方面，环境信息公开和披露使制定与执行环境规制的透明度提升；另一方面，投资者、供应商、消费者和环保非政府组织的参与以及环境诉讼机制的运用，扩充了对污染企业监督处罚的渠道，从而增加了企业规制俘获的困难和成本（张红凤等，2012）。因此，经济直觉上，非正式环境规制有助于降低碳排放水平。正如前面政策背景所阐述的，各种环保法律法规都强调社会公众和组织对环境保护具有重要作用。换言之，推进绿色低碳发展和生态文明建设、解决环境污染的外部性问题需要依靠正式环境规制和非正式环境规制的双重力量

（胡珺等，2017）。

虽然环境政策和实践强调并坚信非正式环境规制在环境保护中的重要作用，但现有文献并不关注这种"自下而上"的力量。少数文献关于非正式环境规制与环境质量关系的研究结论也并不相同，既有"促进论"，也有"无作用论"，甚至还有"否定论"。具体如下：①促进论。郑思齐等（2013）聚焦于公众环保诉求，并通过Google Trends指数和Google Search指数进行刻画，利用2004～2009年中国86个城市的面板数据，发现公众环保诉求通过环境治理投资、改善产业结构等方式来改善城市的环境污染状况。遵循郑思齐等（2013）的思路，徐圆（2014）以Google民众关注度和百度新闻报道量衡量非正式环境规制，利用省级面板数据发现非正式环境规制直接促进了工业污染的治理。于文超等（2014）以环境信访数、人大代表和政协委员提案建议数等信息构造公众环保诉求指数，研究发现公众环保诉求能够显著促进地方政府进行更多的环境治理。张等（Zhang et al.，2018）基于2013～2016年中国109个城市的月度数据，以百度关于雾霾污染的新闻评论数量衡量公众环保诉求，研究发现公众环保诉求短期内有利于降低大气污染物。②无作用论。李永友和沈坤荣（2008）以各类污染所发生的来访批次衡量公众环保诉求，研究发现公众环保诉求并不能显著遏制环境污染。这是因为，公众环保行为并没有纳入环境规制的框架内，不具有强制约束力，故公众环保诉求还无法在环保执法中得到满足。③否定论。韩超等（2016）以各类污染所发生的来信总数衡量公众环保诉求，发现公众环保诉求降低了环境污染治理投资，并导致环境污染指数增加。对于这一违背经济直觉的结论，他们认为传统环保信访渠道并不能真正发挥公众监督的作用。具体到碳排放领域，张翼和卢现祥（2011）以各类污染所发生的来访批次衡量公众环保诉求，研究发现公众环保诉求有利于降低碳排放量和碳排放强度。

与本章研究内容紧密关联的文献是田等（Tian et al. , 2016）和李等（2018）的研究，他们均使用了 IPE 和自然资源保护委员会共同发布的 PITI 指数。田等（2016）利用 2008~2011 年公布 PITI 指数的 113 个城市的面板数据，发现 PITI 指数显著降低废水中 COD 排放量和排放强度、废水中氨氮含量的排放强度和 SO_2 排放量，以及增加了工业污染治理投资。与上述思路不同，李等（2018）以环境信息公开城市为处理组，以非公开城市为控制组，利用 2003~2014 年中国 280 个城市的面板数据和双重差分法，发现环境信息公开显著降低了工业废水、工业烟尘和工业 SO_2 排放量。

梳理上述文献可知，虽然现有文献对于非正式环境规制促进环境质量的观点还存在分歧，但是绝大多数文献肯定了非正式环境规制在碳减排等环保事业中的重要性。虽然非正式环境规制并不具备强制约束力，缺乏追索权的法律基础，但是社会公众和非政府组织可以对本地政府官员施加环保社会压力，从而构成污染企业减排的束缚力。这是因为，地方政府官员在中央政府的问责激励和"以人为本"的执政理念下，必须响应和满足社会公众和非政府组织的环保诉求（于文超等，2014）。

作为非正式环境规制的一种重要形式，环境信息公开对环境污染和碳排放的影响机制具体表现在图 10-3：在地方政府层面，环境信息公开有助于地方政府官员更加了解本辖区的污染状况，促使环保执法人员增强环境规制执行力度；在社会公众层面，环境信息公开有利于维护社会公众的环境知情权，极大地缓解社会公众的污染信息不对称问题，增强其甄别环境风险的能力，从而更有效地对地方政府和污染企业行使环境监督权；在污染企业层面，环境信息公开增加企业污染的曝光率，促使企业认知自身不足，提高生产技术和环保技术，从而降低污染排放。同时，由于温室气体与大气污染等环境污染物具有同根、同源、同步的特征，因此根据协同控制理论，环境信息公开对大气污染等环境污染物的减排效应也同步反映在对碳排放的抑制效应上。

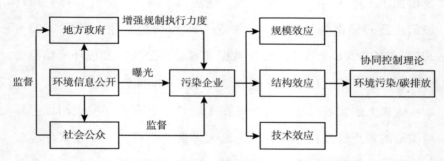

图 10 - 3　环境信息公开对碳排放的影响机制

资料来源：笔者整理。

为了在实证上验证环境信息公开的碳减排效应，本章参考既有文献（Grossman & Krueger，1995；Brock & Taylor，2005；Auffhammer et al.，2016），将影响碳排放等环境污染物的途径分为规模效应（scale effect）、结构效应（composition effect）和技术效应（technology effect）。①规模效应指的是经济发展带来更大规模的经济活动与资源、能源需求量，从而产生更大的污染排放量，对环境产生负面效应（徐现祥、李书娟，2015）。鉴于过往中国依靠要素驱动的粗放型发展方式，环境信息公开提高了高污染、高耗能、高排放为特征的"三高"企业的生存压力，增加生产成本，蚕食企业利润。因此，环境信息公开可能短期内对经济发展产生负面冲击，降低能源需求量和消费量，从而有利于降低碳排放。②结构效应指的是生产活动的污染密集性，直接影响环境质量（陆铭、冯皓，2014），即产业结构由农业转向工业再转向服务业时，环境质量先降低再提升。环境信息公开增加污染企业的生产成本，使清洁产业为主的战略性新兴产业和高技术产业成为高环境规制强度下的受益者，从而优化资本结构，促使产业结构由高投入、高排放型向清洁型、低碳型转变。③技术效应。环境信息公开促使污染企业认知自身不足，必须通过技术改造降低能耗，以及通过技术研发降低污染处理成本，从而适应新的规制强度，这将驱动环保技术和低碳技术的进步。总之，环保非政府组织对环境信息的披露和公开对地方政府、社会公众、污染企业的影响可能最终均反映在这三条影响渠道上，即环境信息公开通过缩小规模效应、优化结构效应和提升技术效应等渠道降低碳排放水平。

基于上述分析，本章依据温室气体和大气污染物的协同控制理论，提出如下假说：

H10-1　环境信息公开总体上有助于降低碳排放水平，反映了环保非政府组织为代表的非正式环境规制的碳减排作用。

H10-2　环境信息公开通过缩小规模效应、优化结构效应和提升技术效应等渠道降低碳排放水平。

10.3 实证设计

10.3.1 计量模型设定

为了考察非正式环境规制的碳排放效应，本章以"公众环境研究中心"这一非营利环境保护机构对部分城市进行污染源监管信息公开为一次准自然实验，利用温室气体和大气污染物的协同控制理论，估计了环境信息公开对碳排放水平的影响。参照李等（2018）的做法，设定如下计量模型：

$$Y_{it} = \sigma_0 + \sigma_1 PITI_{it} + X'_{it}\gamma + \alpha_i + \lambda_t + \varepsilon_{it} \qquad (10-1)$$

其中，i 和 t 分别表示城市和年份；模型被解释变量 Y_{it} 表示城市碳排放水平；X_{it} 表示一组控制变量，以控制其他因素对城市碳排放水平的影响。本模型采用双向固定效应的方法，即控制了城市个体效应 α_i，以控制城市间不随时间变化的因素，如地理因素和资源禀赋的差异等；同时，控制了年份效应 λ_t，以控制特定年份对所有城市造成影响的因素，如全国性的宏观调控政策等。ε_{it} 表示随机误差项，为了控制潜在的异方差、时序相关和横截面相关等问题，本模型将标准误聚类（Cluster）到地级市层面。

本模型最关心的主要解释变量是 $PITI_{it}$，表示城市环境信息公开的状态，定义为某城市环境信息公开的当年及之后各年取值 1，否则为 0。这种定义自动产生了处理组城市和对照组城市，以及环境信息公开前和公开后的双重差异，相当于传统双重差分法中处理对象变量和处理时间变量的交叉项。σ_1 为核心解释变量的估计系数，如果 $\sigma_1 < 0$ 且显著，则表明环境信息公开显著降低碳排放水平，体现了非正式环境规制的碳减排作用，反之则正向影响。

10.3.2　样本与变量

本章采用的样本为 2003～2016 年 285 个城市的面板数据。所需数据来自各年度《中国城市统计年鉴》《中国城市建设统计年鉴》和《中国统计年鉴》等。另外，由于缺少城市层面的价格指数，因此以货币单位的名义变量均以相应省级层面的价格指数进行消胀处理，调整为以 2000 年为基期的不变价格。

（1）碳排放水平。参照吴建新和郭智勇（2016）、刘习平等（2017）的思路，将城市碳排放的来源分为直接和间接两大类：①直接碳排放来源包括天然气和液化石油气等消耗产生的碳排放，可以通过这类能源的终端消费量乘以 IPCC2006 提供的相关转化因子得到。②间接碳排放来源包括电能和热能等消耗产生的碳排放。具体计算过程参照第 8 章。需要提及，下文实证检验部分，以碳排放总量指标为主，以人均碳排放量和碳排放强度指标为辅。

（2）环境信息公开。本章以虚拟变量来表示环境信息公开变量，某城市环境信息公开的当年及之后各年取值 1，否则为 0。由前面政策背景可知，有 113 个城市于 2008 开始公开污染源监管信息，2013 年以后增至 120 个城市。因此，环境信息公开城市的处理时间存在先后差异，所以本章不是一个"一刀切"政策的双重差分法，而构成一种渐进性的双重差分模型。

（3）其他变量。为了控制其他变量对碳排放的影响，参照先前文献（张克中等，2011；Auffhammer et al.，2016；严成樑等，2016；韩峰、谢锐，2017；黄向岚等，2018；邵帅等，2019），引入如下控制变量：产业结构、FDI 比重、人口密度、财政支出、教育水平、科技支出、人均收入的一次方项和平方项。具体地，产业结构以第二产业增加值占 GDP 的比重衡量；FDI 比重以实际外商直接投资占 GDP 的比重衡量；人口密度以各地区年末人口总数与辖区面积比值的对数衡量；财政支出以一般预算财政支出占 GDP 的比重衡量；教育水平以普通高校在校学生数占地区人口总数的比重衡量；科技支出以预算内科技支出占预算内财政支出的比值衡量。

表 10 - 1 报告了主要变量的定义和描述性统计。可以发现，相比于环境信息非公开城市，环境信息公开城市的碳排放水平更高，两者的对数值相差 1.42，与上文图 10 - 3 的结论一致。控制变量中，除了财政支出变量，其余变量的均值在环境信息公开城市的样本中更高。同时，与已有文献相比，变量分布并未发现明显差异，均在合理范围之内，从而保证研究数据的可靠性。

表 10 - 1　　　　　　　各变量的定义和描述性统计分析

变量	观测值	环境信息公开城市		环境信息未公开城市	
		均值	标准差	均值	标准差
碳排放水平（CO_2 排放量的对数）	3951	6.86	1.06	5.44	0.97
碳排放水平（人均 CO_2 排放量的对数）	3948	0.83	1.09	- 0.29	1.19
碳排放水平（CO_2 排放强度）	3946	2.42	2.05	1.94	3.03

续表

变量	观测值	环境信息公开城市		环境信息未公开城市	
		均值	标准差	均值	标准差
二产占比（第二产业增加值占 GDP 的比重,%）	3985	51.50	10.07	46.60	11.24
FDI 比重（*FDI* 占 GDP 的比重,%）	3795	2.70	2.59	1.73	2.06
人口密度（单位面积人口总数的对数,人/km²）	3987	6.00	0.82	5.52	0.92
财政支出（财政支出占 GDP 的比重,%）	3985	12.36	4.91	18.20	10.50
教育水平（普通高校在校学生数占人口总数的比重,%）	3888	2.68	2.73	0.70	0.88
科技支出（科技支出占财政支出的比重,%）	3985	1.54	1.56	0.82	0.91
人均收入（实际人均 GDP 的对数,元/人）	3985	9.42	0.67	8.69	0.52
人均收入的平方（实际人均 GDP 平方的对数）	3985	89.21	12.91	75.73	9.17

资料来源：笔者整理。

10.3.3　识别检验

双重差分法有效的基本前提是，政策未发生时处理组与控制组并不存在系统性的差异，具备共同趋势。为检验这一共同趋势假设，参考既有文献（Wang, 2013；Cesur et al., 2016；Li et al., 2016）的做法，利用事件分析法（event study）进行检验。具体构建如下计量模型：

$$Y_{it} = \sigma_0 + \sum_{k \geq -10}^{8} \beta_k D_{it}^k + X_{it}' \gamma + \alpha_i + \lambda_t + \varepsilon_{it} \qquad (10-2)$$

其中，i 和 t 分别表示城市和年份。Y_{it} 表示碳排放量水平。D_{it}^k 表示环境信息公开这一"事件"，是一个虚拟变量。D_{it}^k 的赋值如下：用 s_i 表示城市 i 环境信息公开的具体年份，如果 $t - s_i = k$，则定义 $D_{it}^k = 1$，否则 $D_{it}^k = 0$。由于环境信息公开的最早和最晚年份分别是 2008 年和 2013 年，因此本模型的样本范围中，k 的最大取值为 8，最小取值为 -10。同时，本模型将环境信息公开前第十年作为基准年份，即式（10-2）中去除了 $k \neq -10$ 的虚拟变量。其他变量的含义一致于式（10-1）。主要关注参数 β_k，其反映了环境信息公开前后对城市碳排放水平的影响。如果在环境信息公开前，参数 β_k（$k \in [-9, -1]$）不能拒绝为零的原假设，那么本模型双重差分法满足共同趋势假设的要求。

为了直观地观察环境信息公开对碳排放的动态影响，图 10-4 绘制了方程（10-2）中参数 β_k 的估计值及其 95% 的置信区间。图 10-4 中，横轴表示环境信息公开前与公开后的年份数，其中，-3 表示环境信息公开前的第 3 年，3 则表示环境信息公开后的第 3 年。由图 10-4 可知，在环境信息公开之前，各城市碳排放水平的差异不能拒绝为零的原假设，即各城市在环境信息公开之前碳排放水平并不存在差异，证明了双重差分法满足共同趋势假设。同时，在环境信息公开的当年，估计系数不显著，这表明环境信息公开的政策效应存在滞后效应。随着时间的推移，环境信息公开的碳减排效应开始显现，一直维持到环境信息公开后的第 8 年；从效应大小来看，这种减排效应较为稳定，波动幅度较小，整体上呈现微弱的先增后减的倒 U 型趋势。

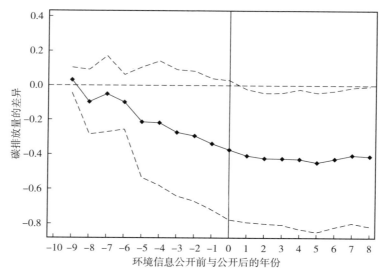

图 10 – 4　碳排放水平在环境信息公开前后的差异

注：图中小黑点为估计系数，虚线为估计系数95%的置信区间。
资料来源：笔者整理。

10.4　实证结果与分析

10.4.1　基准回归

　　表 10 – 2 中第（1）列和第（2）列报告了环境信息公开对碳排放影响的基准回归结果。可以发现，不论模型是否包含控制变量，环境信息公开对碳排放影响都为负，并在 1% 的水平上显著，意味着环境信息公开总体上有助于降低碳排放水平，不仅验证了温室气体和大气污染物的协同控制理论，也彰显了非正式环境规制具有碳

减排作用，验证了 H10 - 1。这一发现一致于先前文献（张翼、卢现祥；2011；Greenstone & Hanna，2014；Tian et al.，2016；Zhang et al.，2018）的研究结论，均反映了社会公众、环保组织等非正式组织对环境保护的重要作用，为多元环境治理体系提供了实证证据。从估计系数的经济意义上看，在给定其他条件不变的情况下，环境信息公开促使碳排放量减少 14.29%。由于样本期间碳排放量对数的平均值为 6.04 万吨（即水平值为 419.89 万吨），故环境信息公开可以降低碳排放量 60.00 万吨（419.89 万吨 ×14.29%）。同时，环境信息公开始于 2008 年，所以双重差分法一共捕捉了 9 年的平均处理效应，相当于环境信息公开每年降低碳排放量 6.67 万吨（419.89 万吨 ×14.29%/9 年），每年降低 1.59%（14.29%/9 年）。

表 10 - 2　　　　环境信息公开对碳排放影响的基准回归结果

变量	全部城市		排除直辖市		普通地级市	
	（1）	（2）	（3）	（4）	（5）	（6）
环境信息公开	- 0.1463 *** (0.0375)	- 0.1429 *** (0.0369)	- 0.1768 *** (0.0388)	- 0.1459 *** (0.0372)	- 0.1702 *** (0.0431)	- 0.1468 *** (0.0404)
二产占比	—	0.0028 (0.0033)	—	0.0026 (0.0034)	—	0.0013 (0.0036)
FDI 比重	—	- 0.0054 (0.0049)	—	- 0.0058 (0.0049)	—	- 0.0065 (0.0055)
人口密度	—	0.6067 ** (0.2576)	—	0.6091 ** (0.2608)	—	0.7960 ** (0.3255)
财政支出	—	- 0.0008 (0.0042)	—	- 0.0008 (0.0042)	—	0.0001 (0.0042)
教育水平	—	- 0.0187 (0.0163)	—	- 0.0197 (0.0165)	—	- 0.0198 (0.0199)

续表

变量	全部城市		排除直辖市		普通地级市	
	（1）	（2）	（3）	（4）	（5）	（6）
科技支出	—	0.0164 （0.0120）	—	0.0169 （0.0123）	—	0.0211 （0.0145）
人均收入	—	2.3008 （1.4371）	—	2.2332 （1.4603）	—	2.6888 * （1.6259）
人均收入的 平方	—	－ 0.1083 （0.0761）	—	－ 0.1045 （0.0777）	—	－ 0.1271 （0.0872）
常数项	5.3579 *** （0.0770）	－ 9.9870 （6.9031）	5.3136 *** （0.0220）	－ 9.7307 （6.9660）	5.1103 *** （0.0241）	－ 13.1333 * （7.8260）
城市固定 效应	是	是	是	是	是	是
年份固定 效应	是	是	是	是	是	是
观测值	3951	3699	3895	3643	3464	3218
R^2	0.6380	0.6693	0.6362	0.6671	0.6348	0.6656

注："（ ）"内数值为聚类（cluster）到地级市层面的稳健标准误，* 、** 、*** 分别表示 10% 、5% 、1% 的显著性水平。
资料来源：笔者整理。

在基准回归中，本章还进行了敏感性分析。一方面，考虑到北京市、天津市、上海市和重庆市 4 个直辖市在行政级别高于一般地级市，这可能对结果产生干扰。因此排除了这四个直辖市重新回归，估计结果如表 10 - 2 第（3）和第（4）列所示。可以发现，环境信息公开的估计系数同样显著为负，并且系数大小类似于全部城市的估计结果。另一方面，考虑到省会城市和计划单列市拥有特殊的经济、财政和政治资源，经济规模，城市属性等方面与普通地级城市相比有较大差异，在排除直辖市的基础上，进一步删除这些城市的样本进行回归，估计结果如表 10 - 2 第（5）列和第（6）列所示。不难发现，环境信息公开对碳排放仍然起着非常显著的抑制作用。上述结论显示，本章核心结论并未受到城市行政级别的威胁。

关于控制变量的估计结果，以表 10 - 2 第（2）列的双固定效应模型为准。可以发现，人口密度的估计系数在 5% 的水平上显著为正，这表明人口集聚度的提高不利于降低碳排放水平，这与先前研究（韩峰、谢锐，2017；Zhou & Wang，2018）结论相同。此外，其他控制变量的估计系数并没有通过显著性检验，对碳排放的影响尚未明晰。

10.4.2 异质性

10.4.2.1 东部、中部、西部城市与环保、非环保城市

前面分析了环境信息公开对碳排放的总体影响，然而这种基于样本总体的分析可能掩盖了潜在的地区差异，即环境信息公开对不同地区的影响可能存在差异。尤其是，中国幅员广阔，在资源禀赋、地理位置、技术水平和制度安排等方面均存在的巨大差异，这导致各个城市碳排放水平迥异。鉴于此，笔者进一步考察环境信息公开影响碳排放的地区差异，估计结果如表 10 - 3 第（1）~第（3）列所示。不难发现，相比于中部城市，环境信息公开对碳排放的抑制效应在东部和西部城市的子样本中更为显著。这可能是因为，过往中国经济发展方式尚处于高排放、高增长的粗放型阶段，东部城市的经济快速发展导致碳排放量迅速上升，因此东部城市碳排放量要高于中西部城市，这使得环境信息公开对碳排放的边际效应较为

显著。同时，西部地区生态环境系统较为脆弱，一旦被破坏很难被修复，这导致地方政府更加重视生态环境保护，这有利于发挥环境信息公开的减排效应。

表 10 - 3　东部、中部、西部城市与环保、非环保城市的回归结果

变量	（1）东部城市	（2）中部城市	（3）西部城市	（4）环保城市	（5）非环保城市
环境信息公开	- 0. 1249 ** （0. 0485）	- 0. 0524 （0. 0639）	- 0. 2796 *** （0. 0883）	- 0. 4228 *** （0. 1242）	- 0. 1680 （0. 1180）
控制变量	是	是	是	是	是
城市固定效应	是	是	是	是	是
年份固定效应	是	是	是	是	是
观测值	1394	1368	937	1506	2193
R^2	0. 7698	0. 6997	0. 6107	0. 7004	0. 6654

注："（）"内数值为聚类到地级市层面的稳健标准误，＊、＊＊、＊＊＊分别表示10%、5%、1%的显著性水平。
资料来源：笔者整理。

同时，本书根据国家环境保护重点城市名单，还将样本分为环保城市和非环保城市，回归结果如表 10 - 3 第（4）列、第（5）列所示。可以发现，环境信息公开的回归系数在环保城市的样本显著为负，而在非环保城市的样本中不显著，这说明相比于非环保城市，环保城市的环境信息公开发挥了碳减排作用。这可能是因为，环保城市是生态文明建设示范区和环保模范城市的重点建设对象，中央政府对环保城市的环保工作要求远远高于非环保城市，从而促使环保城市在环境治理工作中起到"排头兵"的模范作用，这将有利于发挥非正式环境规制的效力。

10.4.2.2　不同经济发展水平城市与不同人力资本水平城市

通常而言，非正式环境规制的减排效应往往还取决于社会公众环保诉求的有效反馈和地方政府的积极响应。究其根源，由于地方政府才能形成对辖区企业污染行为的直接影响力和约束力，所以中国环境抗议则往往指向地方政府，即社会公众、非正式环保机构是通过影响地方政府进而约束企业的污染行为。因此，社会公众的环保诉求将对环境信息公开的减排效应形成影响。鉴于此，笔者进一步考察环境信息公开的碳排放效应在不同公众环保诉求水平的地区差异。由于不存在公众环保诉求的直接量化指标，本书从经济发展水平和人力资本水平两方面间接考察这种效应。

根据实际人均 GDP 水平和普通高校在校学生数，将样本内的城市分成三等（低、中和高）进行回归，估计结果如表 10 - 4 所示。可以发现，环境信息公开显著降低高、中经济发展水平与高、中人力资本水平城市的碳排放量，而对低经济发展水平和低人力资本水平城市的碳排放量影响并不显著。这可能的原因是，经济发展水平和人力资本水平越高的城市，社会公众更加重视自身健康水平，也更为关注环境质量的提升（肖挺，2016），从而社会公众环保诉求越强，越有利于发挥环境信息公开对碳排放的抑制效应。

表 10 - 4　　　不同经济发展与人力资本水平城市的回归结果

变量	(1) 低经济发展水平	(2) 中经济发展水平	(3) 高经济发展水平	(4) 低人力资本水平	(5) 中人力资本水平	(6) 高人力资本水平
环境信息公开	-0.1586 (0.0974)	-0.1697*** (0.0645)	-0.0871** (0.0409)	-0.0346 (0.0754)	-0.2304*** (0.0635)	-0.0853* (0.0456)

续表

变量	（1）	（2）	（3）	（4）	（5）	（6）
	低经济发展水平	中经济发展水平	高经济发展水平	低人力资本水平	中人力资本水平	高人力资本水平
控制变量	是	是	是	是	是	是
城市固定效应	是	是	是	是	是	是
年份固定效应	是	是	是	是	是	是
观测值	1166	1280	1253	1138	1273	1288
R^2	0.6252	0.6815	0.7501	0.6234	0.6703	0.7202

注："（ ）"内数值为聚类到地级市层面的稳健标准误，＊、＊＊、＊＊＊分别表示10％、5％、1％的显著性水平。
资料来源：笔者整理。

10.4.3　稳健性检验

（1）更换碳排放水平指标。为了减轻指标度量问题对实证结论带来的影响，本章采用人均 CO_2 排放量的对数、单位 GDP 的 CO_2 排放量重新度量碳排放水平，估计结果如表10-5第（1）和第（2）列所示。可以发现，环境信息公开的估计系数至少在5％的显著性水平上为负，支持前面结论。

（2）排除异常值。为了排除异常值的干扰，本章基于碳排放水平（CO_2 排放量的对数）5％～95％分位点数据进行回归，估计结果如表10-5第（3）列所示。可以发现，环境信息公开的估计系数为负，并且通过1％的显著性水平检验，支持前面结论。

（3）城市特定的时间趋势。考虑到每个城市的碳排放水平随时间推移可能呈现不同的时间趋势，本章在基本模型中进一步控制每个城市特定的线性时间趋势，估计结果如表10 – 5第（4）列所示。可以发现，相关结论依然成立。

（4）标准误聚类到"城市—年份"层面。考虑到误差项可能存在空间和时间相关性，本章将标准误聚类到"城市—年份"的联合维度，对基本模型重新回归，估计结果如表10 – 5第（5）列所示。可以发现，环境信息公开的估计系数依然在1%的水平上显著为负，本书相关结论依然成立。

（5）所有解释变量滞后一期。考虑到环境信息公开可能并非立即产生影响，本章对环境信息公开变量进行滞后一期处理；同时，为了避免联立方程偏误，笔者遵循沈坤荣和金刚（2018）的做法，对所有控制变量也滞后一期，重新进行回归，估计结果如表10 – 5第（6）列所示。可以发现，本书相关结论依然成立。

（6）控制碳排放量初始特征。为了避免碳排放的初始特征导致环境信息公开城市和非公开城市不可对比的可能，笔者将2003年的碳排放量与时间趋势项进行交乘，并纳入回归方程中，估计结果如表10 – 5第（7）列所示。可以发现，本书相关结论依然成立。

表 10 – 5 　　　　　　　　　稳健性检验的回归结果

变量	(1) 人均碳排放量	(2) 碳排放强度	(3) 排除碳排放量极端值	(4) 城市特定的时间趋势	(5) 标准误聚类到"城市 – 年份"层面	(6) 所有解释变量滞后一期	(7) 控制碳排放初始特征
环境信息公开	– 0.1510 *** (0.0360)	– 0.2332 ** (0.1070)	– 0.1283 *** (0.0349)	– 0.0602 * (0.0313)	– 0.1429 *** (0.0193)	– 0.1147 *** (0.0350)	– 0.0622 ** (0.0293)
控制变量	是	是	是	是	是	是	是

续表

| 变量 | (1) | (2) | (3) | (4) | (5) | (6) | (7) |
	人均碳排放量	碳排放强度	排除碳排放量极端值	城市特定的时间趋势	标准误聚类到"城市－年份"层面	所有解释变量滞后一期	控制碳排放量初始特征
城市固定效应	是	是	是	是	是	是	是
年份固定效应	是	是	是	是	是	是	是
观测值	3699	3699	3343	3699	3699	3442	3679
R^2	0.6338	0.2790	0.6775	0.8270	0.9582	0.6257	0.8098

注："（ ）"内数值为聚类到地级市层面的稳健标准误，＊、＊＊、＊＊＊分别表示10％、5％、1％的显著性水平。

资料来源：笔者整理。

10.4.4 基于 PSM － DID 方法的估计结果

为克服环境信息公开城市和非公开城市的变动趋势存在系统性差异，并增强环境信息公开碳减排效应的说服力，本书进一步使用倾向得分匹配－双重差分法（PSM － DID）进行稳健性检验。在使用 PSM － DID 方法时，首先将城市是否为环境信息公开城市作为被解释变量，对控制变量进行 Logit 回归，得到倾向得分值；然后将倾向得分值最接近的城市作为环境信息公开城市的配对城市，即作为控制组；最后再利用双重差分法进行估计。这种方法的优势在于，依据可观测变量（控制变量）挑选环境信息公开城市的配对城市，从而最大限度地降低处理组城市和控制组城市的系统性差异，有效缓解选择性偏差问题（祁毓等，2016；石大千等，2018）。

表 10 - 6 报告了基于 PSM - DID 方法的环境信息公开对碳排放影响的回归结果。本书使用的匹配变量是计量式（10 - 1）的控制变量，匹配方法是卡尺内二阶近邻匹配。其中，第（1）~ 第（7）列分别使用的匹配数据是 2003 ~ 2007 年，以及 2003 ~ 2007 年的平均值和环境信息公开前的平均值。可以发现，七类模型中，环境信息公开的估计系数介于 - 0. 1429 ~ - 0. 1498 之间，并且均通过 1% 的显著性水平检验，特别是第（6）列和第（7）列的结果一致于基本模型的结果，表明"环境信息公开有助于降低碳排放水平"这一核心结论具有较强的稳健性。

表 10 - 6　　环境信息公开对碳排放影响的回归结果：PSM - DID 方法

变量	被解释变量：碳排放水平的对数						
	（1）	（2）	（3）	（4）	（5）	（6）	（7）
	2003 年	2004 年	2005 年	2006 年	2007 年	2003 ~ 2007 年平均值	环境信息公开前平均值
环境信息公开	- 0. 1431 *** (0. 0370)	- 0. 1480 *** (0. 0379)	- 0. 1472 *** (0. 0372)	- 0. 1488 *** (0. 0379)	- 0. 1498 *** (0. 0375)	- 0. 1429 *** (0. 0369)	- 0. 1429 *** (0. 0369)
控制变量	是	是	是	是	是	是	是
城市固定效应	是	是	是	是	是	是	是
年份固定效应	是	是	是	是	是	是	是
观测值	3684	3534	3533	3556	3591	3699	3699
R^2	0. 6688	0. 6736	0. 6750	0. 6727	0. 6714	0. 6693	0. 6693

注：（1）"（）"内数值为聚类到地级市层面的稳健标准误，＊、＊＊、＊＊＊ 分别表示 10% 、5% 、1% 的显著性水平；（2）本书使用的匹配变量是计量方程（1）的控制变量，匹配方法是卡尺内二阶近邻匹配。

资料来源：笔者整理。

10.4.5　安慰剂检验

为了排除环境信息公开的碳减排效应受到遗漏变量干扰的可能性，笔者遵循李等（Li et al.，2016）的做法，通过随机选择环境信息公开城市进行安慰剂检验。具体地，2008～2012 年共有 113 个环境信息公开城市，2013～2016 年又增至 120 个，因此根据环境信息公开年份随机选择处理组城市，并构造虚拟处理变量 $PITI_{it}^{false}$，使用式（10-1）的模型设定，对三类碳排放指标重复进行 1000 次回归，图 10-5 分别绘制了三类碳排放方程中处理变量 $PITI_{it}^{false}$ 回归系数的分布图。可以发现，CO_2 方程、人均 CO_2 方程和 CO_2 强度方程中，基于随机样本估计得到的回归系数均分布在 0 附近，均值分别是 0.000989、0.001056 和 -0.000260，而三类方程的基准回归系数分别是 -0.1429、-0.1510 和 -0.2332，小于绝大多数模拟值，可被视为极端值。这意味着，环境信息公开对碳排放的减排效应并未受到遗漏变量的干扰。

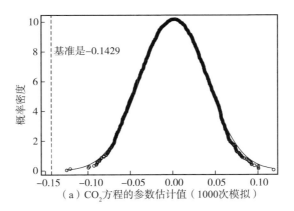

（a）CO_2 方程的参数估计值（1000 次模拟）

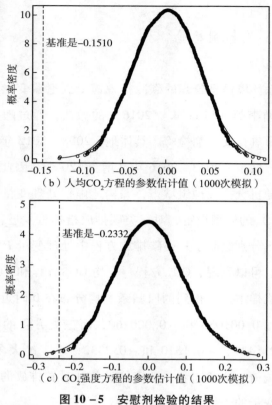

（b）人均CO_2方程的参数估计值（1000次模拟）

（c）CO_2强度方程的参数估计值（1000次模拟）

图 10 - 5　安慰剂检验的结果

资料来源：笔者整理。

10.4.6　内生性问题

为了准确评估环境信息公开的碳排放效应，除了双重差分法所要求的共同趋势外，还需要计量方程中"环境信息公开"这一核心解释变量满足外生性要求。如果环境信息公开城市并非随机选择，而是与城市的经济发展、地理位置、环境质量等因素密切相关，环境质量越差的城市，受到环保非政府组织的关注度越高，越有可能成为处理组，即环境污染或碳排放水平可能反向影响核心解释变量；另外，实证研究可能忽略了某些难以衡量的因素，而这些因素又同时影响到某地区的碳排放水平，那么则导致"环境信息公开"这一核心解释变量的内生性问题。为此，本书进一步采用工具变量法检验前面结论的稳健性。

参考史贝贝等（2019）的做法，以城市的报纸种类数量作为是否为环境信息公开城市的工具变量。理论上，合理的工具变量需要满足两个要求：相关性和外生性。从相关性来说，某一城市的报纸种类数量越多，说明该城市媒体披露、信息流动的水平越高，该城市的信息基础设施则越高，越能够及时曝光社会公众的各类诉求，从而该城市实施环境信息公开的概率越大；从外生性来说，某一城市的报纸种类数量与该城市的碳排放水平没有直接关系。

表 10 - 7 报告了工具变量法的回归结果。可以发现，无论何种模型设定，在 Ⅳ 第一阶段回归中，工具变量的估计系数均在 1% 的水平上显著为正，这说明如果某一城市的报纸种类数量越多，那么该城市成为环境信息公开城市的概率就越高，从而验证了工具变量的相关性。同时，两类模型设定的第一阶段 F 值分别为 10.629 和 17.262，均大于 10，表明本模型并不存在弱工具变量的可能。在 Ⅳ 第二阶段回归中，环境信息公开的估计系数均在 1% 的水平上显著为负，一致于前文的结论。综上所述，即使考虑了"环境信息公开"这一核心解释变量潜在的内生性问题，环境信息公开依然对碳排放水平具有显著的抑制作用，凸显本书研究结论的稳健性。

表 10 – 7 工具变量的回归结果

变量	第一种设定		第二种设定	
	（1）	（2）	（3）	（4）
	IV 第一阶段	IV 第二阶段	IV 第一阶段	IV 第二阶段
环境信息公开		− 0. 1801 *** （0. 0572）		− 0. 1338 ** （0. 0625）
报纸种类数量 × Post	0. 1052 *** （0. 0252）		0. 0807 *** （0. 0247）	
工具变量 F 值	10. 629		17. 262	
控制变量	否	否	是	是
城市固定效应	是	是	是	是
年份固定效应	是	是	是	是
观测值	3024	2995	2835	2817
R^2	0. 6158	0. 6476	0. 6614	0. 6869

注：（1）"（ ）"内数值为聚类到城市层面的稳健标准误，＊、＊＊、＊＊＊分别表示 10%、5%、1% 的显著性水平；（2）Post 是时间哑变量，定义为某一城市环境信息公开之后取值为 1，否则为 0。

资料来源：笔者整理。

10. 5 机 制 分 析

前面的分析表明，环境信息公开显著降低了碳排放水平。那么，环境信息公开是如何降低碳排放水平的呢？为了考察环境信息公开对碳排放的影响机制，笔者参照石大千等（2018）、涂正革等（2019）的做法，使用中介效应模型的分析思路，构建如下计量模型：

$$Y_{it} = \phi_1 + \beta PITI_{it} + Z_{it}\xi_1 + \alpha_i + \lambda_t + \varepsilon_{it} \qquad (10-3)$$

$$M_{it} = \phi_2 + \theta PITI_{it} + Z_{it}\xi_2 + \alpha_i + \lambda_t + \varepsilon_{it} \qquad (10-4)$$

$$Y_{it} = \phi_3 + \beta' PITI_{it} + \gamma M_{it} + Z_{it}\xi_3 + \alpha_i + \lambda_t + \varepsilon_{it} \qquad (10-5)$$

其中，i 和 t 分别表示城市和年份；Y_{it} 表示城市碳排放水平；$PITI_{it}$ 表示城市环境信息公开的状态；M_{it} 表示中介变量；Z_{it} 表示一组控制变量；α_i 和 λ_t 分别表示城市固定效应和年份固定效应；ε_{it} 表示随机误差项，并聚类到城市层面。根据中介效应模型的定义，环境信息公开的总效应为 β，直接效应为 β'，中介变量 M_{it} 的间接效应（中介效应）为 $\theta\gamma$；如果 β 显著，同时 β' 和 γ 均显著，并且 β' 的绝对值小于 β 的绝对值，那么 M_{it} 是部分中介变量；如果 β 显著，同时 β' 不显著而 γ 显著，那么 M_{it} 是完全中介变量。对于中介效应 $\theta\gamma$，文献中一般使用 Sobel 统计量进行检验。

关于中介变量 M_{it} 的选取，本书根据前文理论机制的分析，从规模效应、结构效应和技术效应三条途径入手，选取七类变量进行衡量。具体地，规模效应以实际人均 GDP 和人均电力消费（均取对数）衡量；结构效应以产业结构和要素禀赋结构衡量，前者以第二产业增加值占 GDP 的比重、第三产业增加值占 GDP 的比重、第三产业增加值与第二产业增加值的比值来表示，后者以资本存量与劳动力的比值（取对数）来表示，资本存量通过永续盘存法计算；技术效应以城市综合创新指数衡量，数据来源于《中国城市和产业创新力报告》。关于资本存量的计算，本书采用永续盘存法，即 $K_t = I_t + (1-\delta_t)K_{t-1}$。其中，$K_t$ 为第 t 期的资本存量；I_t 为第 t 期消除通货膨胀因素的实际固定资产投资总额，由于缺乏城市层面投资价格指数的数据，这里使用各省各年的固定资产投资价格指数调整为以 2000 年为基期的不变价格；δ_t 为第 t 期资本折旧率，本节取值 9.6%（张军等，2004）。由于前文样本数据均以 2000 年为基期，因此这里同样以 2000 年为基期，基期资本存量的计算表达式为 $K_{2000} = I_{2000}/(\delta + g)$，其中 g 为 2000～2010 年每个城市实际固定资产投资总额的年均增长率（Hall & Jones，1999）。同时，式（10 - 3）、式（10 - 4）和式（10 - 5）中纳入如下控制变量：*FDI* 比重、人口密度、财政支出、教育水平和科技支出，这些变量的度量一致于前面。

表 10 - 8 报告了式（10 - 4）的回归结果。①规模效应的估计结果如表 10 - 8 第（1）列和第（2）列所示。可以发现，环境信息公开的估计系数为负，并通过 1% 的显著性水平检验，这说明环境信息公开降低了实际人均 GDP 和人均电力消费，即环境信息公开通过缩小规模效应抑制碳排放水平，一致于李等（Li et al.，2018）的结论。②结构效应的估计结果见表 10 - 8 第（3）～第（6）列。不难发现，环境信息公开显著降低了二产比重，并增加了三产比重，进而提升了三产与二产的比值，意味着环境信息公开优化了产业结构。同时，环境信息公开显著减少了资本劳动比，说明环境信息公开有利于劳动密集型产业的发展，这将对碳减排起到积极作用。③技术效应的估计结果如表 10 - 8 第（7）列所示。可以发现，环境信息公开显著提升了城市创新指数。总的来看，虽然上述方程中环境信息公开的估计系数均显著，但这些变量是否为中介变量还需要进一步检验。

表 10 - 8　　　　　　　　　**式（10 - 4）的回归结果**

变量	规模效应		结构效应				技术效应
	（1）	（2）	（3）	（4）	（5）	（6）	（7）
	Log（实际人均 GDP）	Log（人均电力消费）	二产比重	三产比重	三产/二产	Log（资本存量/劳动力）	创新指数
环境信息公开	- 0. 0665 *** (0. 0173)	- 0. 1750 *** (0. 0398)	- 3. 7550 *** (0. 6900)	1. 2494 ** (0. 5694)	0. 0881 *** (0. 0314)	- 0. 1769 *** (0. 0471)	14. 1937 *** (4. 8033)
控制变量	是	是	是	是	是	是	是
城市固定效应	是	是	是	是	是	是	是
年份固定效应	是	是	是	是	是	是	是
观测值	3725	3661	3725	3724	3724	3725	3725
R^2	0. 5482	0. 6338	0. 2968	0. 3817	0. 2826	0. 8935	0. 1764

注："（ ）"内数值为聚类到城市层面的稳健标准误，* 、** 、*** 分别表示 10% 、5% 、1% 的显著性水平。

资料来源：笔者整理。

表 10 - 9 报告了式（10 - 3）和式（10 - 5）的回归结果。其中，第（1）列为总效应的估计结果，第（2）~ 第（8）列为同时控制环境信息公开和中介变量的估计结果。可以发现，第（2）列、第（3）列、第（4）列、第（6）列和第（8）列中 β' 和 γ 均显著，并且相比于 β 的绝对值，β' 的绝对值均有所下降。这说明，人均实际 GDP、人均电力消费、二产比重、三产与二产之比和创新指数均为部分中介变量，并且 Sobel Z 检验的 P 值均小于 0. 05，即中介效应成立。上述变量的中介效应依次是 - 0. 0273 、- 0. 1458 、- 0. 0276 、

表10-9　　式（10-3）和式（10-5）的回归结果

变量	(1) 总效应	(2) Log（实际人均GDP）	(3) Log（人均电力消费）	(4) 二产比重	(5) 三产比重	(6) 三产/二产	(7) Log（资本存量/劳动力）	(8) 创新指数
				被解释变量：碳排放水平的对数				
环境信息公开	-0.1898*** (0.0383)	-0.1625*** (0.0363)	-0.0381** (0.0174)	-0.1622*** (0.0398)	-0.1892*** (0.0392)	-0.1830*** (0.0399)	-0.1934*** (0.0390)	-0.1839*** (0.0383)
中介变量	—	0.4041*** (0.1193)	0.7974*** (0.0303)	0.0074*** (0.0022)	-0.0006 (0.0032)	-0.0772** (0.0327)	-0.0199 (0.0313)	-0.0004*** (0.0001)
控制变量	是	是	是	是	是	是	是	是
城市固定效应	是	是	是	是	是	是	是	是
年份固定效应	是	是	是	是	是	是	是	是
中介效应		-0.0273***	-0.1458***	-0.0276***		-0.0068***		-0.0057**
Sobel Z检验		-6.413 [0.000]	-8.982 [0.000]	-5.901 [0.000]		-2.628 [0.008]		-2.315 [0.021]
中介效应占比		14.37%	79.30%	14.56%		3.61%		3.11%
观测值	3699	3699	3654	3699	3698	3698	3699	3699
R^2	0.6592	0.6669	0.9098	0.6637	0.6592	0.6600	0.6593	0.6598

注：（1）"（）"内数值为聚类到城市层面的稳健标准误，*、**、*** 分别表示10%、5%、1%的显著性水平；（2）"［ ］"内数值为
Sobel Z检验值的 P 值，Sobel Z 检验是对式（10-4）和式（10-5）中 θ 和 γ 乘积的判定。

资料来源：笔者整理。

−0.0068 和 −0.0057，中介效应占总效应的比重分别为 14.37%、
79.30%、14.56%、3.61% 和 3.11%。同时，三产比重和资本劳动
比并没有通过 Sobel 检验，说明环境信息公开主要通过降低二产比
重和提升三产与二产之比的方式优化产业结构，尚未通过三产比重
和资本劳动比影响产业结构。总之，环境信息公开通过缩小规模效
应、优化结构效应和提升技术效应等降低碳排放水平，验证了
H10−2。这背后的原因在于，环境信息公开使地方政府和社会公众
更加了解本辖区的环境污染程度，促使其努力改善环境质量，包括
地方政府加强环境规制强度、企业致力于绿色生产技术的研发、社
会公众采取更加环境友好型的生活方式等途径。由于碳排放与污染
物的同根同源同步性，因而这些抑制环境污染的措施也将有利于降
低碳排放水平。

10.6　本 章 小 结

为了实现中国碳排放尽早达峰，推动碳排放治理，不仅需要发
挥政府自上而下的正式环境规制的作用，还需要依靠社会公众和非
政府组织为代表的非正式环境规制的力量。然而遗憾的是，既有文
献并没有关注非正式环境规制的碳排放效应。鉴于上述考虑，本章
采用 2003～2016 年中国 285 个城市的面板数据，以"公众环境研
究中心"这一环保非政府组织对部分城市进行污染源监管信息公开
为一次准自然实验，依托于温室气体和大气污染物的协同控制理
论，使用渐进性的双重差分法估计了环境信息公开对碳排放水平的

影响。研究发现：（1）整体上，环境信息公开有助于降低碳排放水平，不仅验证了温室气体和大气污染物的协同控制策略，也彰显了非正式环境规制具有碳减排作用；（2）从空间上看，环境信息公开对碳排放的影响存在异质性，碳减排效应在东部城市、西部城市、环保城市以及高经济发展水平城市、高人力资本水平城市的样本中更加显著；（3）从时间上看，环境信息公开的碳减排效应出现在公开后的第一年之后；（4）机制分析表明，环境信息公开通过缩小规模效应、优化结构效应和提升技术效应等渠道降低了碳排放水平。此外，本章通过倾向得分匹配 - 双重差分法、安慰剂检验、平行趋势检验等方式确保研究结论的稳健性。本章的研究丰富了碳排放的相关既有文献，对理解非正式环境规制在碳减排中的作用具有一定的理论价值，并且对国家完善碳减排的长效机制具有重要的现实意义。

第 11 章

研究结论与政策建议

11.1 研究结论

作为世界上最大的碳排放国家，中国着力推进碳减排不仅是经济向绿色低碳发展方式转型的内在要求，更是推进生态文明建设和维护全球生态安全的重要途径，充分彰显了中国深度参与全球气候治理的大国担当。本书在中国"30·60"双碳目标背景下，聚焦于探讨环境规制对碳排放的影响，得到以下研究结论。

第一，在分权背景下，分析了地区间环境规制竞争行为及其影响因素。本书利用2003~2016年中国260个城市的面板数据，设定地理位置、地理距离和经济距离等空间权重矩阵，利用空间面板模型检验了分权背景下地区间环境规制的策略互动行为，并进一步挖掘了影响地区间环境规制策略互动的因素。研究发现：（1）地区间环境规制存在着显著的模仿型策略互动行为，意味着互为竞争对手的地区相互模仿彼此的环境规制，导致环境规制陷入低水平的均衡；（2）在东部和西部城市，地区间环境规制存在显著的相互模仿型的竞争行为，而中部城市并不存在这种现象；（3）2010 年之后，地区间环境规制相互模仿的策略互动行为显著减弱，表明政绩考核的绿色化有助于减弱环境规制的策略互动行为；（4）财政分权给地方政府官员带来了财政激励，强化了地区间环境规制的策略互动行为。

第二，立足环境联邦主义理论，检验了环境分权对碳排放的影响。环境联邦主义理论旨在寻求政府层级之间环境管理权力的最优配置，存在环境保护事务的集权与分权之争。本书结合中国特定的制度背景，立足碳减排的视角回答上述争论，以期拓展环境分权理论的内涵，为构建碳减排的环境管理体制提供一些洞见。基于中国省级面板数据，本书构建静态、动态和动态空间面板数据模型实证检验了环境分权对碳排放的影响。研究结果表明，中国当前的环境分权体制不利于碳排放治理，环境分权程度越高，碳排放水平越高。这一结论在考虑了环境分权指标的潜在内生性问题之后，依然成立。在环境管理激励体制下，地方政府缺乏碳减排的动力，这意味着碳排放治理并不是环境分权体制的受益者。

第三，依托"绿色福利"与"绿色悖论"两种理论，检验了环境规制对碳排放影响的双重效应。本书认为环境规制不仅对碳排放产生直接影响，而且还会通过能源消费结构、产业结构、技术创新和 FDI 四条传导渠道间接影响碳排放。在此基础上，本书利用中国省级面板数据，采用两步 GMM 法实证分析了环境规制对碳排放影响的双重效应。研究发现：（1）环境规制对碳排放的直接影响轨迹呈倒 U 型曲线，随着环境规制强度由弱变强，影响效应由"绿色悖

论"效应转变为"倒逼减排"效应,并且这一结论具有稳健性;
(2)地区维度上,样本期间东部地区的环境规制促进了碳排放,而
中西部地区则有效地遏制了碳排放;时间维度上,2004~2007 年,
环境规制发挥"绿色悖论"效应,而 2000~2003 年及 2008~2011
年两个时间段,环境规制发挥"绿色福利"效应,总体上同样呈倒
U 型曲线;(3)无论是否具有环境规制约束,能源消费结构均是显
著增加碳排放的重要诱因,蕴含环境规制尚未低碳化能源消费结
构;环境规制倒逼产业结构高级化和刺激技术创新,扭转了产业结
构和技术创新对碳排放的作用方向;(4)令人遗憾的是,环境规制
同时抑制了 *FDI* 的环境溢出效应和资本累积效应以及削弱本国企业
的技术吸收能力。

　　第四,基于地方政府竞争的视角,分析了"绿色悖论"发生的
条件。基于分权导致的地方政府竞争的视角,本书考虑了地区间环
境规制的策略互动因素,利用中国省级面板数据,构造了地理邻
接、地理距离和经济距离三种空间权重矩阵设定下的动态空间面板
模型,尝试解答"绿色悖论"之谜。研究结果表明:(1)省域碳排
放具有很强的外溢性,彰显了"局部俱乐部集团"现象,并且空间
依赖性主要体现不可观测的随机误差项冲击上;(2)就纯粹的环境
规制而言,本地区和相邻地区的环境规制有利于抑制碳排放,环境
规制的空间策略互动表现为"竞争向上"型;而在地方政府竞争影
响下,本地区和相邻地区的环境规制显著促进碳排放,引发环境规
制竞争的"逐底效应"和"绿色悖论"现象;(3)环境规制的
"示范效应"和环境规制竞争的"逐底效应"更容易发生在地理位
置邻接的辖区;(4)2006 年之后,"绿色悖论"现象有所减弱,这

与环境绩效考核作用的不断强化密不可分。一言以蔽之，"绿色悖论"之谜的谜底在于地方政府竞争，也就是说"绿色悖论"现象的发生存在一定的必要条件，一旦环境规制沦为地方政府争夺流动性资源的工具，那么地方政府将屈从于资本的意志，从而"俘获"环境规制，导致"绿色悖论"现象。

第五，从"质"的维度出发，检验了环境规制对碳排放绩效的影响。本书利用中国省级面板数据，基于地理相邻、地理距离和经济距离三种空间权重矩阵，构建静态与动态空间面板模型检验了环境规制与碳排放绩效之间的关系。研究发现：（1）环境规制对碳排放绩效的影响轨迹呈倒 U 型曲线，即随着环境规制强度的增加，碳排放绩效先提高后降低，蕴含主导力量由"创新补偿"效应演变为"遵循成本"效应；（2）样本期内，中国环境规制强度位于倒 U 型曲线拐点的左侧，意味着进一步提升环境规制强度有利于提高碳排放绩效；（3）在地理相邻和地理距离的空间权重矩阵设定下，碳排放绩效的空间溢出效应表现为"涓滴效应"，而在经济距离的空间权重矩阵中则表现为"极化效应"；（4）财政分权显著弱化了环境规制影响碳排放绩效的"创新补偿"效应，扮演"遵循成本"效应的助手，相比之下，污染治理投资则有效软化了环境规制影响碳排放绩效的"遵循成本"效应，助推了"创新补偿"效应。

第六，从"自上而下"的正式环境规制出发，估计了低碳城市试点政策对碳排放的影响。本书将低碳试点政策在不同城市、不同时间的实施视为一次准自然实验，采用2003～2016年中国285个城市的面板数据，使用渐进性的双重差分方法估计了低碳城市建设对碳排放的影响及其作用机制。研究发现：（1）整体上，相比于非试点城市，试点城市的碳排放量相对于样本均值降低了约 1.05 个百分点，意味着低碳城市建设显著降低碳排放量，证实了低碳城市试点政策的有效性；（2）低碳城市建设对碳排放的影响存在异质性，碳减排效应在西部城市和低经济发展水平城市的子样本中更加显著；（3）试点城市与非试点城市的碳排放水平在试点之前满足共同趋势假设，同时，低碳城市建设的碳减排效应出现在试点后的第一年到第四年，而在试点后的第五年和第六年消失；（4）机制分析表明，低碳城市建设通过降低电力消费量和提升技术创新水平等途径抑制碳排放量。

第七，从"自上而下"的正式环境规制出发，估计了创新型城市试点政策对碳排放绩效的影响。本书将创新型城市试点政策在不同城市、不同时间的实施视为一次准自然实验，采用 2005～2016 年中国 285 个城市的面板数据，使用渐进性的双重差分法检验了创新型城市建设对碳排放绩效的影响。本书主要结论如下：（1）相比于非试点城市，创新试点城市的碳排放绩效平均增加 2.47%，意味着创新型城市建设显著提升碳排放绩效，证实了创新型城市建设有利于推动绿色低碳发展；（2）创新型城市建设对碳排放绩效的影响存在异质性，在中西部城市、非矿产型城市和环保城市的子样本中，正向效应更加显著；（3）创新试点城市与非试点城市的碳排放绩效在试点之前满足共同趋势假设，同时，创新型城市建设对碳排放绩效的提升效应具有持续性，并且随时间不断增强；（4）机制分析表明，创新型城市建设通过降低碳排放水平而提升碳排放绩效。此外，本书通过控制城市属性变量和利用工具变量方法来缓解创新试点城市非随机选取而导致的内生性问题。为了确保研究结论的稳健性，本书还利用 PSM – DID 方法、安慰剂检验等手段，并且考虑了碳排放权交易和低碳城市试点政策的冲击。

第八，从"自下而上"的非正式环境规制出发，识别了环境信息公开对碳排放的影响。本书采用 2003~2016 年中国 285 个城市的面板数据，以"公众环境研究中心"这一环保非政府组织对部分城市进行污染源监管信息公开为一次准自然实验，依托于温室气体和大气污染物的协同控制理论，使用渐进性的双重差分法估计了环境信息公开对碳排放水平的影响。研究发现：（1）整体上，环境信息公开有助于降低碳排放水平，不仅验证了温室气体和大气污染物的协同控制策略，也彰显了非正式环境规制具有碳减排作用；（2）从空间上看，环境信息公开对碳排放的影响存在异质性，碳减排效应在东部城市、西部城市、环保城市以及高经济发展水平城市、高人力资本水平城市的样本中更加显著；（3）从时间上看，环境信息公开的碳减排效应出现在公开后的第一年之后；（4）机制分析表明，环境信息公开通过缩小规模效应、优化结构效应和提升技术效应等渠道降低了碳排放水平。

11.2 政策建议

11.2.1 分权视角下地区间环境规制竞争的政策建议

（1）引导环境规制良性竞争，增强环境管理集权。中国地区间环境规制向"低水平"均衡发展，意味着地区间竞相降低环境规制支出和监管强度，环境规制非完全执行现象普遍，折射出地方政府在经济发展与环境保护中优先选择了前者，不利于环境治理工作。因此，一方面，引导环境规制良性竞争，将环境规制非完全执行的"污染效应"逆转为环境规制竞争向上的"棘轮效应"，进而促使环境规制由"低水平"均衡向"高水平"均衡转变。归根结底，环境规制的良性竞争源于地方政府的有序竞争，因此重构地方政府的行为选择，鞭策地方政府的"有形之手"更多地体现"援助之手"，销匿"攫取之手"。另一方面，中国环境管理还需进一步集权，完善省级以下环境政策执法的垂直管理体系，压缩地方政府执法的自由裁量空间，并扩大中央政府在环境保护事务中的支出范围，进而构架环境管理财权和事权更加匹配的格局。

（2）避免地方官员的频繁变更，保持环保政策执行的连续性。地方领导人的频繁变更会诱发地方官员执政行为的浮躁化、执政理念的短视化及执政政绩的泡沫化等系列问题，从而导致环保工作让位于经济发展。同时，地方官员频繁变更也会削弱环保政策的连续性、稳定性，引发较高程度的政策执行波动与偏差。因此，保持官员任期的相对稳定，避免地方官员的频繁变更，确保领导干部职务更迭的制度化、法治化和有序化，有助于保持环保政策执行的持续性。

（3）促进地方官员的激励，弱化年轻官员的短期政绩冲动。政绩考核体系的绿色化有利于缓解地区间环境规制的策略互动，因此应继续降低政绩考核中的增长权重，增加环保权重，构建以绿色发展为导向的多元化考核评价体系。如此，才能矫正地方政府目标函数，合理引导地方政府领导人的行为偏好，使其充分认识到环境保护是功在当代、利在千秋的伟大事业。通过政治激励制度加强激励地方政府官员追求经济和环境的协调发展，杜绝用"绿水青山"兑换"金山银山"的短视行为，彻底扭转简单以 GDP 增长率论英雄的政绩导向，从而提高地方政府环境保护的自发性意愿，避免地区政府陷入环境规制的"竞次"（race to the bottom）局面。

11.2.2　环境分权对碳排放影响的政策建议

（1）增强碳减排的环境管理集权。本书的核心结论显示，环境分权对碳排放产生了助力。因此，从央地环境管理事权入手，并考虑到碳排放的空间溢出特征，应发挥中央政府的主导作用，鞭策环境管理向上集权是遏制碳排放的主要切入点。一方面，鉴于碳排放的负外部性，为了避免地方政府"各自为政""相互推诿"和"搭便车"的趋利避害心理，应建立以碳排放交易权为核心的跨地区合作制度和污染补偿机制，并且强化共赢观念与合作思维，推行跨区域联防联控的碳排放治理模式，形成"一损俱损，一荣共荣"的碳减排价值取向；另一方面，扩大中央政府在碳排放治理中的职责范围，通过将碳减排因素列入均衡性转移支付预算以加大支出范围，建立事权与支出责任相匹配的制度，并优化环保人员在不同层级政府间的配置以提高碳减排效率。

（2）强化地方环保部门的独立性。地方环保部门在环境管理体制中地位尴尬，处于条块交叉的中心。这容易导致环境管理部门的"碎片化"，从而酿成"九龙治水"的混乱局面，不仅催生各部门在治理工作中相互推诿和扯皮的现象，并且进一步引发地方环保部门职能边界的萎缩，从而导致环境管理能力弱化甚至虚置，不利于碳排放的治理工作。因此，应加强地方环保部门独立性，切实淡化地方环保部门与地方政府的关系，以弱化"块块关系"，形成"条条为主"的垂直管理体制。已有文献（尹振东，2011）证明，垂直管理体制能够解决属地管理体制下地方政府干扰监管部门执法的问题。"十三五"规划要求实行省以下环保机构监测监察执法垂直管理制度。这一制度将压缩地方政府在环境政策上的自由裁量空间，并确保政令畅通和信息上传下达，有助于地方环保部门独立行使职能，从而切实避免环境政策"非完全执行"的现象。同时，《"十三五"生态环境保护规划》也指出，加快建立上下联动、沟通顺畅的各级环保部门联系机制。

（3）加强地方政府碳减排的激励与约束。地方环保部门独立性缺失的深层次原因在于两级委托代理体系下的目标非一致性，因此为了从根源上确保地方环保部门的独立性，需要保持中央政府、地方政府和地方环保部门三者目标的内在一致性，形成央地环境管理激励相容的局面。由于地方政府处于两级委托代理体系中的核心地位，连接着中央政府和地方环保部门，所以做对地方政府碳减排的激励与约束将起到举足轻重的作用。激励上，推动建设全国统一的碳排放交易市场，并考虑增加碳减排支出在专项转移支付中的比重，补偿正外部性；同时，对于认真贯彻和执行碳减排工作的地方政府给予奖励。约束上，立足于构建绿色化的政绩考核体系，矫正地方政府目标函数，以问责制和一票否决制强化地方政府碳减排的刚性约束，并延长官员碳减排绩效考核区间，以时间区间内的平均碳减排绩效替代时间点上的数据进行综合评价，避免出现"拉闸限电"等治标不治本的临时性节能减排措施（黎文靖、郑曼妮，2016），从而杜绝地方政府官员行为的短期化，促使地方政府工具理性的价值回归。

11.2.3 环境规制对碳排放影响的双重效应的政策建议

（1）适度加强环境规制强度，合理选择环境规制工具。一方面，由前文可知，现阶段的环境规制强度发挥预期的"倒逼减排"效应，但同时环境规制的"波特假说"效应尚不明显。因此，进一步适度加强环境规制，既有利于碳减排，又有利于环保技术的创新。但也要警惕不切实际、盲目提高环境规制强度的跟风行为，以免环境规制对碳排放的影响轨迹出现"重组"现象，即倒 N 型，再次引发"绿色悖论"效应。另一方面，充分发挥环境规制的碳减排效应还需要选择合理的环境规制工具。环境标准、排放限额等"控制型"环境规制工具由于具有较强的强制性，对企业缺乏足够的激励；而排污权交易、环境补贴等"激励型"环境规制工具对企业技术创新提供持续的激励，有利于提高企业治污创新能力。所以，政府应该根据地区间经济发展水平和碳排放强度的异质性，采取差异化的环境规制工具。对于东部发达省份，考虑到人们日益增长的环境质量诉求与绿色产品的需求，宜采用较高水平的环境规制强度，并以"激励型"环境规制工具为主。对于中西部欠发达省份，不能一味追求经济增长而忽略环境质量，环境规制强度适中，"激励型"与"控制型"环境规制工具相结合，并且对于生态环境更加脆弱的省份，需以"控制型"环境规制工具为主。

（2）深化能源价格改革，"开源"与"节流"双管齐下。以煤为主的能源消费结构将长期羁绊中国碳减排目标的实现，实现环境规制低碳化能源消费结构的目标必须以改革能源价格体制为中心，以发展清洁能源和提高能源效率为两个基本点。首先，理顺能源价格机制，改革成品油定价机制、天然气价格改革、电力上网竞价、煤电联动机制等，通过资源税和环境税等环境规制将能源使用的环境外部成本内部化，修正被扭曲的价格信号。其次，政府应该积极鼓励发展构建多样、安全、清洁、高效的能源供应和消费体系，推进风能、太阳能等绿色能源的应用和普及。最后，提高能源利用效率，特别是煤炭资源的利用效率，加快清洁煤、煤基多联产系统、煤炭地下气化等技术的推广和应用，更快实现节能、降耗、治污、减碳等多种目标。

（3）内外并重，切实提高环保技术。实证结果表明环境规制约束下，技术创新并未显著减少碳排放。因此，对内应该增加研发投入和提高研发强度，因地制宜采取针对性的激励政策创造有利于企业环保技术创新的外部环境，着力增强自身创新能力；对外积极引进与自身生产力水平、技术吸收能力相匹配的环保技术，并对其反向学习和二次开发，充分发挥后发优势，实现从技术引进到技术模仿再到自主创新的动态演进。

（4）优化 FDI 的引资和用资策略，增强 FDI 的环境溢出效应。一方面，虽然高强度的环境规制有可能阻碍外资的流入，但这并不意味着地方政府可以放松环境规制，因为低强度的环境规制可能会吸引一些高耗能高污染型企业，因此，不能单纯为了引资而放松环境规制和忽略外资质量，杜绝引进低质量 FDI，避免成为发达国家的"污染天堂";另一方面,加强政府在引资过程中的导向作用,根据不同地区的要素禀赋条件制定合适的引资目标,统筹协调不同地区的引资政策,防止部分地区在引资过程中存在恶性竞争,导致环境规制水平降低,进而抑制 *FDI* 的环境溢出效应。

11.2.4 "绿色悖论"之谜的政策建议

(1)匡正地方政府竞争行为,完善政府绩效考核制度。应改进当前的激励机制,健全环境绩效考核制度与监督体系,将地方政府由"竞争经济发展速度"引向"竞争经济发展质量"。当前的政绩评价取向存在过分强调 GDP 等经济硬指标的"形式政绩"而忽视环境质量等"实质政绩","做对激励"必须更多地引入其他目标的权重。实际上,党的十八届三中全会审议通过的《中共中央关于全面深化改革若干重大问题的决定》(以下简称《决定》)就明确强调,"纠正单纯以经济增长速度评定政绩的偏向"和"对限制开发区域和生态脆弱的国家扶贫开发工作重点县取消地区生产总值考核"。另外,健全环境绩效考核制度与监督体系。一方面,完善环境绩效考核制度的顶层设计,建立环境绩效考核激励约束制度体系,并将环境绩效考核结果作为干部任用、奖惩的重要依据,真正实现环境绩效考核的一票否决制;另一方面,努力做到环境绩效考核过程和结果的公开、透明和第三方参与,并且保障监督主体的相对独立性,充分发挥宪法赋予人大监督政府"治事"的权利,逐步形成集政府考核、公众评价和社会评价为一体的多元化监督体系。

(2)避免环境规制的"非完全执行"现象,充分发挥环境规制的绿色福利效应。立法和执法是保证环境规制有效实施的重要环节，努力保障环境规制"有法可依"和"执法必严"。"有法可依"是加强环境法治建设的基础，地方政府应依据能耗技术水平和产业发展特点，合理确定适当的环境规制强度，有效倒逼高耗能高污染企业向清洁生产方式转变，发挥环境规制的"创新补偿"效应，同时应避免不切实际，盲目提高规制强度的跟风行为。"执法必严"是确保环境规制"落地"的必要条件，"徒法不能以自行"，切实做到依法行政，努力造就一个违法必究的良好法治局面。《决定》也明确指出，"建立和完善严格监管所有污染物排放的环境保护管理制度，独立进行环境监管和行政执法。对造成生态环境损害的责任者严格实行赔偿制度，依法追究刑事责任。"

（3）加强区域间的环境合作，建立区域联动的碳减排体系。回归结果显示，区域间碳排放存在强烈的正空间相关性，容易造成地方政府"搭便车"的趋利避害心理，从而对于存在负外部性的碳减排问题缺乏动力。因此，政府应加强区域间的环境合作，突破传统的行政地域垄断、各自为政，尝试在区域间建立以污染权为核心的跨境合作制度和污染补偿机制，形成"一损俱损，一荣共荣"的利益相关者发展价值取向。一方面，加强各行政区之间碳排放监测合作，建立健全跨界碳排放监测制度和网络，推动相邻省份双边或多边合作，逐步统一环境监管政策；另一方面，加强公众对跨界碳排放的监督管理作用，构建公众参与监督的"碳减排联盟"战线。

11.2.5　环境规制对碳排放绩效影响的政策建议

（1）适当增强环境规制强度，矫正地方政府的环境规制竞争行为。一方面，由于环境规制对碳排放绩效的影响呈倒 U 型，意味着过高的环境规制强度会阻碍碳排放绩效的进步。所以，制定环境规制措施时，应避免不切实际，盲目提高规制强度的跟风行为。另一方面，发挥环境规制对碳排放绩效的"创新补偿"效应还需避免环境规制的"非完全执行"现象，做到"有法可依"和"执法必严"。实际上，可以从党的十八届三中全会审议通过的《中共中央关于全面深化改革若干重大问题的决定》中找到答案。《决定》提出，"建立和完善严格监管所有污染物排放的环境保护管理制度，独立进行环境监管和行政执法。及时公布环境信息，健全举报制度，加强社会监督。"

（2）打破区域间的行政垄断，充分发挥碳排放绩效的空间溢出效应。地理位置相邻和地理距离越近越有利于发挥区域间碳排放绩效的"涓滴效应"，蕴含促进资源要素的跨区域流动的必要性，建立内外联动、互利共赢、安全高效的开放型经济体系。《决定》明确指出，"清理和废除妨碍全国统一市场和公平竞争的各种规定和做法，严禁和惩罚各类违法实行优惠政策行为，反对地方保护，反对垄断和不正当竞争"。鉴于此，政府应加强区域间的环境合作，突破传统的行政地域垄断、各自为政，尝试在区域间建立以污染权为核心的跨境合作制度和污染补偿机制。碳排放绩效较低的省份，充分利用碳排放绩效的"涓滴效应"，向地理相邻的地区学习先进技术与经验，实现碳排放绩效的稳态收敛。

（3）完善官员晋升考核体系，弱化财政分权的环境规制负激励。虽然实证分析表明财政分权使得环境规制不利于碳排放绩效的提升，但事实上，财政分权并不是环境规制发挥"遵循成本"效应的罪魁祸首，嵌入在经济竞争中的地方官员政治观才是真正的根源所在。《决定》强调，"纠正单纯以经济增长速度评定政绩的偏向"和"对限制开发区域和生态脆弱的国家扶贫开发工作重点县取消地区生产总值考核"。此外，改进当前基于相对经济绩效的晋升考核制度有利于避免经济发展水平相近地区的标杆竞争，从而有效遏制碳排放绩效的"极化效应"。

（4）加强环境污染治理投资，助推环境规制的"创新补偿"效应。一方面，尽管环境污染治理投资逐年上升，但对环境保护、污染治理的支持力度依然不够。2011 年，我国环境污染治理投资总额占 GDP 比重为 1.4%，虽然已超过联合国提出的占 GDP0.8% ~ 1.0%的标准，但离发达国家还有一定差距。因此，政府应加大环境污染治理的力度，提高生态环境保护和基本公共服务的分配权重，增加生态环境保护投资在专项转移支付中的比重。另一方面，提高环境污染治理的效率，摒弃"先污染后治理"的传统做法，重视生产过程中的污染产生，将环境污染治理模式由"末端治理"向"源头治理"转变。总之，从环境污染治理的力度和效率两方面强化环境规制影响碳排放绩效的"创新补偿"效应。

11.2.6　低碳城市试点政策对碳排放影响的政策建议

第一，扩大低碳城市的试点范围，进一步推进低碳城市的建设工作。本书核心结论显示，低碳城市建设显著减少碳排放水平。这表明地方政府较好地执行低碳城市这一基于城市层面的环境政策，改变了过往环境政策执行偏差和"政令不出中南海"的现象。未来应进一步扩大低碳城市的试点范围，尤其是碳锁定效应较强的东部和中部地区，这将有利于碳减排工作，也是完善碳减排政策的重要组成部分。第二，建立低碳产业体系，因地制宜打造绿色低碳产业链。本书机制分析表明，低碳城市建设的碳减排效应主要来自电力消费量的降低和技术创新水平的提升，而通过优化产业结构这一条传导路径的作用有限。因此，地方政府应根据本地区的产业特色打造符合自身优势的低碳产业，积极打造低碳农业、发展节能工业和培育低碳服务业，使得通过产业结构的优化成为遏制碳排放的重要途径之一。第三，完善低碳城市建设考评机制，切实保障低碳政策减排效应的可持续性。本书动态效应表明，低碳城市建设的碳减排效应持续到试点后的第四年，此后消失，这意味着低碳城市建设的长期效果可能大打折扣。因此，应着力构建低碳城市碳减排效应的长效机制，对试点城市执行情况进行中期评估和终期考核，以时间区间内的平均碳减排绩效代替时点上的数据进行动态综合评价，并且推进督查工作的常态化，从而保证低碳城市建设效果的持续性。

11.2.7 创新城市试点政策对碳排放绩效影响的政策建议

（1）扩大创新型城市的试点范围，进一步推进创新型城市的建设工作。本书核心结论表明，创新型城市建设能够有效提升碳排放绩效。因此，进一步扩大创新型城市的试点范围，及时总结、宣传和推广创新型城市建设的优秀经验和做法，这有助于推动城市绿色低碳工作。同时，中央政府和省级政府建立协同推进机制，加大政策保障力度，强化对区域内各创新型城市的统筹推动。

（2）坚持因地制宜、突出特色等建设原则，探索符合自身特点的创新、低碳等新型城市发展模式。由于不同城市在经济发展、资源禀赋、产业特征、区位优势等方面的不同，创新型城市试点对碳排放绩效的影响存在差异化特征。所以，在推广创新型城市试点的过程中，应尊重科技创新的区域集聚规律，因地制宜寻求差异化的创新发展路径，倡导多元化发展战略。异质性结果表明，创新型城市试点政策在东部城市、矿产型城市和非环保城市中尚未实现绿色低碳的目标。因此，东部城市切实利用先进的减排技术和高效的管理制度等优势更好地发挥政策效力；矿产型城市加快转型升级，避免陷入资源诅咒的泥淖；非环保城市积极向环保城市学习创新发展和绿色发展的有益经验，形成自身低碳发展的模式。同时，对创新型城市建设的名单进行动态调整，对试点效果不佳的城市采取淘汰机制，切实保障创新政策落地，进而引导城市加快创新驱动发展。

（3）完善城市创新体系，破解绿色低碳发展难题，培育城市经济发展新动能。本书机制分析表明，创新型城市建设对碳排放绩效的提升效应主要来自降低了碳排放量这一非期望产出，而通过增加期望产出（GDP）这一条传导途径的作用有限。因此，应积极完善城市创新体系，推进体制改革和管理创新，塑造良好的创新环境，从而进一步巩固创新型城市对绿色低碳发展的积极作用。同时，加强创新人才激励，积极扶持创新企业，建设创新载体，将自主创新示范区、高新技术产业开发区作为建设创新型城市的核心载体和重要平台，从而将科技创新打造成经济发展的新动能。

11.2.8　环境信息公开对碳排放影响的政策建议

（1）增加环境信息公开的城市数量，并提高信息公开强度。本书核心结论显示，环境信息公开显著减少碳排放水平。所以，进一步扩大环境信息公开的城市范围，提高污染源监管信息公开数量、质量和频率，这将有利于碳减排工作，是完善环保政策的重要组成部分。受益于各种环保政策的不断实施，污染源监管信息逐步法治化和系统化，中国环境信息公开取得历史性进展。然而，总体来看，企业环境信息公开明显滞后于政府环境信息公开，并且环境信息公开程度存在区域不平衡，中西部地区要低于东部地区。因此，一方面，地方政府部门加强环境规制执法强度，对不依法公开环境信息的企业严惩，提高违法成本和约束强度；另一方面，中西部地区需要提高政府与企业的环境信息公开程度，学习和汲取东部地区的成功经验，从而缩小区域间环境信息公开程度的差距。

（2）构建多元的碳减排体系，塑造全社会共同减排的合力。本书发现，以环保非政府组织为代表的非正式环境规制具有碳减排作用。因此，构建和完善多元的碳减排体系刻不容缓。党的十九大报告明确指出，应构建政府为主导、企业为主体、社会组织和公众共同参与的环境治理体系。由此，形成"政府—企业—社会组织/公众"三方共治的立体局面，从而塑造协调互补、激励相容的"环境利益共同体"。然而，当前在推进低碳发展与环境治理工作中，面临政府一元主导的困境，没有充分调动社会组织和公众的强大力量。应充分利用开放的移动互联网，调动社会各界的积极性，并畅通社会公众的环保诉求渠道。比如，开通环保政务微博和微信投诉举报平台。但需要警惕"僵尸微博"，保持政务微博时常更新；同时，微信投诉举报平台需与投诉人形成良性互动，公开他人历史投诉的举报信息，培养公众参与环境管理的热情。

（3）利用碳排放和大气污染物的同根同源性，切实发挥协同控污的优势。本书发现，虽然公众环境研究中心公布的环境污染源主要涉及工业废水和工业废气等，但受益于温室气体与大气污染物具有相同驱动机制，这种对污染物特别是大气污染物的控制带来显著的碳减排的正协同效应。因此，应建立两者的协同控制机制，从污染物的产生根源入手，探寻一箭双雕、事半功倍的减排良方。然而，当前环境治理方式以"末端治理"为主，不仅导致边际减排成本居高不下，而且减排效果也差强人意，持续性严重不足。所以，环境治理方式向"源头治理"转变刻不容缓。尤其重要的是，碳排放与大气污染物具有相同的产生根源——化石能源。而控制化石能源消费总量应是未来减排的重点方向，包括优化产业结构、积极发展清洁能源、推动环境友好型技术进步等，最终实现碳排放和大气污染物的协同控制目标。

参 考 文 献

[1] 包群，邵敏，杨大利．环境管制抑制了污染排放吗？[J]．经济研究，2013（12）：42-54．

[2] 曹静，王鑫，钟笑寒．限行政策是否改善了北京市的空气质量？[J]．经济学（季刊），2014（3）：1091-1126．

[3] 陈斌开，张川川．人力资本和中国城市住房价格 [J]．中国社会科学，2016（5）：43-64．

[4] 段宏波，汪寿阳．中国的挑战：全球温控目标从2℃到1.5℃的战略调整 [J]．管理世界，2019（10）：50-63．

[5] 傅京燕，原宗琳．中国电力行业协同减排的效应评价与扩张机制分析 [J]．中国工业经济，2017（2）：43-59．

[6] 高楠，梁平汉．晋升激励、市场化与地方财政预算周期 [J]．世界经济文汇，2014（4）：103-119．

[7] 龚梦琪，刘海云，姜旭．中国低碳试点政策对外商直接投资的影响研究 [J]．中国人口·资源与环境，2019（6）：50-57．

[8] 郭峰，龙硕，胡军．财政分权、政绩偏好和地方官员腐败研究 [J]．世界经济文汇，2015（3）：60-76．

[9] 韩超，刘鑫颖，王海．规制官员激励与行为偏好——独立性缺失下环境规制失效新解 [J]．管理世界，2016（2）：82-94．

［10］韩超，张伟广，单双．规制治理、公众诉求与环境污染——基于地区间环境治理策略互动的经验分析［J］．财贸经济，2016（9）：144－161．

［11］韩峰，谢锐．生产性服务业集聚降低碳排放了吗？——对我国地级及以上城市面板数据的空间计量分析［J］．数量经济技术经济研究，2017（3）：40－58．

［12］胡珺，宋献中，王红建．非正式制度、家乡认同与企业环境治理［J］．管理世界，2017（3）：76－94．

［13］胡艺，张晓卫，李静．出口贸易、地理特征与空气污染［J］．中国工业经济，2019（9）：98－116．

［14］黄亮雄，王贤彬，刘淑琳，等．中国产业结构调整的区域互动—横向省际竞争和纵向地方跟进［J］．中国工业经济，2015（8）：82－97．

［15］黄向岚，张训常，刘晔．我国碳交易政策实现环境红利了吗？［J］．经济评论，2018（6）：86－99．

［16］贾俊雪，应世为．财政分权与企业税收激励——基于地方政府竞争视角的分析［J］．中国工业经济，2016（10）：23－39．

［17］寇宗来、刘学悦．中国城市和产业创新力报告2017［R］．复旦大学产业发展研究中心，2017．

［18］李伯涛，马海涛，龙军．环境联邦主义理论述评［J］．财贸经济，2009（10）：131－135．

［19］李根生，韩民春．财政分权、空间外溢与中国城市雾霾污染：机理与证据［J］．当代财经，2015（6）：26－34．

［20］李后建．腐败会损害环境政策执行质量吗？［J］．中南财

经政法大学学报，2013（6）：34－42.

[21] 李江龙，徐斌．"诅咒"还是"福音"：资源丰裕程度如何影响中国绿色经济增长？[J]．经济研究，2018（9）：151－167.

[22] 李静，杨娜，陶璐．跨境河流污染的"边界效应"与减排政策效果研究——基于重点断面水质监测周数据的检验 [J]．中国工业经济，2015（3）：31－43.

[23] 李锴，齐绍洲．贸易开放、经济增长与中国二氧化碳排放 [J]．经济研究，2011（11）：60－72.

[24] 李胜兰，初善冰，申晨．地方政府竞争、环境规制和区域生态效率 [J]．世界经济，2014（4）：88－110.

[25] 李香菊，刘浩．区域差异视角下财政分权与地方环境污染治理的困境研究——基于污染物外溢性属性分析 [J]．财贸经济，2016（2）：41－54.

[26] 李小胜，胡正陶，张娜，等．"十二五"时期中国碳排放全要素生产率及其影响因素研究 [J]．南开经济研究，2018（5）：76－94.

[27] 李欣，杨朝远，曹建华．网络舆论有助于缓解雾霾污染吗？——兼论雾霾污染的空间溢出效应 [J]．经济学动态，2017（6）：45－57.

[28] 李欣，曹建华．环境规制的污染治理效应：研究述评 [J]．技术经济，2018（6）：83－92.

[29] 李永友，沈坤荣．我国污染控制政策的减排效果——基于省际工业污染数据的实证分析 [J]．管理世界，2008（7）：7－17.

[30] 李永友，文云飞．中国排污权交易政策有效性研究——

基于自然实验的实证分析 [J]. 经济学家, 2016 (5): 19 – 28.

[31] 李政, 杨思莹. 创新型城市试点提升城市创新水平了吗? [J]. 经济学动态, 2019 (8): 70 – 85.

[32] 黎文靖, 郑曼妮. 空气污染的治理机制及其作用效果——来自地级市的经验数据 [J]. 中国工业经济, 2016 (4): 93 – 109.

[33] 刘传明, 孙喆, 张瑾. 中国碳排放权交易试点的碳减排政策效应研究 [J]. 中国人口·资源与环境, 2019 (11): 49 – 58.

[34] 刘佳, 顾小龙, 辛宇. 创新型城市建设与企业创新产出 [J]. 当代财经, 2019 (10): 71 – 82.

[35] 刘建民, 王蓓, 陈霞. 财政分权对环境污染的非线性效应研究——基于中国 272 个地级市面板数据的 PSTR 模型分析 [J]. 经济学动态, 2015 (3): 82 – 89.

[36] 刘瑞明, 金田林. 政绩考核、交流效应与经济发展——兼论地方政府行为短期化 [J]. 当代经济科学, 2015 (3): 9 – 18.

[37] 刘习平, 盛三化, 王珂英. 经济空间集聚能提高碳生产率吗? [J]. 经济评论, 2017 (6): 107 – 121.

[38] 陆远权, 张德钢. 环境分权、市场分割与碳排放 [J]. 中国人口·资源与环境, 2016 (6): 107 – 115.

[39] 聂飞, 刘海云. 国家创新型城市建设对我国 FDI 质量的影响 [J]. 经济评论, 2019 (6): 67 – 79.

[40] 祁毓, 卢洪友, 徐彦坤. 中国环境分权体制改革研究: 制度变迁、数量测算与效应评估 [J]. 中国工业经济, 2014 (1): 31 – 43.

[41] 祁毓, 卢洪友, 张宁川. 环境规制能实现"降污"和

"增效"的双赢吗——来自环保重点城市"达标"与"非达标"准实验的证据 [J]. 财贸经济, 2016 (9): 126 - 143.

[42] 邵帅, 范美婷, 杨莉莉. 经济结构调整、绿色技术进步与中国低碳转型发展——基于总体技术前沿和空间溢出效应视角的经验考察 [J]. 管理世界, 2022 (2): 46 - 69.

[43] 邵帅, 张可, 豆建民. 经济集聚的节能减排效应: 理论与中国经验 [J]. 管理世界, 2019 (1): 36 - 60.

[44] 沈坤荣, 金刚. 中国地方政府环境治理的政策效应——基于"河长制"演进的研究 [J]. 中国社会科学, 2018 (5): 92 - 115.

[45] 盛斌, 吕越. 外国直接投资对中国环境的影响——来自工业行业面板数据的实证研究 [J]. 中国社会科学, 2012 (5): 54 - 75.

[46] 石大千, 丁海, 卫平, 等. 智慧城市建设能否降低环境污染 [J]. 中国工业经济, 2018 (6): 117 - 135.

[47] 宋弘, 孙雅洁, 陈登科. 政府空气污染治理效应评估——来自中国"低碳城市"建设的经验研究 [J]. 管理世界, 2019 (6): 95 - 108.

[48] 涂正革, 谌仁俊. 排污权交易机制在中国能否实现波特效应? [J]. 经济研究, 2015 (7): 160 - 173.

[49] 王锋, 葛星. 低碳转型冲击就业吗——来自低碳城市试点的经验证据 [J]. 中国工业经济, 2022 (5): 81 - 99.

[50] 王华星, 石大千. 新型城镇化有助于缓解雾霾污染吗——来自低碳城市建设的经验证据 [J]. 山西财经大学学报, 2019

（10）：15 – 27.

[51] 吴茵茵，齐杰，鲜琴，等．中国碳市场的碳减排效应研究——基于市场机制与行政干预的协同作用视角 [J]．中国工业经济，2021（8）：114 – 132.

[52] 席鹏辉，梁若冰．油价变动对空气污染的影响：以机动车使用为传导途径 [J]．中国工业经济，2015（10）：100 – 114.

[53] 徐盈之，杨英超，郭进．环境规制对碳减排的作用路径及效应——基于中国省级数据的实证分析 [J]．科学学与科学技术管理，2015（10）：135 – 146.

[54] 徐圆．源于社会压力的非正式性环境规制是否约束了中国的工业污染？[J]．财贸研究，2014（2）：7 – 15.

[55] 吴建新，郭智勇．基于连续性动态分布方法的中国碳排放收敛分析 [J]．统计研究，2016（1）：54 – 60.

[56] 肖挺．环境质量是劳动人口流动的主导因素吗？——"逃离北上广"现象的一种解读 [J]．经济评论，2016（2）：3 – 17.

[57] 薛冰．空气污染物与温室气体的协同防控 [J]．改革，2017（8）：78 – 80.

[58] 严成樑，李涛，兰伟．金融发展、创新与二氧化碳排放 [J]．金融研究，2016（1）：14 – 30.

[59] 尹振东．垂直管理与属地管理：行政管理体制的选择 [J]．经济研究，2011（4）：41 – 54.

[60] 于文超，高楠，龚强．公众诉求、官员激励与地区环境治理 [J]．浙江社会科学，2014（5）：23 – 35.

[61] 于源，陈其林．新常态、经济绩效与地方官员激励——

基于信息经济学职业发展模型的解释 [J]. 南方经济, 2016 (1): 28 - 41.

[62] 曾婧婧, 周丹萍. 区域特质、产业结构与城市创新绩效——基于创新型城市试点的准自然实验 [J]. 公共管理评论, 2019 (3): 66 - 97.

[63] 张华. "绿色悖论" 之谜: 地方政府竞争视角的解读 [J]. 财经研究, 2014 (12): 114 - 127.

[64] 张可, 汪东芳, 周海燕. 地区间环保投入与污染排放的内生策略互动 [J]. 中国工业经济, 2016 (2): 68 - 82.

[65] 张克中, 王娟, 崔小勇. 财政分权与环境污染: 碳排放的视角 [J]. 中国工业经济, 2011 (10): 65 - 75.

[66] 张宁. 碳全要素生产率、低碳技术创新和节能减排效率追赶——来自中国火力发电企业的证据 [J]. 经济研究, 2022 (2): 158 - 174.

[67] 张翼, 卢现祥. 公众参与治理与中国二氧化碳减排行动——基于省级面板数据的经验分析 [J]. 中国人口科学, 2011 (3): 64 - 72.

[68] 赵琳, 唐珏, 陈诗一. 环保管理体制垂直化改革的环境治理效应 [J]. 世界经济文汇, 2019 (2): 100 - 120.

[69] 周迪, 周丰年, 王雪芹. 低碳试点政策对城市碳排放绩效的影响评估及机制分析 [J]. 资源科学, 2019 (3): 546 - 556.

[70] 周黎安, 刘冲, 厉行, 等. "层层加码" 与官员激励 [J]. 世界经济文汇, 2015 (1): 1 - 15.

[71] 周雪光, 练宏. 政府内部上下级部门间谈判的一个分析

模型——以环境政策实施为例［J］.中国社会科学，2011（5）：80 - 96.

［72］张翼，卢现祥.公众参与治理与中国二氧化碳减排行动—— 基于省级面板数据的经验分析［J］.中国人口科学，2011（3）： 64 - 72.

［73］郑思齐，万广华，孙伟增，等.公众诉求与城市环境治理［J］.管理世界，2013（6）：72 - 84.

［74］Almer C，Winkler R. Analyzing the Effectiveness of International Environmental Policies：The Case of the Kyoto Protocol ［J］. Journal of Environmental Economics and Management，2017，82：125 - 151.

［75］Auffhammer M，Kellogg R. Clearing the Air？ The Effects of Gasoline Content Regulation on Air Quality ［J］. The American Economic Review，2011，101（6）：2687 - 2722.

［76］Auffhammer M，Sun W，Wu J，et al. The Decomposition and Dynamics of Industrial Carbon Dioxide Emissions for 287 Chinese Cities in 1998 - 2009 ［J］. Journal of Economic Surveys，2016，30（3）：460 - 481.

［77］Bai C，Du K，Yu Y，et al. Understanding the Trend of Total Factor Carbon Productivity in the World：Insights from Convergence Analysis ［J］. Energy Economics，2019，81：698 - 708.

［78］Beck T，Levine R，Levkov A. Big Bad Banks？ The Winners and Losers from Bank Deregulation in the United States ［J］. The Journal of Finance，2010，65（5）：1637 - 1667.

[79] Bednar J. The Political Science of Federalism [J]. Annual Review of Law and Social Science, 2011 (7): 269 – 288.

[80] Besley T, Coate S. Centralized Versus Decentralized Provision of Local Public Goods: a Political Economy Approach [J]. Journal of Public Economics, 2003, 87 (12): 2611 – 2637.

[81] Böhringer C, Rivers N, Yonezawa H. Vertical Fiscal externalities and the Environment [J]. Journal of Environmental Economics and Management, 2016, 77: 51 – 74.

[82] Brock W A, Taylor M S. Economic Growth and the Environment: A Review of Theory and Empirics [J]. Handbook of Economic Growth, 2005: 1749 – 1821.

[83] Cai H, Chen Y, Gong Q. Polluting Thy Neighbor: Unintended Consequences of China's Pollution Reduction Mandates [J]. Journal of Environmental Economics and Management, 2016, 76: 86 – 104.

[84] Cesur R, Tekin E, Ulker A. Air Pollution and Infant Mortality: Evidence from the Expansion of Natural Gas Infrastructure [J]. The Economic Journal, 2016, 127 (600): 330 – 362.

[85] Chen D, Chen S, Jin H. Industrial Agglomeration and CO_2 Emissions: Evidence from 187 Chinese Prefecture-level Cities over 2005 – 2013 [J]. Journal of Cleaner Production, 2018, 172: 993 – 1003.

[86] Chen X, Xu J. Carbon Trading Scheme in the People's Republic of China: Evaluating the Performance of Seven Pilot Projects [J]. Asian Development Review, 2018, 35 (2): 131 – 152.

[87] Chen Y, Jin G Z, Kumar N, et al. The Promise of Beijing:

Evaluating the Impact of the 2008 Olympic Games on Air Quality [J]. Journal of Environmental Economics and Management, 2013, 66 (3): 424 – 443.

[88] Chen Y J, Li P, Lu Y. Career Concerns and Multitasking Local Bureaucrats: Evidence of a Target-based Performance Evaluation System in China [J]. Journal of Development Economics, 2018, 133: 84 – 101.

[89] Cheng J, Yi J, Dai S, et al. Can Low-carbon City Construction Facilitate Green Growth? Evidence from China's Pilot Low-carbon City Initiative [J]. Journal of Cleaner Production, 2019, 231: 1158 – 1170.

[90] Cole M A. Corruption, Income and the Environment: An Empirical Analysis [J]. Ecological Economics, 2007, 62 (3): 637 – 647.

[91] Cole M A, Elliott R J R, Okubo T, et al. The Carbon Dioxide Emissions of Firms: A Spatial Analysis [J]. Journal of Environmental Economics and Management, 2013, 65 (2): 290 – 309.

[92] Conley T G. GMM Estimation with Cross Sectional Dependence [J]. Journal of econometrics, 1999, 92 (1): 1 – 45.

[93] Crago C L, Chernyakhovskiy I. Are Policy Incentives for Solar Power Effective? Evidence from Residential Installations in the Northeast [J]. Journal of Environmental Economics and Management, 2017, 81: 132 – 151.

[94] Dijkstra B R, Fredriksson P G. Regulatory Environmental

Federalism [J]. Annual Review of Resource Economics, 2010, 2 (1): 319 – 339.

[95] Du K, Li J. Towards a Green World: How Do Green Technology Innovations Affect Total-factor Carbon Productivity [J]. Energy Policy, 2019, 131: 240 – 250.

[96] Farzanegan M R, Mennel T. Fiscal Decentralization and Pollution: Institutions Matter? [J]. Magks Papers on Economics, 2012.

[97] Fredriksson P G, Mani M, Wollscheid J. Environmental Federalism: A Panacea or Pandora's Box for Developing Countries? [J]. World Bank Policy Research Working Paper, 2006.

[98] Fu S, Gu Y. Highway Toll and Air Pollution: Evidence from Chinese Cities [J]. Journal of Environmental Economics and Management, 2017, 83: 32 – 49.

[99] Gao K, Yuan Y. Government Intervention, Spillover Effect and Urban Innovation Performance: Empirical Evidence from National Innovative City Pilot Policy in China [J]. Technology in Society, 2022, 70: 1020 – 1035.

[100] Gehrsitz M. The Effect of Low Emission Zones on Air Pollution and Infant Health [J]. Journal of Environmental Economics and Management, 2017, 83: 121 – 144.

[101] Greenstone M, Hanna R. Environmental Regulations, Air and Water Pollution, and Infant Mortality in India [J]. The American Economic Review, 2014, 104 (10): 3038 – 3072.

[102] Grossman G M, Krueger A B. Economic Growth and the En-

vironment [J]. The Quarterly Journal of Economics, 1995, 110 (2): 353 – 377.

[103] Greenstone M, Hanna R. Environmental Regulations, Air and Water Pollution, and Infant Mortality in India [J]. The American Economic Review, 2014, 104 (10): 3038 – 3072.

[104] Grunewald N, Martinez – Zarzoso I. Did the Kyoto Protocol Fail? An Evaluation of the Effect of the Kyoto Protocol on CO_2 Emissions [J]. Environment and Development Economics, 2016, 21 (1): 1 – 22.

[105] Hauptmeier S, Mittermaier F, Rincke J. Fiscal Competition over Taxes and Public Inputs [J]. Regional Science and Urban Economics, 2012, 42 (3): 407 – 419.

[106] He G, Fan M, Zhou M. The Effect of Air Pollution on Mortality in China: Evidence from the 2008 Beijing Olympic Games [J]. Journal of Environmental Economics and Management, 2016, 79: 18 – 39.

[107] He Q. Fiscal Decentralization and Environmental Pollution: Evidence from Chinese Panel Data [J]. China Economic Review, 2015, 36: 86 – 100.

[108] Kahn M E, Li P, Zhao D. Water Pollution Progress at Borders: The Role of Changes in China's Political Promotion Incentives [J]. American Economic Journal: Economic Policy, 2015, 7 (4): 223 – 242.

[109] Levinson A. How Much Energy Do Building Energy Codes

Save? Evidence from California Houses [J]. The American Economic Review, 2016, 106 (10): 2867 – 2894.

[110] Li G, He Q, Shao S, et al. Environmental Non-governmental Organizations and Urban Environmental Governance: Evidence from China [J]. Journal of environmental management, 2018, 206: 1296 – 1307.

[111] Li P, Lu Y, Wang J. Does Flattening Government Improve Economic Performance? Evidence from China [J]. Journal of Development Economics, 2016, 123: 18 – 37.

[112] Li S, Wang S. Examining the Effects of Socioeconomic Development on China's Carbon Productivity: A Panel Data Analysis [J]. Science of the Total Environment, 2019, 659: 681 – 690.

[113] Lin B, Chen X. Evaluating the CO_2 Performance of China's Non-ferrous Metals Industry: A Total Factor Meta-frontier Malmquist Index Perspective [J]. Journal of cleaner production, 2019, 209: 1061 – 1077.

[114] Millimet D L. Environmental Federalism: A Survey of the Empirical Literature [R]. IZA Working paper No. 7831, 2013.

[115] Nunn N, Wantchekon L. The Slave Trade and the Origins of Mistrust in Africa [J]. American Economic Review, 2011, 101 (7): 221 – 252.

[116] Oates W E. Fiscal Federalism [M]. New York: Harcourt Brace Jovanovich, 1972.

[117] Oates W E. A Reconsideration of Environmental Federalism

[M]. Washington, DC: Resources for the Future, 2001.

[118] Oates W E, Schwab R M. Economic Competition Among Jurisdictions: Efficiency Enhancing or Distortion Inducing? [J]. Journal of Public Economics, 1988, 35 (3): 333 – 354.

[119] Österle I. The Green Paradox and the Importance of Endogenous Resource Exploration [J]. Australian Journal of Agricultural and Resource Economics, 2016, 60 (1): 60 – 78.

[120] Pei Y, Zhu Y, Liu S, et al. Environmental Regulation and Carbon Emission: The Mediation Effect of Technical Efficiency [J]. Journal of Cleaner Production, 2019, 236: 117 – 199.

[121] Porter M E, Van der Linde C. Toward a New Conception of the Environment-competitiveness Relationship [J]. Journal of Economic Perspectives, 1995, 9: 97 – 118.

[122] Sigman H. Decentralization and Environmental Quality: An International Analysis of Water Pollution Levels and Variation [J]. Land Economics, 2014, 90 (1): 114 – 130.

[123] Sinn, Hans – Werner. Public Policies against Global Warming: A Supply Side Approach [J]. International Tax Public Finance, 2008, 15: 360 – 394.

[124] Sjöberg E. An Empirical Study of Federal Law versus Local Environmental Enforcement [J]. Journal of Environmental Economics and Management, 2016, 76: 14 – 31.

[125] Smulders S, Tsur Y, Zemel A. Announcing Climate policy: Can a Green Paradox Arise without Scarcity? [J]. Journal of Environmen-

tal Economics and Management, 2012, 64 (3): 364 – 376.

[126] Tian X L, Guo Q G, Han C, et al. Different Extent of Environmental Information Disclosure across Chinese Cities: Contributing Factors and Correlation with Local Pollution [J]. Global Environmental Change, 2016, 39: 244 – 257.

[127] Tiebout C M. A Pure Theory of Local Expenditures [J]. The Journal of Political Economy, 1956: 416 – 424.

[128] van der Werf E, Di Maria C. Imperfect Environmental Policy and Polluting Emissions: The Green Paradox and Beyond [J]. International Review of Environmental and Resource Economics, 2012, 6 (2): 153 – 194.

[129] van der Ploeg F. Second-best Carbon Taxation in the Global Economy: the Green Paradox and Carbon Leakage Revisited [J]. Journal of Environmental Economics and Management, 2016, 78: 85 – 105.

[130] van der Ploeg F, Withagen C. Is There Really a Green Paradox [J]. Journal of Environmental Economics and Management, 2012, 64: 342 – 363.

[131] Viard V B, Fu S. The Effect of Beijing's Driving Restrictions on Pollution and Economic activity [J]. Journal of Public Economics, 2015, 125: 98 – 115.

[132] Wang H, Wei W. Coordinating Technological Progress and Environmental Regulation in CO_2 Mitigation: The Optimal Levels for OECD Countries & Emerging Economies [J]. Energy Economics, 2019: 104 – 510.

[133] Wang J. The Economic Impact of Special Economic Zones: Evidence from Chinese Municipalities [J]. Journal of Development Economics, 2013, 101: 133 – 147.

[134] Wang S, Fang C, Wang Y. Spatiotemporal Variations of Energy-related CO_2 Emissions in China and Its Influencing Factors: An Empirical Analysis Based on Provincial Panel Data [J]. Renewable and Sustainable Energy Reviews, 2016, 55: 505 – 515.

[135] Wang S, Huang Y, Zhou Y. Spatial Spillover Effect and Driving Forces of Carbon Emission Intensity at the City Level in China [J]. Journal of Geographical Sciences, 2019a, 29 (2): 231 – 252.

[136] Wang S, Wang J, Fang C, et al. Estimating the Impacts of Urban form on CO_2 Emission Efficiency in the Pearl River Delta, China [J]. Cities, 2019b, 85: 117 – 129.

[137] Wolff H. Keep Your Clunker in the Suburb: Low-emission Zones and Adoption of Green Vehicles [J]. The Economic Journal, 2014, 124 (578): F481 – F512.

[138] Xu C. The Fundamental Institutions of China's Reforms and Development [J]. Journal of Economic Literature, 2011, 49 (4): 1076 – 1151.

[139] Yang J, Xiong G, Shi D. Innovation and sustainable: Can innovative city improve energy efficiency? [J]. Sustainable Cities and Society, 2022, 80: 103 – 161.

[140] Yu Y, Chen X, Zhang N. Innovation and Energy Productivity: An Empirical Study of the Innovative City Pilot Policy in China [J].

Technological Forecasting and Social Change, 2022, 176: 121 – 130.

[141] Yu Y, Zhang N. Low-carbon City Pilot and Carbon Emission efficiency: Quasi-experimental Evidence from China [J]. Energy Economics, 2021, 96: 105 – 125.

[142] Zhang K, Zhang Z Y, Liang Q M. An Empirical Analysis of the Green Paradox in China: From the Perspective of Fiscal Decentralization [J]. Energy Policy, 2017, 103: 203 – 211.

[143] Zhang S, Li Y, Hao Y, et al. Does Public Opinion Affect Air Quality? Evidence Based on the Monthly Data of 109 Prefecture-level Cities in China [J]. Energy Policy, 2018, 116: 299 – 311.

[144] Zhang Y J, Peng Y L, Ma C Q, et al. Can Environmental Innovation Facilitate Carbon Emissions Reduction? Evidence from China [J]. Energy Policy, 2017, 100: 18 – 28.

[145] Zhou C, Wang S. Examining the Determinants and the Spatial Nexus of City-level CO_2 Emissions in China: A Dynamic Spatial Panel Analysis of China's Cities [J]. Journal of Cleaner Production, 2018, 171: 917 – 926.

[146] Zhou P, Ang B W, Han J Y. Total Factor Carbon Emission Performance: A Malmquist Index Analysis [J]. Energy Economics, 2010, 32 (1): 194 – 201.